ANÁLISIS DE LA TRAYECTORIA APARENTE DEL SOL

Guía para ingenieros, arquitectos y tecnólogos solares

MARTÍN ANTONIO PEREA ÁLVAREZ DE EULATE

Ingeniero de Caminos, Canales y Puertos
Doctor en Ingeniería Agraria, Alimentaria, Forestal
y del Desarrollo Rural Sostenible

ANÁLISIS DE LA TRAYECTORIA APARENTE DEL SOL

Guía para ingenieros, arquitectos y tecnólogos solares

Nociones teóricas y procedimientos
de cálculo para diferentes precisiones

DÍAZ DE SANTOS

Madrid • Buenos Aires • México • Bogotá

Ediciones Díaz de Santos
Internet: http//www.editdiazdesantos.com
E-mail: ediciones@editdiazdesantos.com

ISBN: (edición papel): 978-84-9052-552-4
e-ISBN: (edición digital): 978-84-9052-553-1
Depósito Legal: M-9106-2025

Fotocomposición y diseño de cubiertas: P55 Servicios Culturales

Printed in Spain Impreso en España

A mi muy querida esposa Patricia,
con inmenso cariño y agradecimiento.
Sin su ayuda, este libro no habria
podido ser escrito

ÍNDICE

PARTE I
Fundamentos y cálculos en baja precisión

PARTE II
Cálculos en alta precisión

PARTE III
Cálculos para muy altas precisiones

ÍNDICE DE FIGURAS

NOTA: todas las figuras son de elaboración propia del autor, propietario del copyright de las mismas, salvo las expresamente indicadas en los pies de aquéllas obtenidas de terceras fuentes.

ÍNDICE DE TABLAS

NOTA: todas las figuras son de elaboración propia del autor, propietario del copyright de las mismas, salvo las expresamente indicadas en los pies de aquéllas obtenidas de terceras fuentes.

INTRODUCCIÓN

La presente obra va dirigida a aquellos ingenieros, arquitectos y técnicos en general, que deseen enfrentarse al problema del cálculo de la trayectoria aparente del Sol sin contar con ningún tipo de formación astronómica previa. Para comprender todos los procesos deductivos y aplicaciones aquí presentadas, no será necesario estar familiarizado con la trigonometría esférica o las fórmulas de Bessel; tampoco seguir una lenta curva de aprendizaje para comprender los numerosos sistemas de coordenadas de la Astronomía clásica y las fórmulas de paso entre los mismos. Bastará con un manejo fluido de la trigonometría plana y un conocimiento elemental de análisis vectorial. Nada que no esté al nivel de un alumno de los primeros cursos de cualquier carrera universitaria de la rama técnica.

No ha sido una tarea fácil despojar a la Astronomía de aquellos elementos superfluos que implican obstáculos para el aprendizaje en lo relativo estrictamente al movimiento aparente del Sol, creando al mismo tiempo una guía progresiva, coherente y autosuficiente. Ha constituido una labor de años, a pesar de la sencillez que percibirá el lector al hojear el libro.

El mejor apoyo al estudioso para facilitarle la asimilación de los métodos y conceptos que aquí se exponen, es la gran profusión de gráficos inéditos y la propuesta de un método progresivo basado en la presentación de los elementos astronómicos de forma gradual, expuestos a medida que vayan a ser necesitados. Para ello, además, se ha dividido la obra en tres partes fundamentales: cálculos en baja precisión y conceptos básicos, cálculos en media y alta precisión y cálculos para precisiones muy elevadas. Cada parte presenta un grado de dificultad mayor que la anterior.

Igualmente, se ha tratado de que el lector siga los procedimientos deductivos de la forma más natural y sencilla, planteando los mismos con herramientas elementales y anticipándonos a las dudas que puedan surgirle para su aplicación directa. Algunas fórmulas se obtienen utilizando varios métodos diferentes, llegando a las mismas expresiones en capítulos distintos. El lector sabrá comprender que no se trata de redundancias innecesarias, sino de una forma adecuada de afianzar conocimientos de forma paulatina.

Tal vez esta obra no resulte en absoluto ortodoxa desde un punto de vista estrictamente astronómico. No nos preocupa: realmente, para un ingeniero tampoco resulta ortodoxa la inexplicable escasez de gráficos con que invariablemente se enfrenta al hojear cualquier tratado de Astronomía clásica. Como es, precisamente, a los técnicos, a quienes va dirigida esta obra, se ha elaborado la misma teniendo siempre presentes las preferencias de estos a la hora de analizar los procesos deductivos y de mostrarles las representaciones gráficas que mejor pueden comprender.

Algunos gráficos son, como decíamos más arriba, totalmente novedosos: nunca antes se han utilizado en Astronomía, y presuponen un hito en la enseñanza de esta aplicada a la técnica: la generalización de la declinación o de la ascensión recta para órbitas alabeadas, etc.

Los ingenieros y arquitectos encontrarán en esta obra lo extremadamente sencilla que resulta la deducción de las fórmulas generales de acimut y elevación solares, inexplicablemente ausentes en muchos tratados de Astronomía, o cuán elemental es la representación en proyección cilíndrica de las zonas en sombra de nuestro planeta sin más datos que la declinación solar. Conceptos como la ecuación del tiempo se deducirán de una forma tan sencilla que el lector podrá representarlos gráficamente de forma inmediata sin ninguna duda.

También es nuestro objetivo que el lector pueda adquirir suficiente pericia en el manejo de las diferentes variables como para poder elaborar su propio software para cualquier nivel de precisión, incluso con unas herramientas tan comunes como las hojas de cálculo. Se le presentan también enlaces con los que acceder a través de la red a aplicaciones de cálculo que le serán de utilidad para sus estudios y comprobaciones.

Sólo nos resta desear al lector que esta obra le resulte útil y, sobre todo, suficientemente amena, con el fin de que pueda seguirla con interés hasta el último capítulo.

El autor.

CÓMO UTILIZAR ESTA OBRA: ESTRUCTURA Y CONSEJOS AL LECTOR

Este libro es el compendio de infinidad de procedimientos de cálculo para la caracterización del movimiento solar aparente, y comprende tanto una labor de búsqueda y recopilación como una exposición de métodos propios desarrollados por el autor.

Como decíamos en el punto anterior, la presentación de los diferentes cálculos es progresiva, y esto permite que el lector vaya adquiriendo de forma gradual la destreza para el dominio de esta materia hasta las máximas cotas de precisión: sistemas adoptados incluso en las aplicaciones presentadas en la web al público por parte de numerosos observatorios astronómicos.

Sin embargo, es posible que el lector no necesite, al menos en un primer momento, alcanzar tales grados de exactitud: tengamos en cuenta que el público objetivo de este libro lo constituyen técnicos, no astrónomos. Por ello, esta obra está estructurada de forma que las diferentes variables y sus expresiones matemáticas van apareciendo en función de la tolerancia en exactitud que se requiera.

Así, en la **PARTE I, Fundamentos y cálculos en baja precisión**, se le presentan el lector los principios y caracterización del movimiento terrestre y las variaciones en la orientación de su eje dentro del **CAPÍTULO 1, Conceptos básicos,** que es fundamental que conozca para seguir con éxito todos los desarrollos posteriores.

Dentro de esta **PARTE I,** en el **CAPÍTULO 2,** se sitúa al lector en el contexto de las precisiones que va a poder alcanzar en función de los métodos y variables utilizadas. Unas tablas-resumen le serán de gran utilidad para saber qué variables van a recomendarse en cada caso.

Los capítulos restantes de esta **PARTE I** desarrollan los conceptos de declinación solar y las deducciones de las expresiones de acimut y elevación solares con el auxilio exclusivamente de la geometría plana, para que el lector pueda realizar directamente cálculos en baja precisión relacionados con la trayectoria solar. En algunos casos se obtienen expresiones de forma redundante mediante la aplicación de diferentes métodos de resolución, con propósitos meramente didácticos.

Todo ello será suficiente para gran cantidad de estudiosos: aprendizaje universitario, precálculos tecnológicos, etc.

Si el lector desea adentrarse en el dominio de las altas precisiones, válidas para cálculos tecnológicos serios, deberá seguir la **PARTE II Cálculos en alta precisión**, donde se irán desarrollando a lo largo de los capítulos que componen la misma toda una serie de conceptos y variables utilizados en los procedimientos de cálculo secuencial más utilizados.

Aquí encontrará desarrollados los métodos de obtención de variables tales como la fecha juliana continua, cálculos orbitales precisos, variación de la oblicuidad de la eclíptica, correcciones por nutación, oblicuidad y aberración, métodos de cálculo de las correcciones por refracción atmosférica, ecuación del tiempo… De la mayor parte de ellos, ya tendrá algunas nociones adquiridas desde el **CAPÍTULO 1** de la **PARTE I**.

Con el dominio de esta segunda parte, el lector habrá adquirido suficiente destreza como para estar en condiciones de crear sus propias aplicaciones o utilizar adecuadamente las que se le sugerirán mediante enlaces para la obtención de hojas de cálculo existentes en la red, de reconocido prestigio.

Finalmente, si el lector desea conocer los procedimientos más precisos de determinación de la posición solar, y sus propuestas de cálculo, en la **PARTE III, Cálculos para muy altas precisiones** encontrará una detallada descripción de las últimas variables necesarias y sus propuestas de obtención: ΔT, ascensión recta, caracterización de órbitas alabeadas, correcciones para cálculos topocéntricos, etc.

Tras el dominio de esta última parte, el lector estará en condiciones de realizar cálculos similares a los obtenidos, como indicábamos más arriba, en las aplicaciones públicas de multitud de observatorios astronómicos.

Los anexos incluidos al final del libro incluyen, a modo de repaso para los técnicos, formularios y deducciones básicas geométricas y vectoriales, tablas astronómicas y fechas singulares: cambios de hora oficial en España desde 1947 hasta 2030 y fechas de solsticios y equinoccios para todo el s. XXI.

Para la notación decimal utiliza la coma (,) y para la separación de miles el punto (.), como es habitual en países hispanohablantes, aunque las razones trigonométricas utilizadas siguen la denominación universal *sin, cos, tan*.

PARTE I.

Fundamentos y cálculos en baja

precisión

1

CONCEPTOS BÁSICOS

En este primer capítulo, vamos a exponer brevemente los principales conceptos que se van a utilizar a lo largo de la presente obra. Aunque algunos de ellos han sido adquiridos desde los primeros años de nuestra educación primaria y ampliados posteriormente, recomendamos al lector no obviar las descripciones aquí realizadas pues, en ocasiones, uno de los procesos más enojosos dentro del campo de la Astronomía, lo constituye el deshacernos de simplificaciones asociadas a nuestros conocimientos previos, lo que, en ocasiones, llega a entorpecer sensiblemente nuestra curva de aprendizaje.

1.1   Acimut y elevación solares

La **trayectoria aparente del Sol**, percibida desde un observador situado en un punto determinado de la superficie terrestre, viene dada por la variación continua de dos ángulos que definen cada punto de esta en cada instante dado. Estos ángulos son:

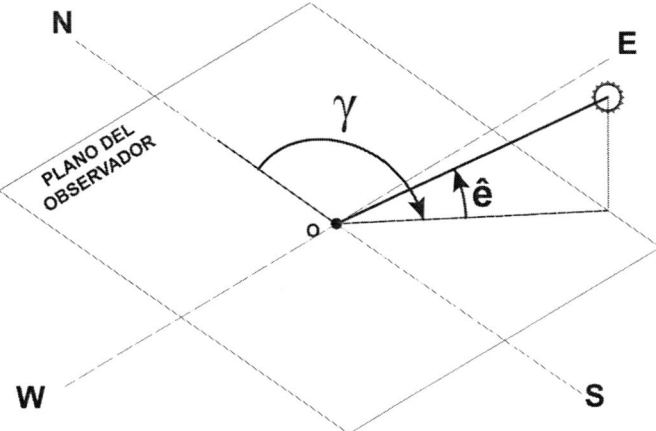

Fig. 1-1. Acimut γ y elevación ê solares.

-3-

Elevación ê, o ángulo que forma la visual al sol desde el observador terrestre con su proyección sobre el plano tangente a la superficie terrestre en el punto de observación[1].

Acimut γ, o ángulo que forma la proyección de la visual al sol con una dirección determinada, en general la línea Norte-Sur.

El fin último de la presente obra es la determinación del acimut y elevación en cualquier instante y para cualquier latitud y longitud, pudiendo utilizarse para ello diferentes métodos en función de la precisión requerida.

1.2   Proyecciones diédricas

Dado que esta obra va dirigida principalmente a técnicos (ingenieros, arquitectos, etc.), gran parte de los gráficos incluidos en ella utilizan el *sistema diédrico de proyección* para reflejar las posiciones de la Tierra en diferentes supuestos. Este método no ofrecerá ninguna dificultad para los profesionales o estudiantes de ramas técnicas; sin embargo, incluimos una sencilla aclaración gráfica acerca de alguna de las convenciones utilizadas, para facilitar su comprensión al lector generalista. En la **Fig. 1-2** se muestran las vistas utilizadas en diédrica para la representación de un cuerpo en planta y alzado.

Se ha tomado como ejemplo la imagen esquemática de nuestro planeta incluyendo su eje de rotación. La proyección ortogonal de la figura sobre el plano horizontal da como resultado la **planta** de esta. Análogamente para la proyección vertical (**alzado**). Así, el punto P del eje se proyectará sobre el plano horizontal como P' y sobre el vertical como P''. A lo largo de la presente obra, será muy común encontrarnos con una representación de la proyección horizontal de la esfera terrestre similar a la planta de la **Fig. 1-2**, con indicación de la dirección del eje terrestre en la misma mediante el vector proyectado tal y como se indica. La abreviatura P.N. se corresponderá con el polo Norte, que nos será de utilidad como referencia gráfica.

---

[1] *Es habitual denominar **α** a la elevación solar, sin que este criterio sea general. Preferimos utilizar ê en esta obra para no crear confusión al lector al utilizar más adelante la variable **α** para la **ascensión recta** en métodos de alta precisión.*

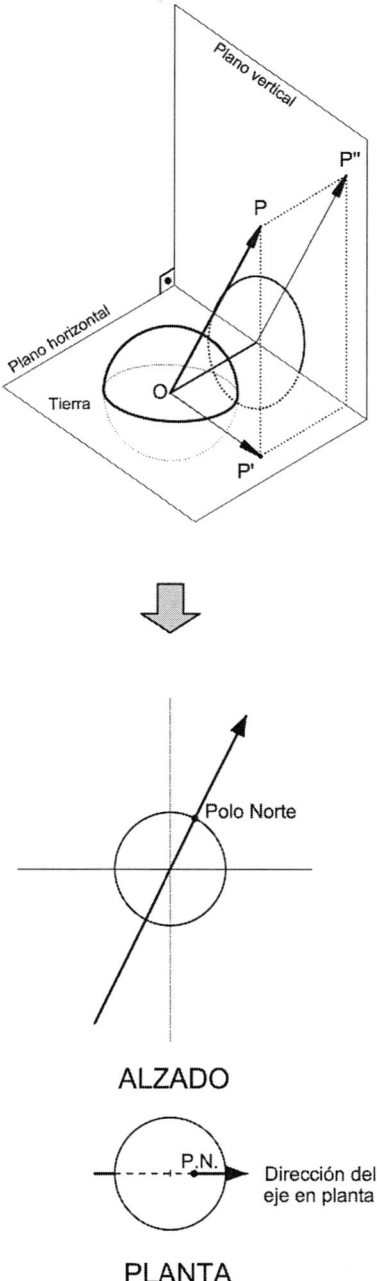

ALZADO

PLANTA

Fig. 1-2. *Proyección diédrica de la esfera terrestre y su eje de rotación.*

1.3   Conceptos astronómicos básicos

El acimut y la elevación solares dependen de la posición geográfica del observador: *latitud* φ, medida desde el ecuador, positiva hacia el norte y negativa hacia el sur, y *longitud* λ, medida desde el meridiano 0 o meridiano Greenwich, positiva hacia el este y negativa hacia el oeste. También dependen del instante de observación, debido a la posición orbital de nuestro planeta y de la rotación diurna, así como de una serie de variables astronómicas asociadas a sus movimientos y a la posición relativa de su eje, que vamos a caracterizar brevemente en los puntos siguientes.

1.4   Rotación y traslación terrestres

Como sabemos, los movimientos principales de la Tierra son dos: *rotación* alrededor de su eje de giro y *traslación* alrededor del Sol. El período de rotación es de un día, y el de traslación es de un año, aunque en otros apartados precisaremos más estas duraciones.

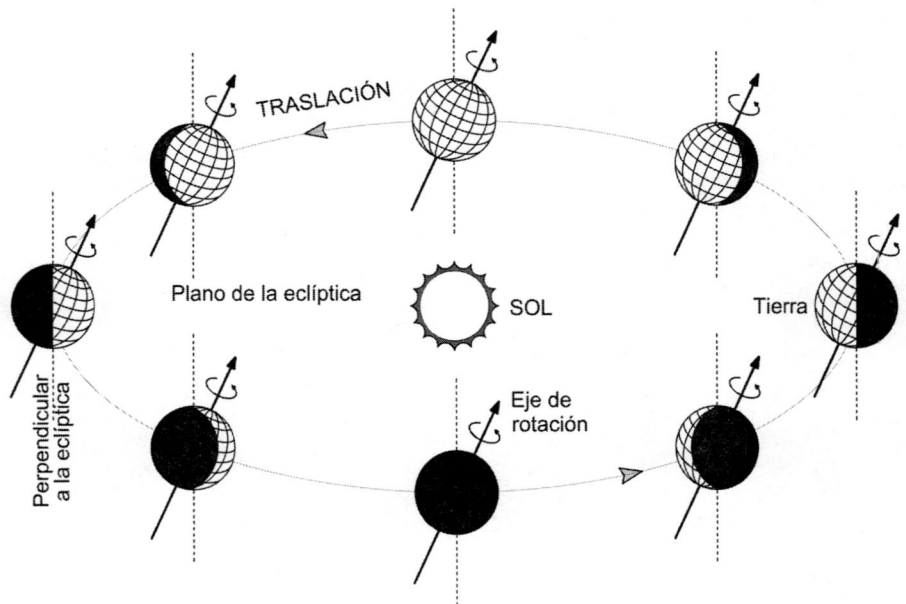

Fig. 1-3. *Esquema clásico de la traslación terrestre.*

Similares ilustraciones a la **Fig. 1-3** se repiten en todos los atlas escolares y contienen unos conceptos elementales sobre los que daremos una serie de indicaciones en este capítulo. Este sencillo esquema universalmente conocido es por sí mismo válido para el planteamiento y resolución de problemas de análisis de la trayectoria aparente del Sol desde la Tierra con una aproximación baja, pero suficiente para multitud de propósitos. Para procesos que requieran una mayor precisión, habrá que incorporar la cuantificación numérica de otros movimientos y perturbaciones de la dirección del eje terrestre, que se irán describiendo más adelante. La órbita de la Tierra, recorrida alrededor del Sol en un año, es elíptica, de acuerdo con las *leyes de Kepler*, y, por tanto, está contenida en un plano *(plano de la eclíptica)* que pasa por el centro de aquel.

1.4.1   El efecto giroscópico de la rotación

La rotación de la Tierra confiere a su eje de giro una gran estabilidad, de acuerdo con las propiedades del movimiento giroscópico, cuyas características se describen en Mecánica Clásica, no siendo necesario su análisis en esta obra. Ello hace posible que el eje se mantenga paralelo a sí mismo a lo largo de la traslación, como queda representado en la **Fig. 1-3**. Dicho eje no es perpendicular al plano de la eclíptica formando con la vertical al mismo un ángulo ε, conocido como *inclinación u oblicuidad de la eclíptica* (**Fig. 1-4**).

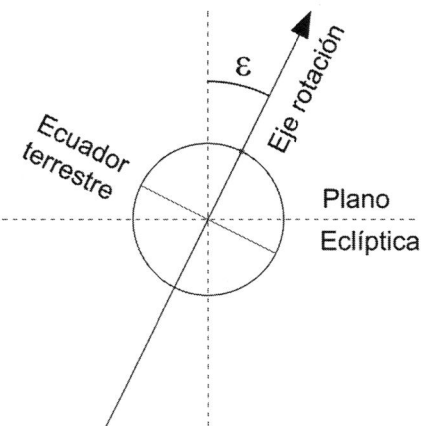

Fig. 1-4. *Orientación del eje de rotación terrestre.*

La inclinación del eje terrestre es la responsable de los ciclos estacionales en nuestro planeta, como veremos más adelante. La comunidad científica admite que el origen de esta inclinación, nula en los principios de la formación de los planetas del sistema solar a partir del desprendimiento de materia del nuestro astro central, pudo deberse al impacto posterior de un cuerpo celeste de grandes dimensiones sobre nuestro planeta. Ello habría provocado asimismo la proyección hacia el espacio de los materiales que, agrupados más tarde bajo la influencia gravitacional de la Tierra, dieron origen a la Luna.

1.4.2 Día solar y día sidéreo

Es necesario hacer unas precisiones sobre el movimiento de rotación terrestre y el concepto de **día**, asociado a dicho movimiento. Observemos la **Fig. 1-5**. En ella se han reflejado los giros de rotación y traslación vistos desde un punto exterior al plano de la eclíptica que permite divisar el polo norte terrestre. Ambos son antihorarios o, como se denomina en Astronomía giros directos. Se ha obviado la inclinación del eje terrestre, para mejor comprensión, y se ha situado el punto P sobre el ecuador terrestre.

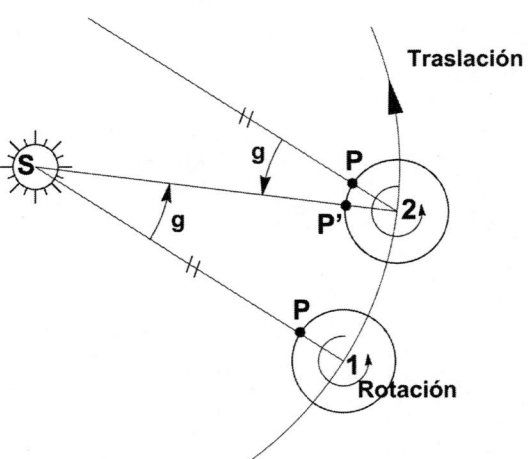

Fig. 1-5. *Día solar y día sidéreo.*

En un determinado instante 1, P estará situado sobre la línea Tierra-Sol. Al girar la Tierra respecto a su eje y desplazarse en traslación un ángulo *g* (instante 2), el punto P deberá situarse al día siguiente en P' para volver a estar en el instante del mediodía. Para ello, sobre el giro de 360° alrededor de su eje que lo llevaría nuevamente a P *(día sidéreo)* habrá que añadir un ángulo *g*, del mismo valor que el ángulo girado en traslación. Así, el Sol se verá nuevamente desde P' en las mismas condiciones geométricas que el día anterior, es decir, situado otra vez sobre la línea Tierra-Sol. El tiempo transcurrido entre estos dos avistamientos consecutivos similares (mediodías solares) es de un ***día solar***, cuya duración media es de 24h. Como la Tierra tarda aproximadamente 365 días en recorrer los 360° de la órbita, tendremos que:

$$\hat{a} = \frac{360°}{365} = 0°,99 \cong 1°$$

Es decir, como el día solar medio es de 24 horas, el período de rotación sidéreo terrestre será de

$$T_{rot} = \frac{360°}{365} \cdot 24 = 23,93h \cong 23h56min$$

Con lo que el día sidéreo es aproximadamente 4 minutos menor que el día solar medio. A pesar de las simplificaciones indicadas, o incluso el hecho de que la velocidad de traslación varíe ligeramente, como veremos, la diferencia media obtenida es suficientemente aproximada.

1.4.3   *Variaciones en el período de rotación de la tierra: ΔT*

La duración de la rotación terrestre no es constante a lo largo del tiempo. Diferentes factores, como la distribución de masas de hielo sobre la Tierra, actividad sísmica, deriva continental y otros muchos, de cuantificación difícil y predicción excesivamente compleja, producen alteraciones en el período de rotación. Estas perturbaciones sólo se tienen en cuenta en cálculos de muy elevada precisión, y su caracterización numérica aproximada queda lejos del alcance de este capítulo. Digamos solamente que la cuantificación de estas variaciones da lugar a la variable *ΔT*, cuyas expresiones, aproximaciones y valores propuestos analizaremos en los capítulos correspondientes.

1.5   Dimensiones del Sol, la Tierra y la órbita. Elementos notables

Es útil tener una idea clara sobre las dimensiones del Sol, la Tierra y los elementos geométricos de la órbita (**Fig. 1-6**) antes de entrar en procesos deductivos que requieren simplificaciones acordes con dichas magnitudes. Se indican a continuación los valores principales.

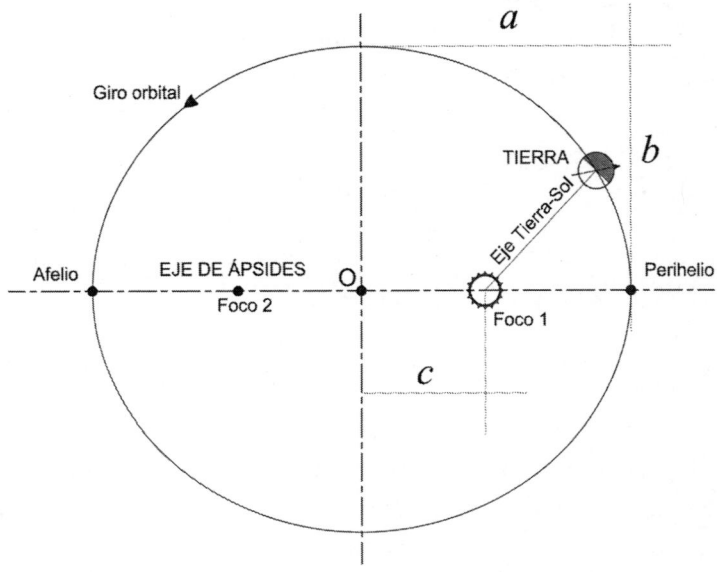

Fig. 1-6. Elementos principales de la órbita terrestre.

Los valores aproximados que se consignan a continuación se corresponden con los indicados en el Anuario del Observatorio Astronómico de Madrid para 2021 [1].

Radio solar:	*695660 km*
Radio ecuatorial terrestre:	*6378,1366 km*
Excentricidad de la órbita:	*e = 0,01670007 (promedio para 2021)*
Distancia media Tierra-Sol = 1,000001018 UA (unidades astronómicas)	

La distancia Tierra-Sol es un valor medio, que coincide con el semieje mayor de la órbita, **a** (**Fig. 1-6**). En el pasado, la UA, cuyo valor es:

$$1 \text{ UA}^2 = 149\ 597\ 871 \text{ km}$$

se identificaba con dicho semieje. Mediciones más precisas del mismo han dado como resultado el ajuste indicado más arriba, por lo que:

$$a = 1,000\ 001\ 018 \text{ UA} = 149\ 598\ 023 \text{ km}$$

Valor que, en el Anuario de 2021, se redondea al valor de 149 598 000 km.

La excentricidad de la elipse orbital varía muy lentamente, a lo largo del tiempo, en el intervalo **[0,005, 0,058]**, y en un ciclo completo superior a 400 000 años, con varios subciclos. A pesar de esta variación, la longitud de su eje orbital mayor permanece visiblemente constante, por lo que solo se modifica de forma continua la longitud del eje menor. Esta propiedad orbital es común a los otros planetas menores (Mercurio, Venus y Marte), según se recoge en [2]. El semieje mayor de la órbita, **a**, se conoce, según decíamos más arriba, como ***distancia media de la Tierra al Sol***, entendiendo como tal la mitad de la suma de la distancia máxima más la distancia mínima. El eje imaginario sobre el que se sitúa el eje mayor se conoce como ***eje de ápsides***. La ***semidistancia focal***, **c**, es la distancia que separa al Sol del centro **O** de la elipse orbital. El ***perihelio***, situado sobre la línea de ápsides, es el punto más cercano de la órbita al Sol. El ***afelio***, situado sobre la misma línea, es el punto más alejado de aquel. De acuerdo con las leyes de Kepler, la velocidad de traslación de la Tierra es máxima en el perihelio y mínima en el afelio. El eje menor de la elipse, **b**, está relacionado con los valores anteriores mediante la expresión (véase Anexo 2, punto A2.1):

$$e = \frac{c}{a} = \sqrt{1 - \frac{b^2}{a^2}}$$

---

[2] *Este valor será utilizado a lo largo de esta obra, de acuerdo con Simon, Bretagnon & alt., según [39]. Esta expresión es coherente con el resto de las fórmulas matemáticas extraídas del modelo VSOP que se analizará en otros capítulos, y por esa razón se mantiene en nuestros desarrollos.*

Por lo que: $$b = 0,99986054 \cdot a$$

Lo cual indica que la órbita es casi circular, no pudiéndose apreciar en una representación gráfica la diferencia entre la órbita y un círculo circunscrito. No obstante, en lo que sigue adoptaremos frecuentemente la convención de exagerar gráficamente la diferencia entre ambos ejes para mejor comprensión de algunos fenómenos. Hay que hacer constar que, a pesar del aspecto cuasi-circular de la órbita, los fenómenos asociados a su forma elíptica se dejan observar de forma bien patente. Si queremos calcular la distancia actual entre el centro de la elipse orbital y el Sol:

$$c = \sqrt{a^2 - b^2} = 149,6 \cdot 10^6 \sqrt{(1 - 0,99986054^2)} \cong 2,5 \cdot 10^6 km$$

Con estos datos, podemos establecer una sencilla comparativa dimensional mediante objetos de uso cotidiano para analizar los órdenes de magnitud de los elementos descritos. Supongamos que el tamaño del Sol fuera el de un globo terráqueo como el que todos tenemos en nuestros hogares, con unos 25 cm de diámetro. El diámetro de la Tierra sería entonces de 2,30 mm, es decir, el de la sección menor de un grano de arroz. La distancia media entre ambos elementos sería de 27 metros, aproximadamente. Es decir, la distancia entre una ventana de un 8° piso con bajo y la acera de la calle. Con esta comparación podemos entender que los rayos del Sol lleguen a la Tierra prácticamente como haces paralelos, provocando que la Tierra presente un hemisferio iluminado y el otro en la oscuridad. En sentido estricto, la enorme diferencia de radios provoca que siempre sea ligeramente mayor la parte iluminada, como se verá en correcciones posteriores. Pero a efectos de descripción fenomenológica preliminar, no es necesario entrar aún en ese nivel de detalle. Finalmente, hay que resaltar que a pesar de que la distancia media Tierra-Sol es de unos 150 millones de kilómetros, esta magnitud es insignificante con respecto a la distancia entre la Tierra y cualquiera de las estrellas del firmamento, expresadas todas ellas en **años luz** (1 año luz = $9,46 \cdot 10^{12}$ km). Por ejemplo, la más cercana a la Tierra, *Proxima Centauri*, dista de nosotros 4,24 años luz, mientras que la estrella Polar se encuentra a 447 años luz de nuestro planeta. La distancia Tierra-Sol antes indicada es de solo $1,59 \cdot 10^{-5}$ años-luz, es decir, 8,32 minutos luz.

1.5.1 Las leyes de Kepler

La traslación terrestre anteriormente descrita se rige por las tres leyes fundamentales de Kepler[3]:

1) **Ley de la órbita:** *Todos los planetas se mueven en órbitas elípticas, con el Sol en uno de sus focos.* Los elementos fundamentales de la elipse terrestre se han indicado más arriba, aunque la órbita no es absolutamente plana en sentido estricto, presentando perturbaciones infinitesimales por efecto de la atracción gravitatoria del resto de planetas (especialmente los mayores). Estas perturbaciones, aunque mínimas, se cuantificarán en otros capítulos, siendo su cálculo necesario solo cuando se requieran muy altas precisiones.

2) **Ley de áreas:** *En tiempos iguales, el vector Sol-Tierra recorre áreas iguales.* Ello implica que cuanto más cerca se encuentra nuestro planeta del Sol, mayor es su velocidad orbital. Esta variación de velocidad, aunque pequeña, provoca que, de acuerdo con la definición de día sidéreo (1.4.2), la duración de los días también varíe en función de la posición orbital. Este es uno de los dos factores que conforman lo que conocemos como **ecuación del tiempo**, que analizaremos en detalle en otros capítulos.

3) **Ley de los períodos:** El cuadrado del período de un planeta es proporcional al cubo del semieje mayor de su órbita. Es decir:

$$\frac{T^2}{a^3} = C$$

Siendo T el período o tiempo que tarda el planeta en recorrer su órbita (generalmente expresada en años terrestres), *a* su semieje mayor (generalmente en unidades astronómicas UA), y C una constante idéntica para todos los planetas.

Newton se basó en esta tercera ley para enunciar la ley de gravitación

---

[3] *Johannes Kepler, matemático y astrónomo alemán (1571 – 1630). Sus leyes sobre el movimiento de los planetas confirmaron y caracterizaron matemáticamente los principios del sistema heliocéntrico de Copérnico.*

universal. Considerando el enunciado de esta, podemos escribir:

$$C = \frac{4\pi^2}{GM}$$

donde M es la masa del Sol, y G la constante de gravitación universal.

1.6   Solsticios y equinoccios

Como se desprende de la anterior **Fig. 1-3**, debido a la traslación terrestre, el plano que separa la zona iluminada de la Tierra, que mira hacia el Sol, y la zona de obscuridad, que denominamos en esta obra ***plano de sombra***[4], es siempre perpendicular al eje Tierra-Sol y al plano de la eclíptica.

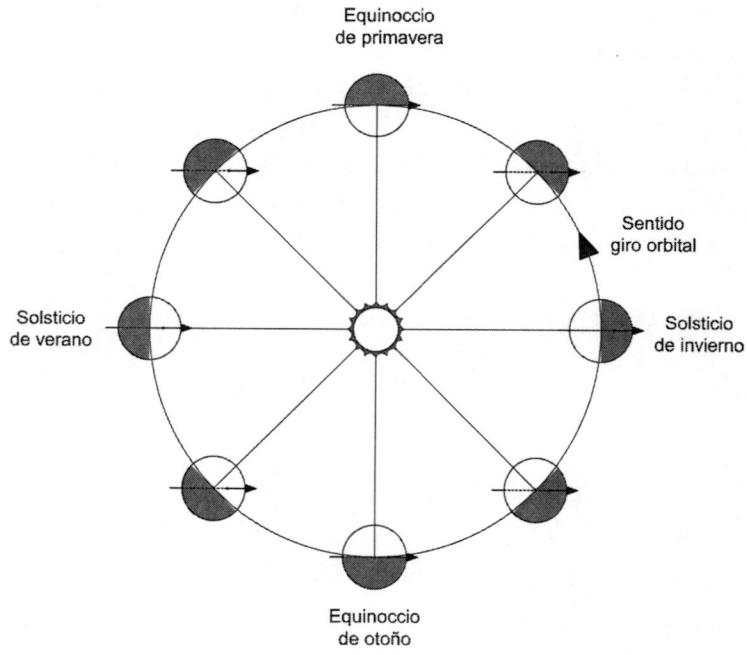

Fig. 1-7. *Solsticios y equinoccios.*

---

[4] *Esta denominación es propia del autor; no se utiliza en Astronomía general.*

Por esta razón, en determinados instantes, el plano de sombra contiene al eje de giro de terrestre. Estos instantes son el *equinoccio de primavera* y el *equinoccio de otoño*.

En ellos, el eje Tierra-Sol corta al ecuador terrestre. Los instantes en los que el plano de sombra es perpendicular a la proyección del eje terrestre sobre el plano de la eclíptica son los *solsticios*. En la figura esquemática en planta de la traslación terrestre (**Fig. 1-7**) se puede ver la proyección del eje terrestre en relación con el plano de sombra. En el *solsticio de verano*, la línea Tierra-Sol corta a la esfera terrestre a la máxima altura sobre el ecuador, y en el *solsticio de invierno*, el ángulo es máximo bajo el ecuador terrestre. Esto se observa claramente si cortamos la **Fig. 1-7** por planos determinados por la línea Tierra-Sol y el eje de giro de la tierra en los solsticios y equinoccios, tendremos a su vez la **Fig. 1-8**, que aclara estos conceptos. En los solsticios, los ángulos de la línea Tierra-Sol sobre el ecuador (verano) y bajo el ecuador (invierno) son, respectivamente, $+\varepsilon$ y $-\varepsilon$, como se verá más adelante. Es fácil observar que los solsticios y equinoccios en un hemisferio son opuestos a los del otro. Vemos en la **Fig. 1-8** que los puntos situados sobre la esfera terrestre por encima del ecuador, tiene más horas de sol que de oscuridad en el solsticio de verano, pero ocurre lo contrario en los puntos situados sobre el hemisferio Sur. Por ello, el solsticio de verano en el hemisferio boreal (norte) es el de invierno en el hemisferio austral, y viceversa. En lo sucesivo, utilizaremos la denominación de solsticios y equinoccios coherente con el hemisferio norte. En los equinoccios las horas de sol son las mismas que las de oscuridad en todos los puntos del planeta. Basta con observar la posición del eje de rotación en estos instantes en la **Fig. 1-8**. El equinoccio de primavera marca el comienzo de la primavera, el solsticio de verano el inicio del verano, y así sucesivamente. Los rayos solares, en la práctica paralelos a la línea Tierra-Sol, inciden con diferente ángulo sobre la superficie de los hemisferios norte y sur en las distintas estaciones. En verano, su ángulo de incidencia es máximo en el hemisferio norte y mínimo en el sur, y viceversa. En invierno ocurre lo contrario. Esta circunstancia, unida a la distribución de horas de sol, es la que provoca que los veranos sean cálidos y los inviernos fríos. Por supuesto, influyen otros factores en las temperaturas medias estacionales, entre ellos la inercia térmica inducida por los océanos. En la **Fig. 1-8** también observamos que el ángulo que forma la línea Tierra-Sol con el plano del ecuador terrestre varía a lo largo del año. Este ángulo fundamental, conocido como **declinación solar**, se analiza en detalle en capítulos siguientes.

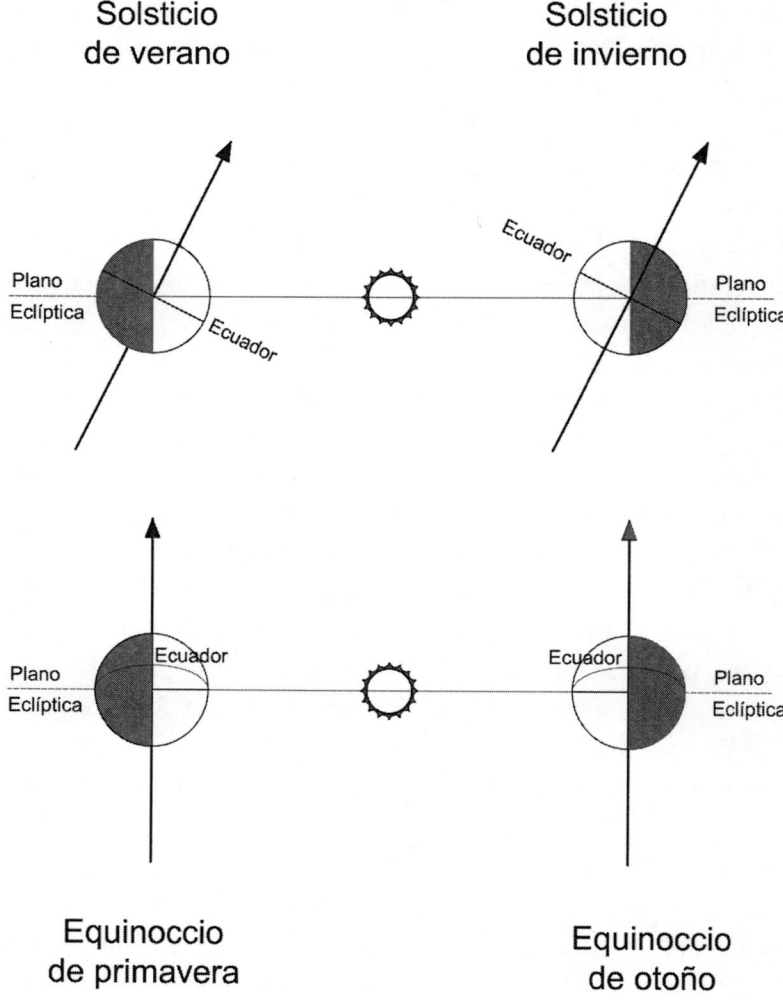

Fig. 1-8. *Eje terrestre y plano de sombra: posiciones relativas.*

1.6.1 Solsticios, equinoccios y ejes de la elipse orbital

Es un error muy común identificar el solsticio de invierno con el perihelio y el de verano con el afelio. No existe relación ninguna entre los ejes de la elipse orbital y los fenómenos astronómicos anteriores. Actualmente (año 2021), el desfase entre el perihelio (02/01/2021 a las 14h TU[5]) y el solsticio más cercano en el tiempo (21 de diciembre de 2020 a las 10h02m TU) es de aproximadamente 13°,3 (**Fig. 1-9**).

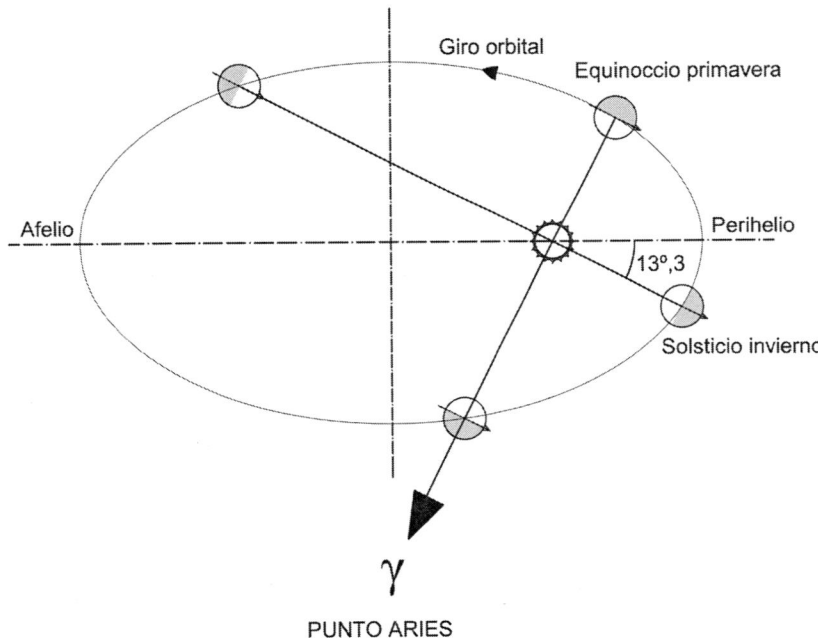

Fig. 1-9. *Posición relativa de solsticios y equinoccios respecto a los ejes principales de la elipse orbital (año 2021).*

La primera consecuencia que podemos extraer es que, como las velocidades de traslación de la Tierra varían de acuerdo con las leyes de Kepler, y son más rápidas a menor distancia al Sol, la duración de las estaciones es

---

[5] *Hora Greenwich.*

diferente. Así, de acuerdo con el AOAM de 2021 [1], las duraciones para dicho año, en días, son:

Primavera	*92,75*	*Verano*	*93,66*
Otoño	*89,96*	*Invierno*	*88,98*

Más adelante veremos, además, que este desfase angular entre ejes y solsticios varía lentamente a lo largo del tiempo.

1.7   Variaciones en la dirección del eje de giro terrestre

Hasta ahora hemos considerado fija e inmutable la posición del eje de rotación de la Tierra, y esto es aproximadamente cierto para períodos de observación cortos, en el entorno de un año, y suficiente para cálculos que requieren bajas precisiones. Sin embargo, el eje de la Tierra está sometido a una serie de perturbaciones que modifican de forma continua y cíclica su posición en el espacio. Todas ellas tienen una explicación mediante el análisis del movimiento giroscópico, que, como dijimos, no vamos a desarrollar. Estas modificaciones son la *precesión*, la *variación de la oblicuidad de la eclíptica*, ε, y la *nutación*. También en menor medida, y sin un modelo matemáticos claro por el momento, el *movimiento polar*.

1.7.1   Precesión

El movimiento de precesión consiste en el giro constante del eje de rotación del planeta alrededor de la perpendicular al plano de la eclíptica que pasa por el centro de la Tierra (**Fig. 1-10**). Este movimiento se estima en aproximadamente 50",2 al año, lo que equivaldría a que el giro completo del eje se produciría en unos 25.800 años. De esta forma, el eje de rotación terrestre describe a lo largo del tiempo un cono de revolución, del que el propio eje de rotación es la generatriz, y de semiángulo cónico igual a la inclinación con respecto a la eclíptica del eje, ε. El movimiento, al contrario que el de traslación, es *horario* o *retrógrado.* Este movimiento del eje provoca lo que en Astronomía da lugar a lo que se conoce como *precesión de los equinoccios*. En la **Fig. 1-11** se ha representado este giro: en el transcurso de un año, la dirección P1 pasa a convertirse en la dirección P2, siendo *â* el ángulo anual girado respecto a la perpendicular al plano de la eclíptica[6].

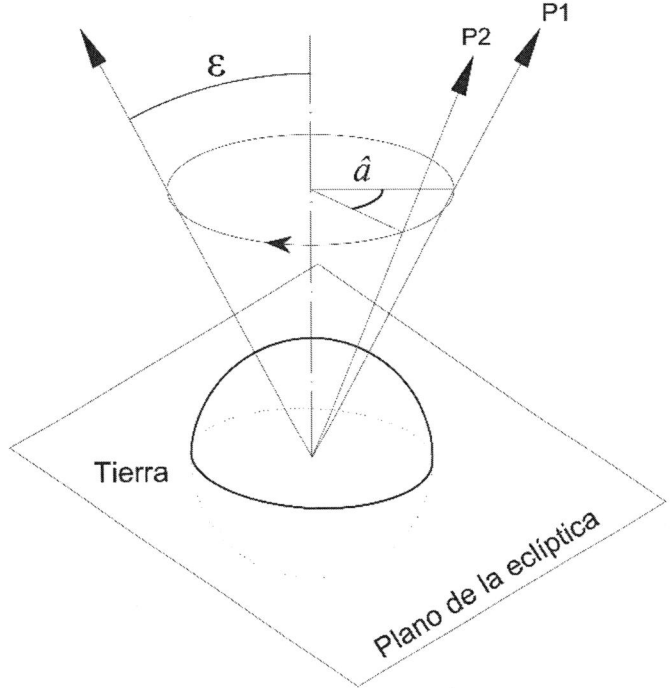

***Fig. 1-10.** Precesión.*

Este giro es el responsable de que entre dos años consecutivos el equinoccio correspondiente al segundo (año *N+1* en la **Fig. 1-11**) se produzca antes de que la esfera terrestre haya completado su traslación alrededor del Sol, sin haber llegado al punto inicial del año *N*.

La diferencia angular equivale, precisamente, al ángulo *â* indicado en la figura mencionada. Como se ve, el plano de sombra en *N+1* contiene al nuevo eje rotado, y debido al giro retrógrado del eje de rotación, el equinoccio se adelanta antes de que llegue a cerrarse la órbita.

---

[6] *Utilizamos esta nomenclatura* **â** *de forma auxiliar en este apartado, sin que se identifique con una denominación estándar en Astronomía clásica.*

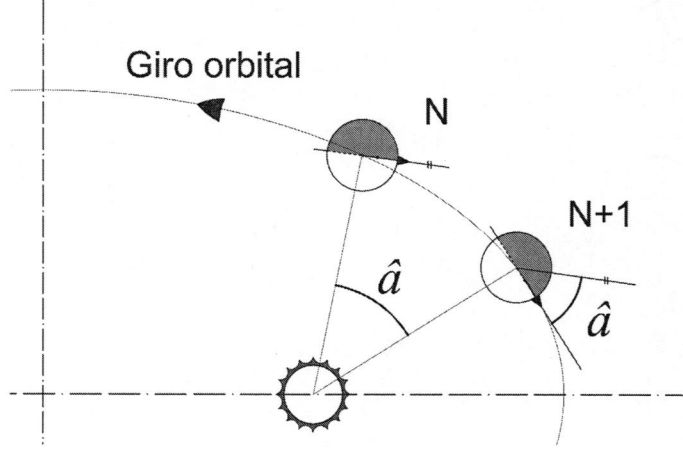

Fig. 1-11. *Precesión y avance de los equinoccios.*

1.7.2   El punto Aries

En el instante en que se produce el equinoccio de primavera, la línea Tierra-Sol marca una determinada dirección en el espacio. Esta dirección se conoce en Astronomía como *punto Aries*, γ, y no está asociada a ninguna estrella o constelación, a pesar de su nombre. También se conoce como *punto vernal*. La orientación del punto Aries es variable: en efecto, el Sol, visto desde la Tierra, por efecto de la precesión de los equinoccios, se ve a lo largo de los años superpuesto sobre un punto diferente del firmamento, con un avance anual, como ya se indicó, 50",2 anuales.

La **Fig. 1-12** ilustra el desplazamiento aparente del punto Aries, que gira anualmente el mismo ángulo *â* que el retroceso o retrogradación de los equinoccios, pasando de la dirección 1 a la 2 entre dos equinoccios sucesivos. Es interesante comentar el origen de la asignación de este punto a la constelación de Aries: los astrónomos griegos, basados en los conocimientos babilonios, introdujeron en occidente los actuales nombres del zodiaco asociados a sus respectivas constelaciones. En esa época, el equinoccio de primavera, el Sol se veía superpuesto con la constelación del mismo nombre. Actualmente, el punto Aries o punto vernal se encuentra entre las constelaciones de Acuario y Piscis. Ello nos indica que, dado que el límite entre Aries y Acuario dista del límite entre Acuario y Piscis 1/12 del zodiaco, el tiempo transcurrido desde la asignación del punto vernal a Aries sería, como mínimo:

$$t = \frac{360}{12} \cdot \frac{3600}{50,2} = 2151 \text{ años}$$

Tal vez el punto vernal se encontraría más hacia el centro de la constelación, lo que nos daría al menos otros 1000 años de incertidumbre. Suele decirse que *"el punto Aries ni es un punto, ni está en Aries"*.

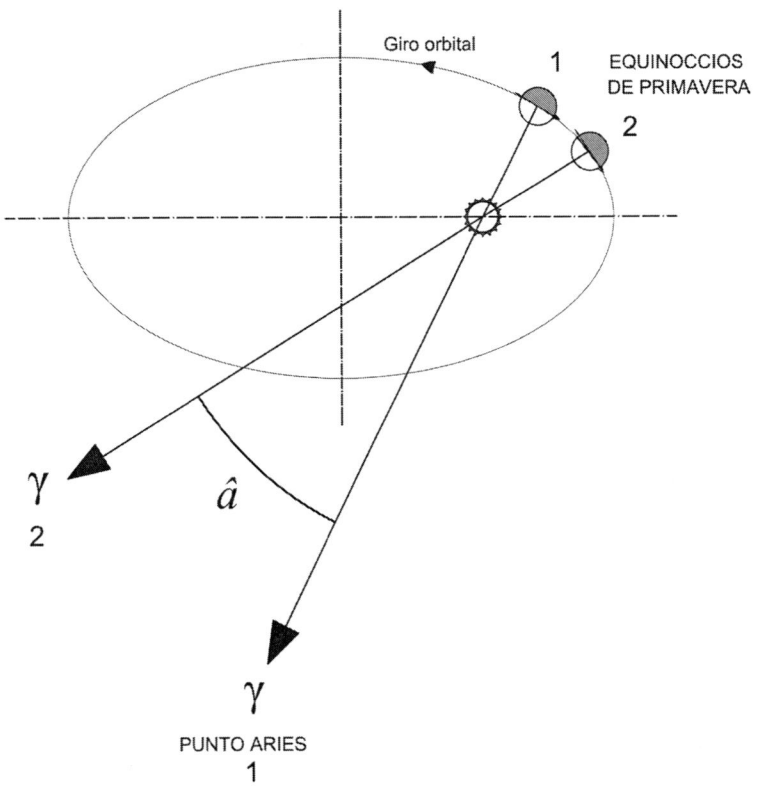

Fig. 1-12. *El punto Aries.*

1.7.3 La estrella polar

Si prolongamos la dirección actual del eje de rotación terrestre (**Fig. 1-13**), incidiremos casi directamente sobre la **estrella polar**, en la constelación de la **Osa Menor** (*ursa minor, posición 2 en la figura*). Esta estrella, visible desde el hemisferio norte, ha servido durante los últimos siglos como referencia para la orientación en dicho hemisferio. Esa circunstancia es casual: la precesión de los equinoccios provocará que la estrella polar, dentro de varios siglos, no sea válida como punto de referencia.

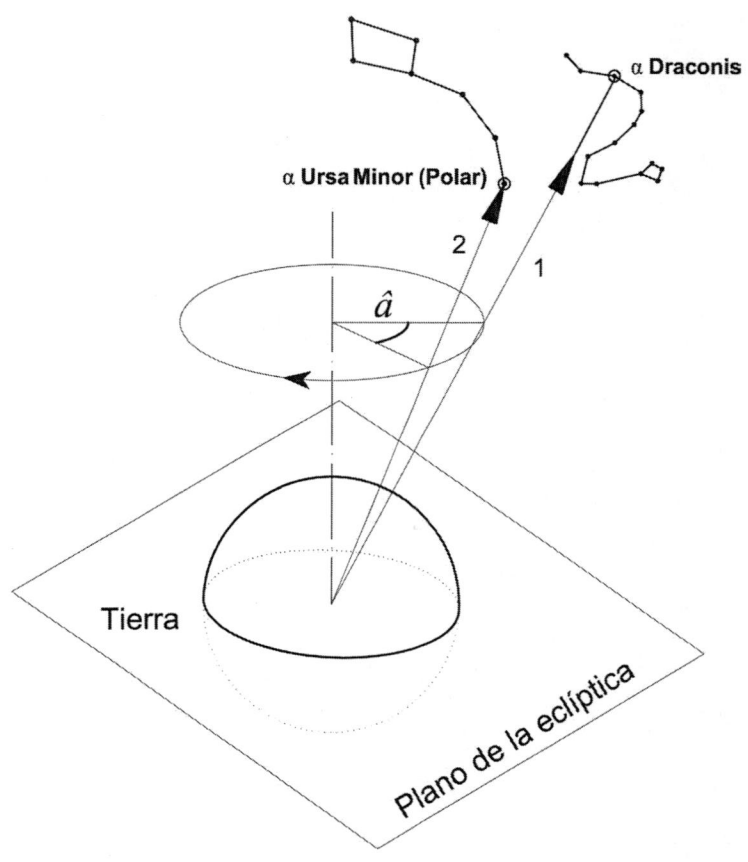

Fig. 1-13. *La Polar y la precesión.*

A lo largo del año podemos considerar invariable esta orientación de la Polar, debido a que la distancia a la misma desde la Tierra es tan enorme que, en comparación con aquella, la órbita terrestre queda reducida a un punto insignificante. En épocas anteriores se utilizaron otras referencias asociadas a constelaciones que contuvieran una estrella de suficiente magnitud alineada con el eje terrestre (α *Draconis*, posición 1 en la figura, etc.), o incluso, durante largos períodos de tiempo, puede no haber ninguna estrella lo suficientemente luminosa en prolongación con nuestro eje para ser convertida en referencia fiable de cara a la orientación. Eso ocurre actualmente en el hemisferio sur, donde la estrella visible más cercana a la prolongación del eje terrestre, *Acrux*, se encuentra en la **Cruz del Sur**, y se utiliza como referencia indirecta, dado su desfase con respecto al polo sur celeste.

1.7.4   *Variación de la oblicuidad de la eclíptica*

Todos estamos familiarizados con el valor aproximado de ε, valor que coincide, como veremos, con la latitud del trópico de Cáncer y con el complementario de la latitud del círculo polar ártico. Este valor es actualmente:

$$\varepsilon = 23°437601 \approx 23°,44$$

En cálculos de baja precisión es aceptable tomar este valor como constante, truncado generalmente al segundo decimal. Sin embargo, este valor no es fijo, sino que varía de forma constante a lo largo de los años de forma lenta pero perceptible cuando se comparan datos que abarcan más de una década (**Fig. 1-14**).

El rango de variación se sitúa en el intervalo $(22°,1, 24°,5)$ en un período de aproximadamente 41.000 años. En la actualidad, se verifica una disminución del valor de ε a razón de 13 centésimas de grado por siglo. Este mínimo acercamiento a la perpendicular a la eclíptica se traduce en una paulatina, aunque imperceptible a corto plazo, disminución de las diferencias entre verano e invierno. La variación a largo plazo de ε no es lineal. Su modelo matemático de cálculo para precisiones estándar o elevadas se presenta en otros capítulos.

Es común confundir la variación de ε con la nutación, que se expone a continuación, lo cual lleva a errores de concepto muy graves a la hora de analizar otros fenómenos. Este movimiento no tiene influencia sobre los equinoccios.

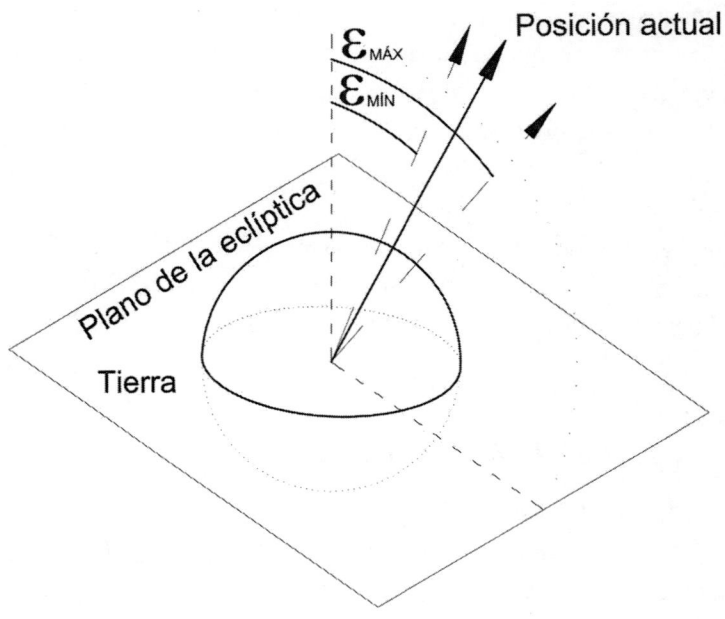

Fig. 1-14. *Variación de ε.*

1.7.5 La nutación

Superpuesto a la variación de ε expuesta en el punto anterior, y de forma simultánea y continua, se verifica el movimiento periódico del eje terrestre conocido como nutación (**Fig. 1-15**). El eje terrestre describe un cono de base elíptica perpendicular a él, de directriz la posición teórica media del eje de giro terrestre, y generatriz el propio eje real. Este movimiento periódico está provocado por la atracción gravitatoria de la Luna y depende, por tanto, de la posición relativa de nuestro satélite respecto a la Tierra.

Su período completo es breve, de aproximadamente 18,6 años, y el ángulo cónico correspondiente al eje mayor de la elipse, OCP en la figura, se sitúa en el entorno de los 9",2, con una excentricidad muy baja.

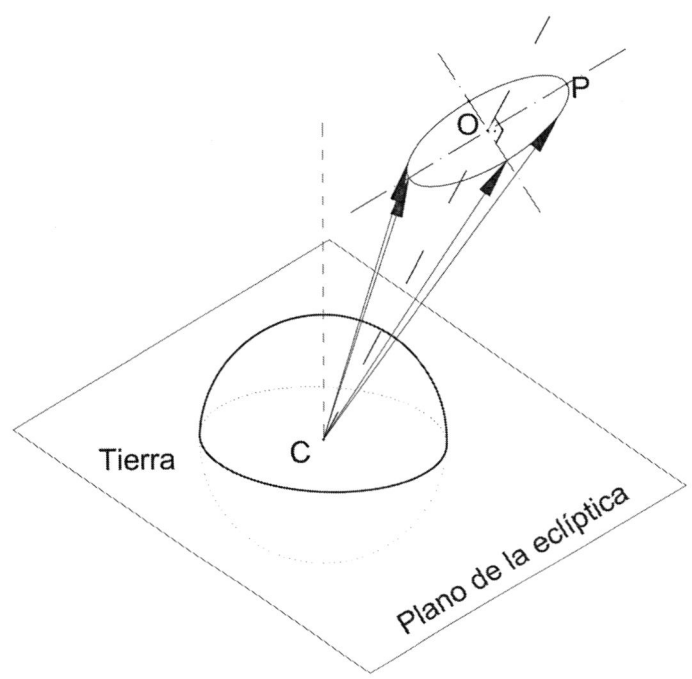

Fig. 1-15. *La nutación.*

Estos órdenes de magnitud nos indican que esta perturbación tiene una influencia mínima en los cálculos, de tal forma que, como veremos, en los de baja precisión suele prescindirse del mismo, utilizándose solamente los valores medios de ε. Su cuantificación numérica se analizará en otros capítulos.

1.7.6   El movimiento polar

Existe un movimiento cíclico de muy baja amplitud, que es objeto de estudio y que presenta gran controversia en cuanto sus orígenes y modelizaciones: el *movimiento polar*. Este movimiento consiste en una serie de perturbaciones menores en la orientación del eje terrestre, de amplitud tan baja, que habitualmente se refieren a la posición media o teórica del polo norte. Las perturbaciones constituyentes del movimiento polar se catalogan a día de hoy como:

- **Bamboleo de Chandler** (*Chandler's wooble*): es la de mayor amplitud de las perturbaciones. Con un período aproximado de 433 días, se rige por una trayectoria circular de radio variable entre 3 m y 15 m de diámetro, medida en relación con el polo norte. Ello equivale a una amplitud angular variable entre 0,1 y 0,5 segundos de arco. Está relacionado, según predijo Euler, con la forma elipsoidal irregular de nuestro planeta comparado con una esfera ideal.

- **Oscilación anual**: describe, de forma más aleatoria, un círculo de menor amplitud, y está relacionada con la distribución estacional variable de masas de agua.

- **Deriva**, en dirección aproximada hacia el meridiano 80° W, con un avance en el entorno de 1 m por década. Se ha relacionado con la evolución de la capa de hielo sobre Groenlandia.

Otras perturbaciones sistemáticas, inapreciables en la práctica, son las debidas a las mareas (diarias), a terremotos, etc. La suma de todas estas perturbaciones, con sus signos, da lugar, como decimos, al movimiento polar, y su cuantificación total no está definitivamente modelizada, siendo objeto de continuas controversias el propio origen de algunos movimientos menores: placas tectónicas, comportamiento del lecho oceánico, etc. En cualquier caso, dados los órdenes de magnitud en los que se mueven estas perturbaciones y su comportamiento casi aleatorio en cuanto a amplitudes, no se considera necesaria su inclusión ni en los procedimientos de cálculo más precisos. No obstante, se realizan estimaciones continuas de su valor de cara a predicciones y análisis de posicionamiento en sistemas GPS, especialmente en aquellos de uso militar.

1.8 El giro del eje de ápsides

La dirección en el espacio de la línea de áspides varía lentamente con el tiempo, barriendo el plano de la eclíptica. Su giro, según los criterios adoptados anteriormente para rotación y traslación, es directo o antihorario (**Fig. 1-16**).

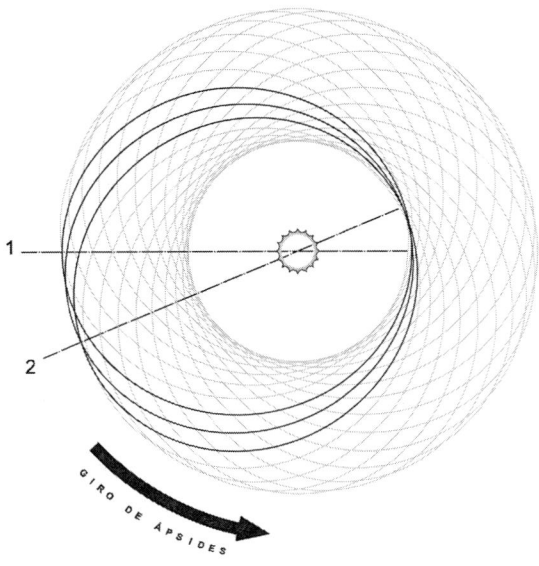

Fig. 1-16. *Giro del eje de ápsides.*

Este movimiento se produce a velocidad angular constante aproximada de 11",7 anuales, según [3], que Orús & alt. [4] estiman en 11",64. En la **Fig. 1-16** observamos que el eje de ápsides va rotando alrededor de uno de sus focos en el que se sitúa el Sol desde la posición inicial 1. Al cabo de un largo período de tiempo, pasará a la posición 2, y, finalmente después de un ciclo completo de 110.769,2 años, volverá a la posición primitiva 1. En el gráfico se ha exagerado la excentricidad para una mejor comprensión. Dado el enorme período de giro, resulta evidente que este desplazamiento se considerará solo en cálculos de gran precisión, aunque como veremos en este capítulo, la evolución constante de esta rotación permite cálculos sencillos relacionados con la duración de las estaciones. Es muy importante indicar que la rotación del eje de ápsides no induce ninguna variación suplementaria sobre la orientación del eje de rotación terrestre. Tampoco implica ningún incremento angular sobre la traslación terrestre.

1.8.1 Efecto combinado con la precesión

La combinación de la precesión y el giro del eje de ápsides nos permite comprobar a lo largo de grandes períodos de tiempo la variación en la duración de las estaciones. Dado que los sentidos de giros de ambas variables son contrarios, el desfase anual entre el punto Aries y el eje de ápsides disminuye aproximadamente 50",2 + 11",7 = 61",9, es decir, algo más de un minuto. Por tanto, si actualmente (año base de cálculos: 2021), la diferencia angular entre el solsticio de invierno y el perihelio es de 13°,3 (véase **Fig. 1-9**), podemos calcular fácilmente la fecha aproximada en la que ambos coincidieron (recordemos que a medida que el solsticio de invierno se aleja del perihelio, el de primavera, y, consecuentemente, el punto Aries, se acercan al mismo).

La operación es sencilla:

$$13,3 \times 3600 / 61,9 = 773,5 \text{ años}$$

Es decir, hacia 1247, el punto Aries estaba alineado con el eje menor de la elipse, BO en la **Fig. 1-17**. Debido a las leyes de Kepler, por distancia al Sol, la duración del recorrido del tramo orbital PB es la misma que la del PC. Igualmente, la del BA es igual a la del AC, siendo la duración del recorrido de estas últimas mayor que la de las anteriores.

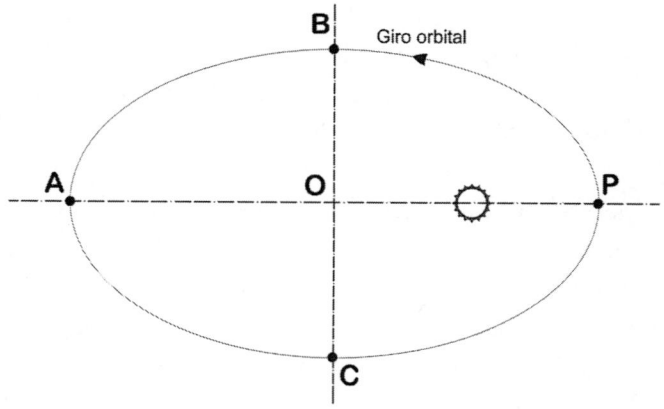

***Fig. 1-17**. Arcos elípticos y tiempos de recorrido.*

Por tanto, en esa época, al situarse el equinoccio de primavera en la posición orbital B, la duración de la primavera (tramo BA) coincidió con la del verano AC, y la del otoño CP, con la del invierno PB. Y en ese año, coincidió, lógicamente, el perihelio P con el solsticio de invierno y se verificó, por lo indicado más arriba:

primavera = verano > otoño = invierno

Siguiendo idéntico razonamiento, el equinoccio de primavera se producirá simultáneamente con el paso por el perihelio P dentro de:

(90-13,3) x 3600 / 61,9 = 4460,74 años

Es decir, hacia el 6482 de nuestra era. En esa época, la primavera durará lo mismo que el invierno y el otoño tendrá la misma duración que el verano (**Fig. 1-17**). La primavera se corresponderá con el arco PB, verano con BA, otoño con AC e invierno con CP, teniéndose, entonces:

invierno = primavera < verano = otoño

Recordemos que, actualmente (punto 1.6.1),

invierno < otoño < primavera < verano

Los cálculos exactos de las duraciones de las estaciones en cada instante presentarían una cierta complejidad debida a otros efectos como la variación en el tiempo de la excentricidad orbital *e*, tal y como se indicó en el punto 1.5.

1.9   Año trópico, año sidéreo y año anomalístico

Como en el caso de la rotación terrestre, que analizábamos en el punto 1.1.2, todos creemos tener una idea clara de cuánto dura ***un año***.

Sin embargo, si consultamos el Anuario del Observatorio Astronómico de Madrid para 2021 [1], nos encontraremos con los siguientes términos (sección *Datos Solares*):

Duración de los años

año trópico: *365,242188 días*

año sidéreo: *365,256363 días*

año anomalístico: *365,259636 días*

Si vamos a realizar una serie de cálculos astronómicos más o menos complejos, debemos saber cuál de los años anteriores se corresponde con nuestro **año civil** *(el de 365 días, con sus correspondientes bisiestos)*, como base de nuestros procesos deductivos. Aclaremos estos conceptos:

- El **año trópico**, como decíamos en puntos anteriores, es el tiempo transcurrido entre dos equinoccios vernales (primaverales). Al cabo de un año trópico, el eje terrestre señala una dirección diferente de la del equinoccio vernal anterior, pues la misma habrá variado debido al movimiento de precesión del eje terrestre. Por ello, el año trópico finaliza ligeramente antes de que el Sol haya recorrido una órbita completa desde el último equinoccio vernal. Este calendario, en cuanto a su duración, es la base de nuestro calendario civil de uso cotidiano.

- El **año sidéreo** es el tiempo transcurrido entre dos pasos consecutivos de la Tierra por la línea que une el Sol con una estrella lejana.

- El **año anomalístico** es el tiempo transcurrido entre dos pasos de la Tierra por el mismo punto del eje de ápsides, el perihelio.

- El **año civil**, basado en el año trópico, es el que sirve de base para nuestra vida cotidiana, y se rige por el **calendario gregoriano**. Tiene 365 días o 366 los bisiestos, en los que se intercala el 29 de febrero, según el año, con las siguientes normas:

- Son bisiestos los años múltiplos de 4, con las excepciones indicadas a continuación.

- Los años acabados en 00 no son bisiestos, salvo los múltiplos de 400.

Por lo tanto, su duración media, a largo plazo, resulta ser:

$$365 + \frac{1}{4} - \frac{1}{100} + \frac{1}{400} = 365,2424 \text{ días naturales}$$

Con lo anterior, la diferencia entre el año civil que utilizamos y el año trópico arroja una cifra de solamente $3,11.10^{-4}$ días, por lo que únicamente habría que suprimir como corrección un bisiesto cada 3.215 años aproximadamente para igualar tiempos. El calendario que se ha impuesto en nuestra sociedad tiene, pues, el mismo objeto que el que perseguían los astrónomos en las más antiguas civilizaciones: la determinación correcta del inicio de la primavera (equinoccio vernal), con todo lo que ello significaba en relación con los períodos de siembra y recolección en las primeras sociedades agrarias estructuradas. Y, anticipándonos a posteriores desarrollos, podemos decir que el período anual que tomaremos como base de nuestros cálculos será el año trópico. Ello tiene la ventaja de que las fechas de solsticios y equinoccios en el calendario se mueven en un entorno cíclico muy estrecho, al contrario de lo que ocurría con el calendario juliano: antes de la reforma promovida por el Papa Gregorio XIII[7] en el siglo XVI, a lo largo de los siglos la fecha del equinoccio vernal había llegado a computar un desfase de diez días con respecto al calendario instaurado por Julio César en el año 46 a. C., y vigente hasta entonces (calendario juliano). Puede resultar extraño adoptar como referencia el punto Aries, que es cambiante con el tiempo de acuerdo con la precesión de los equinoccios, pero esta elección simplifica enormemente, como veremos en otros puntos, todos los procesos de cálculo.

1.10 Ángulos orbitales de referencia: longitud, argumento y latitud

Salvo en operaciones de baja precisión, donde se considera que la órbita terrestre es circular, el hecho de que la Tierra se desplace a lo largo de su órbita a diferentes velocidades requiere elegir unas referencias angulares que permitan definir la posición exacta de nuestro planeta durante la traslación.

1.10.1 Longitud y argumento orbitales. Anomalía verdadera

De todos los elementos que hemos descrito hasta ahora, dos son los que se utilizan universalmente como referencias de origen de ángulos: el eje de ápsides y el punto Aries. Dichos ángulos se miden en sentido antihorario. El ángulo que forma el radio vector de la posición terrestre o línea Tierra-Sol, (tomado como origen el Sol) con el eje de ápsides, se denomina *anomalía verdadera, v.* Esta denominación está ligada a la de la *anomalía media,* que

---

[7] *La reforma se basó en cálculos de precisión presentados por científicos adscritos a la Universidad de Salamanca (España).*

no enunciamos ahora, y cuyo significado y cálculo se analizará en el capítulo correspondiente a los cálculos orbitales. El ángulo que forma el eje de ápsides con la dirección del punto Aries se denomina **argumento orbital, ω_g.** El ángulo que forma el radio vector o eje Tierra-Sol con la dirección del Punto Aries es la **longitud orbital L.** Como se ve en la **Fig. 1-18, $L= \omega_g + v$.**

Debemos hacer una precisión sobre el argumento orbital. Como ya sabemos, el punto Aries, γ, varía constantemente. Luego el argumento orbital se puede medir a su vez de dos formas:

- *Desde el γ de una fecha determinada*. Se denomina **equinoccio de la época**. En textos modernos es muy habitual utilizar la referencia del 1 de enero de 2000 a las 12:00 de Greenwich, o JD2000.0.

- *Desde el γ referido al instante exacto para el que se realiza el cálculo*. Es el llamado **equinoccio del instante** (*equinox of date*). Dada la sencillez para la determinación del punto Aries, esta referencia, aunque variable, resulta extremadamente útil.

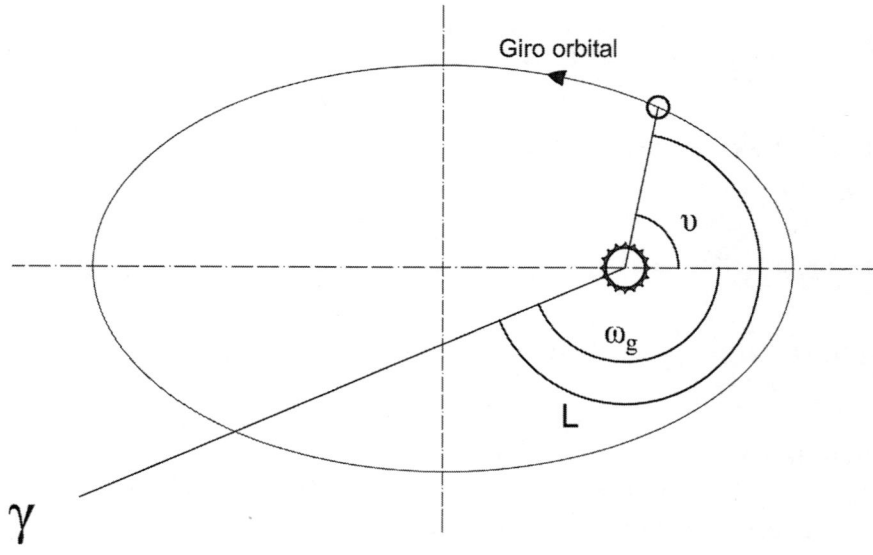

***Fig. 1-18.** El punto Aries y los ángulos de referencia orbital.*

1.10.2 Latitud orbital

A pesar de lo enunciado por las leyes de Kepler, la órbita terrestre no es completamente plana: la Tierra sufre la atracción gravitatoria de los planetas mayores, especialmente de Júpiter, de módulos y direcciones variables. Ello provoca que nuestro planeta se desvíe infinitesimalmente del plano de la eclíptica en cualquiera de los dos sentidos de la perpendicular al mismo, de forma continua. Así pues, la órbita terrestre es ligeramente alabeada. Por tanto, la definición habitual del plano de la eclíptica como plano que contiene a la órbita terrestre ya no es válida teniendo en cuenta estas perturbaciones. Podemos establecer que el plano de la eclíptica es el plano perpendicular al eje del cono descrito por el eje de rotación terrestre, y que pasa por el Sol. Esta definición geométrica es más intuitiva que postular una eclíptica media. En la **Fig. 1-19** observamos que, debido a que la Tierra no se encuentra exactamente sobre el plano de la eclíptica, sino en T, podemos cuantificar la latitud eclíptica mediante el ángulo $\hat{B} = TST'$, siendo S el foco de la elipse orbital donde se encuentra el Sol.

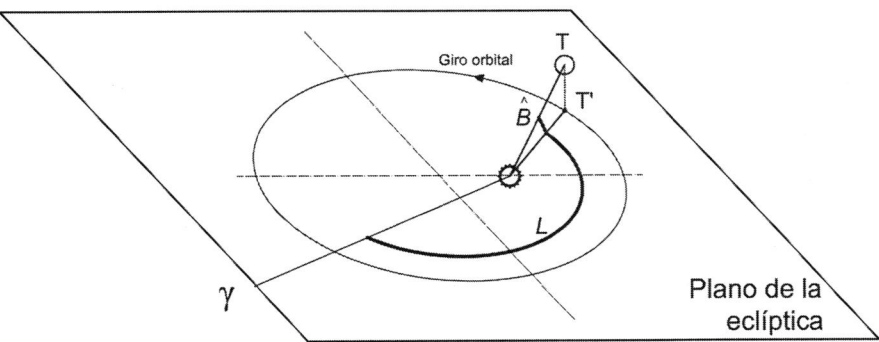

Fig. 1-19. Latitud orbital.

En otras palabras: la *latitud orbital* es el ángulo $\hat{B}$ que forma la línea Tierra-Sol con su proyección sobre el plano de la eclíptica. La variación de la latitud orbital para el caso de la Tierra es, no obstante, muy pequeña. Para hacernos una idea: entre el año 2000 y el 2020, sus valores absolutos son inferiores a

3 diezmilésimas de grado. Por esta razón, su inclusión en los cálculos solo estará justificada cuando se requieran muy elevadas precisiones.

1.11 Modelos orbitales heliocéntrico y geocéntrico

Dado que el objeto de esta obra es el análisis del movimiento aparente del Sol en relación con el observador terrestre, es conveniente fijar una serie de equivalencias en lo que respecta a la órbita terrestre y al movimiento de traslación. En la **Fig. 1-7** veíamos cómo varía la posición del *plano de sombra* con respecto a la Tierra a medida que avanza en la traslación. Observémoslo en detalle. Supongamos que la Tierra se encuentra en el instante del solsticio de primavera (**Fig. 1-20**). Tras recorrer en traslación un ángulo **L** en sentido antihorario, el plano de sombra habrá girado en la Tierra el mismo ángulo, y en sentido también antihorario.

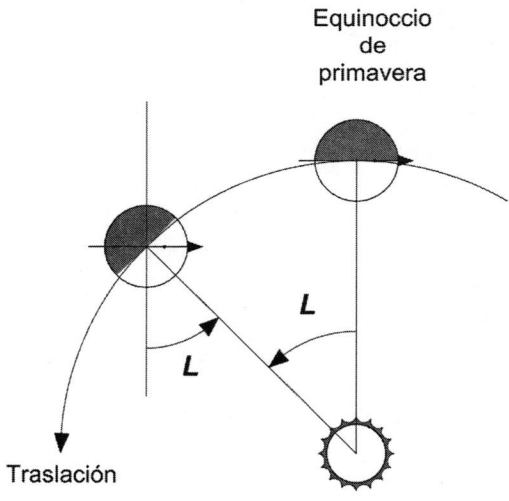

Fig. 1-20. Traslación y giro aparente del Sol.

Por lo tanto, la línea Tierra-Sol habrá girado el mismo ángulo y en el mismo sentido con respecto a nuestro planeta. Desde la Tierra se ha percibido un movimiento del Sol alrededor de nuestro planeta de magnitud angular **L**.

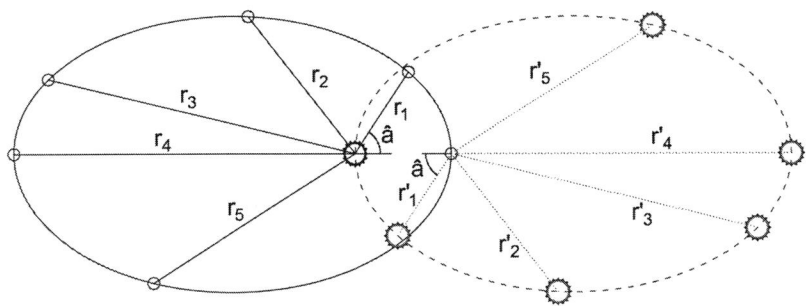

Fig. 1-21. *Equivalencias orbitales.*

Podemos extrapolar este giro aparente del Sol a toda la órbita terrestre. Para ello nos apoyamos en la **Fig. 1-21**. Supongamos la Tierra en el perihelio. Una vez que haya recorrido un ángulo **â**, se encontrará en un punto de la órbita cuyo radio vector será r_1. El Sol se percibirá desde la Tierra como si hubiera girado el mismo ángulo, y su vector será, por tanto, r'_1, que será, lógicamente, paralelo a r_1. Análogamente para todos los puntos de la elipse: r_2 será paralelo a r'_2, y así sucesivamente. Concluimos, por tanto, que la traslación aparente del Sol con respecto a la Tierra es otra elipse ficticia idéntica a la de la traslación terrestre y girada 180° con respecto a la misma. La utilización de la elipse real para la realización de cálculos astronómicos supone asumir un ***modelo heliocéntrico***. La segunda constituye un ***modelo geocéntrico***. De la misma forma, las perturbaciones orbitales de la Tierra, separándose mínimamente del plano de la eclíptica, se ven bajo ángulo de diferente signo si se miden desde la Tierra o desde el Sol (**Fig. 1-22**).

Como se ve, el criterio es: ángulo positivo si el Sol (o la Tierra, dependiendo del sistema adoptado) se encuentra encima del plano de referencia, es decir, el de la eclíptica o su paralelo por el centro de la Tierra. Negativo bajo dicho plano.

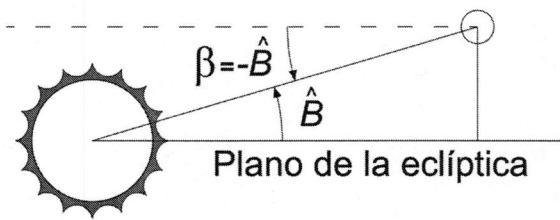

Fig. 1-22. Latitud orbital: referencias heliocéntrica y geocéntrica.

Es habitual denominar $\hat{B}$ al ángulo de latitud de la Tierra, medido desde el Sol, y β al ángulo de latitud aparente del Sol tomando la Tierra como referencia. Como se ha indicado, $\beta = - \hat{B}$.

1.11.1   El punto Aries en órbitas geocéntricas y heliocéntricas

En el equinoccio de primavera, por definición, el Sol, observado desde la Tierra, se alinea con el punto Aries: ello implica que el punto de vista utilizado en su propia definición es geocéntrico. Si el observador estuviera situado en el Sol, para visualizar la Tierra alineada con Aries, deberíamos estar en el equinoccio de otoño. Es decir, desfasados 180°. Como se ve, la cuestión no tiene mayor dificultad, y **el criterio habitual en Astronomía solar es congruente con una visión geocéntrica** por comodidad, toda vez que las observaciones se realizan generalmente desde la Tierra. Aclarémoslo mediante la **Fig. 1-23**.

Como vemos, en la órbita aparente, cuando desde la Tierra se ve el Sol alineado con el punto Aries (en el infinito, en nuestra figura), la Tierra estará en T1 en la órbita real, tal y como observábamos en la **Fig. 1-21**. El ángulo recorrido desde el perihelio será $\hat{a}$. Pero en el sistema heliocéntrico (órbita real), para que desde el Sol se vea la Tierra alineada con el punto Aries, el ángulo recorrido será $\hat{a}_1 = \hat{a}+180°$. Esta relación para los ángulos $\hat{a}$ es válida también para las longitudes[8] L, medidas desde el instante del equinoccio vernal (primavera): $L_{geoc} = L_{helioc} + 180°$. O, lo que es lo mismo, $L_{helioc} = L_{geoc} + 180°$, por razones geométricas evidentes.

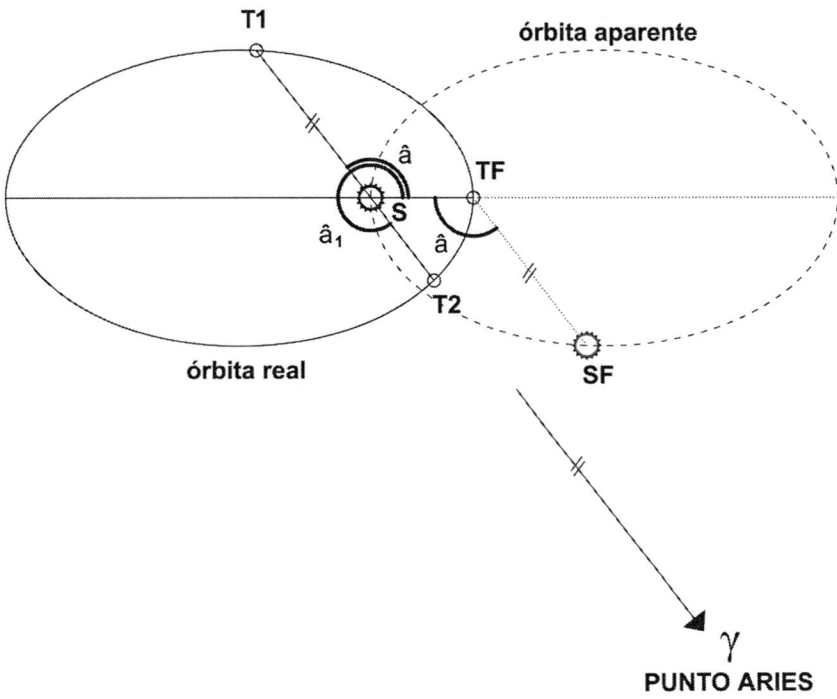

Fig. 1-23. *Modelos heliocéntrico y geocéntrico: relaciones angulares y punto Aries.*

[8] *Véanse definiciones de los ángulos ligados a la traslación terrestre en el punto 1.10.1 del CAPÍTULO 1.*

VARIABLES EN FUNCIÓN DE LA PRECISIÓN REQUERIDA

De todas las variables analizadas en el capítulo anterior, no todas tienen la misma prevalencia en los cálculos de la posición aparente del Sol con respecto al observador situado en la superficie terrestre. Por otra parte, quien se enfrenta a estos procesos de cálculo no necesita, en todos los casos, obtener las máximas precisiones. En ese sentido, cabe destacar que, dados los parámetros de la órbita terrestre en la actualidad (casi circular) y debido al hecho de que no siempre es necesario obtener resultados para instantes muy alejados en el tiempo (siglos o incluso milenios), en especial en lo que se refiere a aplicaciones técnicas, muchas veces es suficiente con simplificar los métodos y asumir errores no muy elevados, que no distorsionen grandemente las soluciones. Todo depende de los usos a los que vayan destinados los cálculos.

2.1   Precisión: magnitudes

Cuantificar los errores en el campo del movimiento aparente del Sol es una tarea muy compleja, que requiere la realización de miles de cálculos para diferentes latitudes y fechas. Aunque hay patrones de variación repetitivos, el análisis en períodos de tiempo muy dilatados provoca que elementos que son prácticamente constantes en una década, puedan inducir variaciones importantes a lo largo de cinco siglos combinados con otros factores. A ello se une la limitación de los propios anuarios astronómicos que pudieran utilizarse como patrón de medida. Aunque actualmente existen anuarios interactivos, como el *Multiyear Interactive Computer Almanac* (MICA) [5], del U.S.Naval Observatory, cuyos datos han sido utilizados como referencia para multitud de observaciones en esta obra, sus registros de datos siempre están limitados en el tiempo. Por ejemplo, la aplicación abierta del Real Observatorio de la Armada, de San Fernando (Cádiz, España) [6], tiene restringida la entrada de datos al período 2010-2020 en el momento de elaborarse esta obra. El MICA mencionado anteriormente cubre el intervalo [1800AD-2050AD]. Sin embargo, al igual que muchos almanaques impresos, dan los resultados de elementos como el instante del mediodía redondeados al minuto. El Anuario del Observatorio Astronómico de Madrid [1] precisa ese mismo valor al segundo, lógicamente para las coordenadas del propio observatorio. Estos redondeos no tienen mayor importancia en cálculos en baja o media precisión, pero en muy altas precisiones dicha determinación se debe realizar con precisión de segundos.

Por otra parte, hay que tener en cuenta qué tipo de precisión vamos a cuantificar: en tiempo, en grados de arco, orbital, en acimut y elevación, en instantes de salida y ocaso…

En este capítulo vamos a dar unas referencias de precisión, ligadas al número de variables involucradas en los diferentes cálculos. Recomendamos al lector que las tome exclusivamente como aproximación a un orden de magnitud. Mayores concreciones no tienen sentido.

2.2   Cálculos en baja precisión

Estos cálculos, más que suficientes para aplicaciones didácticas y para cálculos preliminares en los campos de la energía fotovoltaica y termosolar, pueden presentar inexactitudes del orden del grado en la determinación de la posición solar, que podrían inducir a errores en el cálculo de acimut o elevación en un entorno máximo de +/- 0,5 grados. Ello no es especialmente grave si se está analizando la radiación solar en el entorno de un año, pero resulta excesivamente inexacto en predicciones puntuales.

Consideramos en este epígrafe todas las aproximaciones que consideran la **órbita completamente plana y circular, con el Sol en el centro de la circunferencia.** El punto de referencia fundamental para el origen de ángulos orbitales es el equinoccio de primavera, y el año que se considera habitualmente es el civil, pero desprovisto de decimales (365 días). No se suelen hacer distinciones de bisiestos. Aunque las fechas de los equinoccios son variables (véase Anexo 5), suele establecerse una relación fija entre la fecha media del equinoccio de primavera y el primer día del año. El avance angular de traslación se calcula mediante conteo de días en relación con el equinoccio o con el 1 de enero, considerándola simplificación de que los días transcurridos entre dicha fecha y el equinoccio vernal son constantes para todos los años.

El ángulo de la eclíptica se considera constante, y a menudo se acepta como válido el valor de 23°,44. La posición del observador es el centro de la Tierra, con nuestro planeta reducido a un punto.

Por supuesto, la nutación tampoco se tiene en cuenta, y el radio del Sol solamente se considera en algunas aproximaciones (cálculos de orto y ocaso). En estos casos, puede realizarse una aproximación agrupando el efecto de la refracción y la magnitud angular del radio solar en una constante.

Es habitual utilizar la hora solar en este tipo de cálculos aproximados, toda vez que pueden proporcionarnos datos suficientemente aproximados para la obtención del número de horas de sol en una fecha aproximada. No obstante, podrían realizarse las correcciones que veremos en otros capítulos para cálculos aproximados en hora oficial, para lo cual sería necesaria la estimación previa del valor de la ecuación del tiempo, en este caso, mediante valores obtenidos de tablas, gráficos o expresiones aproximadas.

La Tierra se considera concentrada en un punto coincidente con el centro de nuestro planeta (cálculos geocéntricos, no confundir con el *modelo geocéntrico orbital* definido anteriormente).

El cálculo de ΔT se obvia en este orden de precisión, y tampoco se calcula la aberración de la luz procedente del Sol.

2.3   Cálculos en alta precisión

Estos cálculos pueden moverse en un entorno de inexactitud máxima inferior a la décima de grado para acimut y elevación, lo cual es más que suficiente para la mayor parte de cálculos técnicos y para realizar análisis masivos mediante procedimientos secuenciales fácilmente programables por medio de hojas de cálculo simples.

El movimiento orbital, considerado plano (sin latitud orbital) y elíptico, pasa a determinarse mediante series polinómicas obtenidas a través de las aproximaciones del VSOP [7] que veremos más adelante, convenientemente truncadas, o bien a partir de la ecuación de Kepler, combinada con los cálculos de Newcomb [8].

Se tienen en cuenta la variación continua de ε y la nutación, con un número limitado de factores significativos.

La posición del observador sigue siendo geocéntrica, reducida al centro de la tierra, y se consideran en los cálculos el radio solar y la corrección atmosférica.

La base de tiempos es continua, mediante cálculo previo de la fecha juliana, eliminándose por tanto el conteo de días. No se considera la corrección de ΔT. La ecuación del tiempo se introduce de forma analítica, recurriendo a algoritmos simplificados, como el de Smart [9]. Se tiene en cuenta la aberración de la luz en relación con la distancia Tierra-Sol, de forma simplificada.

En cuanto a la corrección atmosférica, se calcula mediante diferentes algoritmos según los autores, siendo especialmente sensibles los instantes de orto y ocaso, donde la precisión de las determinaciones puede estar en el entorno del minuto en latitudes medias y tropicales; hasta 10 minutos en latitudes polares.

El campo de validez depende del método concreto, pero en el caso más característico, el de las hojas de cálculo propuestas por la NOAA en [10] puede abarcar un período comprendido entre el 2000 a.C. y el 3000 d.C.

2.4   Cálculos en muy alta precisión

Los cálculos en muy alta precisión son útiles cuando se requieran inexactitudes en la determinación de acimut y elevación inferiores a 0º,01: en su página web [11], el NREL declara unos errores máximos inferiores a 0º,0003 en el período 2000 a.C./6000 d.C. mediante la utilización del máximo exponente dentro de estos procedimientos: el SPA (*Solar Position Algorythm*). Se trata de procedimientos más complejos que utilizan, aparte de las expresiones matemáticas asociadas a los movimientos indicados en el CAPÍTULO 1, otras variables astronómicas más complejas que se explicarán más adelante.

La determinación de los instantes de orto, tránsito (mediodía solar) y ocaso es precisa y compleja, pudiendo esperarse errores de varios segundos. Siempre existe, no obstante, en estos casos, la incertidumbre inducida por la imposibilidad de predicción exacta de las condiciones atmosféricas, que pueden aumentar la magnitud de los errores, fundamentalmente en orto y ocaso.

Para el desarrollo de este método, deberemos tener en cuenta variables como ΔT y sus propuestas de estimación, tener en cuenta la latitud orbital, utilizar series mucho más largas de polinomios, a veces con más de 60 términos, y calcular mediante procedimientos igual de laboriosos las expresiones de la nutación.

También deberemos conocer los procedimientos de corrección topocéntrica, desarrollar más a fondo las correcciones por aberración y utilizar conceptos como el tiempo sidéreo y la ascensión recta.

2.5 Cuadro resumen de características y variables en función de la precisión requerida

En este punto, y sin que el lector esté aún familiarizado con el desarrollo de los procedimientos que reproducen los movimientos descritos en el CAPÍTULO 1, presentamos la **Tabla 2-1** y **Tabla 2-2** como resumen de lo indicado en los puntos anteriores y comparativo entre métodos, que le resultará una referencia especialmente útil cuando se vaya adentrando en los siguientes capítulos de esta obra.

Tabla 2-1. Tipo del cálculo: variables según la precisión requerida (I).

		Tipo de cálculo	
	Baja precisión	**Alta precisión**	**Muy alta precisión**
PRECISIÓN ACIMUT Y ELEVACIÓN	Error hasta 0°,5	Error hasta 0°,1	Error hasta 0°,01
PRECISIÓN INSTANTES ORTO Y OCASO	Dependiendo de las variables y latitud, hasta varios minutos	Hasta 1 min. en latitudes templadas y tropicales; hasta 10 min en latitudes polares	Inferior al minuto, con errores esperados mayores en latitudes polares
Órbita terrestre	Circular	Elíptica	Elíptica
Órbita plana	Sí	Sí	No
Alabeo orbital β	No	No	Sí (VSOP)
Cálculo órbital L	Directo: movimiento circular uniforme	Kepler o polinómico básico (VSOP truncado)	Polinómico extendido (VSOP)
Variación de la excentricidad orbital e	No	Sí	Sí
Inclinación eclíptica ε	Constante	Variable. Hipótesis IAU	Variable. Hipótesis Ron Vondrak
Corrección Δε	No	Sí	Sí
Corrección nutación	No	Sí (Nutation theory truncada)	Sí (Nutation theory completa)
Posición observador	Geocéntrica (centro Tierra)	Geocéntrica (centro Tierra)	Topocéntrica (superficie terrestre) Corrección altura topográfica
Radio solar	Agrupado con refracción mediante constante	Sí	Sí
Radio terrestre	No	Según casos	Sí

Variables orbitales (row-group label for: Órbita plana, Alabeo orbital β, Cálculo órbital L, Variación de la excentricidad orbital e)

Teoría de la nutación (row-group label for: Corrección Δε, Corrección nutación)

Variables (row-group label for: Radio solar, Radio terrestre)

Tabla 2-2. *Tipo del cálculo: variables según la precisión requerida (y II).*

		Baja precisión	Alta precisión	Muy alta precisión
	Movimiento polar	No	No	No
	Espacio temporal	Año civil	Continuo	Continuo
Variables temporales	Fecha juliana	No	Sí	Sí
	Corrección ΔT	No	No	Sí
	Tiempo sidéreo	No	No	Sí
Ecuación del tiempo		Según hora utilizada	Sí	No explícitamente; a través de la ascensión recta
		Hora solar / Hora oficial		
		No / Tablas/ajustes	Analítica	Implícita
Necesidad ascensión recta		No	Sí (Ecuación del tiempo)	Sí
Corrección por aberración		No	Sí	Sí
Términos	Aberración anua	–	Sí	Sí
	Aberración diurna topocéntrica	–	No	Sí
Corrección refracción atmósfera		Sólo para orto y ocaso y cálculo de la duración del día	Sí (NOAA)	Sí (Saemudsson)
Variables	Presión	No: estándar	No: estándar	Sí
	Temperatura	No: estándar	No: estándar	Sí

LA DECLINACIÓN SOLAR δ

3.1 Definición de declinación solar

En el CAPÍTULO 1, punto 1.6, observábamos que, debido a la inclinación del eje de la Tierra, la posición aparente del Sol con respecto al plano ecuatorial de la tierra varía a lo largo del año (**Fig. 1-8**). Pues bien, como indicábamos entonces, se define como *declinación solar* el ángulo δ que forma la línea Tierra-Sol con el plano del ecuador terrestre debido a la inclinación del eje de la eclíptica, tal y como se representa en la **Fig. 3-1** (obsérvese que para mejor comprensión visual se ha representado el eje de rotación terrestre vertical). Este ángulo δ, por tanto, varía continuamente a medida que el Sol recorre su órbita. En este capítulo analizaremos esta variación y acotaremos sus valores extremos.

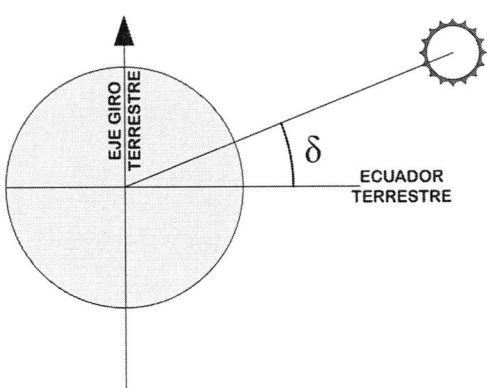

Fig. 3-1. Declinación δ.

Su cálculo es muy sencillo, y para el mismo serán de utilidad las consideraciones sobre modelos heliocéntrico y geocéntrico analizadas en el punto anterior.

3.2 Deducción vectorial de la declinación solar δ (órbita plana)

El método deductivo más sencillo de δ consiste en aplicar el cálculo vectorial. En la **Fig. 3-2** se ha representado (arriba) la propia definición de declinación δ. En perspectiva libre (abajo) se ha considerado la esfera terrestre concentrada en O.

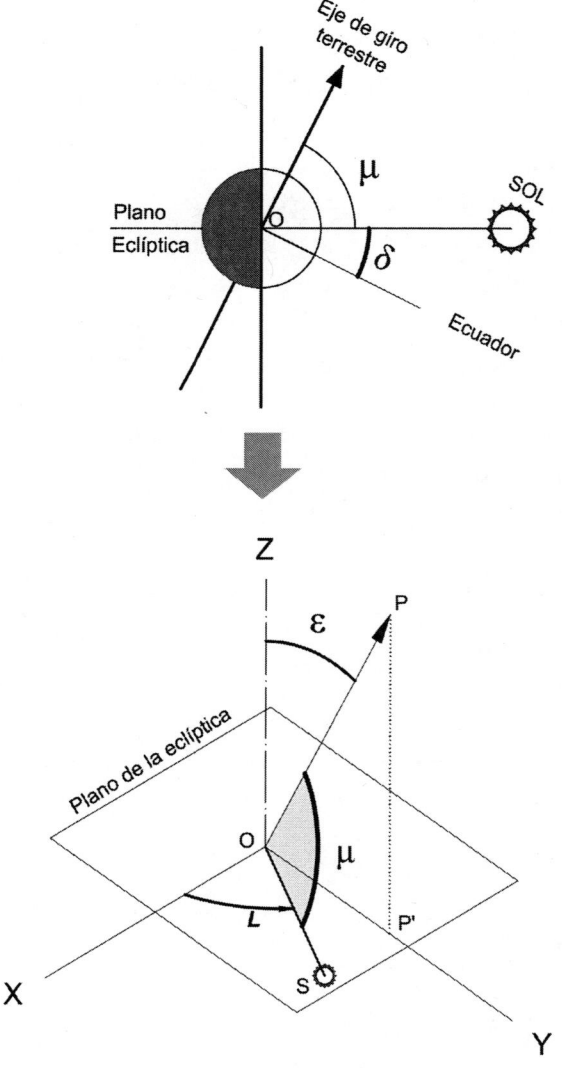

Fig. 3-2. *Ángulos para el cálculo de δ (órbita plana).*

Esta reducción de la esfera terrestre a un punto es habitual en Astronomía, especialmente a la hora de analizar el movimiento aparente del Sol, debido al tamaño infinitesimal del radio terrestre en comparación con el radio de la órbita. Para mejor visualización, utilizaremos un ángulo auxiliar μ complementario de δ. Aclaremos que μ se encuentra, salvo en los solsticios, en diferente plano que ε. Y en los equinoccios, en un plano perpendicular a ε. Como vemos en la **Fig. 3-2** (abajo), en la traslación, el eje OP permanece constantemente incluido en el plano YOZ y S, el Sol, gira aparentemente respecto a la Tierra en el plano de la eclíptica XOY. Consideremos que OP y OS son los vectores unitarios que definen el eje de rotación de la Tierra y la línea Tierra-Sol, respectivamente. En un instante inicial, el eje Tierra-Sol está alineado con el punto Aries (equinoccio de primavera), es decir, coincide con el eje X. Al cabo de un cierto tiempo, la Tierra habrá recorrido, con respecto al Sol, un cierto ángulo L. La percepción desde la Tierra (geocéntrica) será que el Sol, de acuerdo con lo descrito en la anterior **Fig. 3-2**, ha recorrido un ángulo L respecto a la Tierra. Si calculamos sus componentes vectoriales en relación con los ejes X, Y, Z en función de los vectores unitarios î, j, k asociados a los mismos, tendremos:

$$OP = sin\varepsilon\vec{j} + cos\varepsilon\vec{k}$$

$$OS = cosL\vec{i} + sinL\vec{j}$$

Efectuando el producto escalar de ambos vectores unitarios:

$$OP \cdot OS = |OP||OS|cos\mu = cos\mu = sin\varepsilon sinL$$

Por lo que, como $\mu = 90 - \delta$, podemos finalmente escribir:

$$sin\,\delta = sin\,\varepsilon\,sin\,L$$

3.3   Variación de la declinación a lo largo del año

Teniendo en cuenta los valores que puede adoptar L, podemos establecer la siguiente segmentación de valores de δ:

Equinoccio primavera	PRIMAVERA	Solsticio verano	VERANO	Equinoccio otoño	OTOÑO	Solsticio invierno	INVIERNO
$\delta = 0$	$0 < \delta < \varepsilon$	$\delta = \varepsilon$	$0 < \delta < \varepsilon$	$\delta = 0$	$-\varepsilon < \delta < 0$	$\delta = -\varepsilon$	$-\varepsilon < \delta < 0$

La variación de δ es una función continua de tipo senoidal, como se representa en la **Fig. 3-3**. Las fechas de los solsticios y equinoccios varían solo ligeramente entre unos años y otros, debido fundamentalmente al cómputo de bisiestos cuatrianual. En el Anexo 6 se indican las fechas de los solsticios y equinoccios a lo largo del siglo XXI.

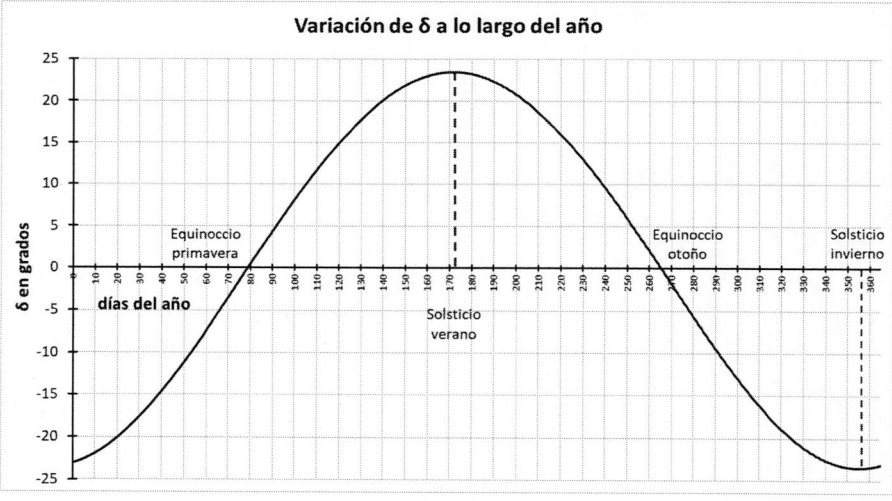

Fig. 3-3. *Variación de δ a lo largo del año.*

3.4   Obtención de la declinación δ para bajas precisiones

Como hemos visto anteriormente, el valor numérico de la declinación depende, aparte de ε, del ángulo *L* recorrido desde el equinoccio. Analizamos a continuación algunos de los métodos más usuales para la obtención de δ, eminentemente prácticos y útiles cuando no se requiere mucha precisión.

3.4.1   Tablas de declinación

Para análisis rápidos, cálculos puntuales mediante interpolación lineal y otros fines que no requieran precisiones significativas, suelen utilizarse tablas de declinación, muy sencillas de encontrar en la red, pero, en general, sin ninguna identificación de autores, fechas para las que se han obtenido, etc. Ello las convierte en material poco fiable para cálculos de cierta relevancia, especialmente debido a los errores derivados fundamentalmente de la inserción cada cuatro años de un día completo por el cómputo de bisiestos. En la **Tabla 3-1** presentamos los valores medios diarios de la declinación obtenidos para el intervalo comprendido entre los años 2001 y 2050, para las 0:00 en Greenwich. **El error máximo de estos valores promedio puede alcanzar en esta tabla los 0°,219 respecto al valor diario real**, tomando como base de comparación el *Multiyear Interactive Computer Almanac* (MICA) [5], alcanzando las mayores inexactitudes en las proximidades de los equinoccios, períodos en los que la variación diaria de δ es máxima (**Fig. 3-3**). Aunque se presenta el valor correspondiente al 29/02 (sombreado), debería obviarse en cálculos estimados para series por distorsionar estos promedios cuatrienales la secuencia del resto de valores, ya que presentan cifras incongruentes con los promedios de las fechas adyacentes: las variaciones diarias de δ en la fecha quedan excesivamente reducidas al intercalar este valor teórico.

Como podemos ver, en esta tabla se especifica la hora (0:00) y referencia al meridiano (Greenwich) para la obtención de los datos, por ser de vital importancia para posibles interpolaciones numéricas o utilización en otros lugares geográficos, teniendo en cuenta que la declinación δ puede tener variaciones de un día para otro de hasta casi 0,4 grados. Generalmente, estos datos se obvian en las tablas de declinación de origen desconocido que se encuentran en la web. En cualquier caso, esta tabla presenta las limitaciones ya indicadas al principio de este punto.

Tabla 3-1. *Valores medios declinación 2001-2050.*

Media aritmetica diaria de los valores de δ entre 2000 y 2050 para las 00:00 Greenwich

día	enero	febrero	marzo	abril	mayo	junio	julio	agosto	septiembre	octubre	noviembre	diciembre
1	-23,026	-17,193	-7,617	4,509	15,053	22,041	23,108	18,029	8,303	-3,156	-14,398	-21,783
2	-22,942	-16,908	-7,236	4,895	15,354	22,174	23,038	17,775	7,940	-3,543	-14,717	-21,936
3	-22,851	-16,618	-6,854	5,279	15,650	22,301	22,961	17,517	7,574	-3,930	-15,032	-22,081
4	-22,752	-16,323	-6,470	5,661	15,942	22,421	22,878	17,254	7,207	-4,316	-15,342	-22,220
5	-22,646	-16,023	-6,084	6,042	16,230	22,534	22,788	16,986	6,837	-4,702	-15,648	-22,351
6	-22,532	-15,719	-5,697	6,421	16,514	22,641	22,691	16,713	6,466	-5,086	-15,951	-22,475
7	-22,411	-15,410	-5,309	6,798	16,792	22,742	22,587	16,436	6,093	-5,469	-16,248	-22,592
8	-22,282	-15,097	-4,920	7,173	17,066	22,835	22,478	16,155	5,718	-5,851	-16,541	-22,702
9	-22,146	-14,779	-4,529	7,546	17,336	22,922	22,361	15,869	5,341	-6,232	-16,830	-22,804
10	-22,003	-14,458	-4,138	7,917	17,600	23,003	22,239	15,579	4,964	-6,611	-17,113	-22,898
11	-21,853	-14,132	-3,745	8,286	17,860	23,076	22,109	15,285	4,584	-6,989	-17,392	-22,985
12	-21,696	-13,802	-3,352	8,653	18,114	23,143	21,974	14,987	4,204	-7,365	-17,666	-23,065
13	-21,531	-13,469	-2,959	9,017	18,364	23,203	21,832	14,685	3,822	-7,740	-17,935	-23,137
14	-21,360	-13,132	-2,564	9,378	18,608	23,256	21,684	14,379	3,439	-8,113	-18,198	-23,201
15	-21,182	-12,792	-2,170	9,737	18,847	23,302	21,530	14,069	3,055	-8,484	-18,457	-23,258
16	-20,997	-12,448	-1,775	10,094	19,081	23,342	21,370	13,755	2,670	-8,853	-18,709	-23,306
17	-20,805	-12,100	-1,379	10,447	19,309	23,374	21,204	13,438	2,284	-9,220	-18,957	-23,347
18	-20,607	-11,750	-0,984	10,798	19,532	23,400	21,031	13,117	1,897	-9,584	-19,199	-23,381
19	-20,402	-11,396	-0,588	11,146	19,750	23,419	20,853	12,793	1,510	-9,947	-19,435	-23,406
20	-20,191	-11,039	-0,193	11,490	19,962	23,431	20,669	12,465	1,122	-10,307	-19,665	-23,424
21	-19,974	-10,680	0,202	11,832	20,168	23,436	20,479	12,134	0,734	-10,664	-19,889	-23,433
22	-19,750	-10,318	0,597	12,170	20,368	23,434	20,284	11,800	0,345	-11,019	-20,107	-23,435
23	-19,520	-9,953	0,992	12,505	20,563	23,425	20,083	11,463	-0,044	-11,371	-20,319	-23,429
24	-19,284	-9,585	1,386	12,836	20,751	23,409	19,876	11,123	-0,433	-11,720	-20,525	-23,416
25	-19,043	-9,215	1,779	13,164	20,934	23,387	19,663	10,780	-0,823	-12,067	-20,724	-23,394
26	-18,795	-8,843	2,172	13,489	21,111	23,357	19,446	10,434	-1,212	-12,410	-20,917	-23,365
27	-18,542	-8,469	2,564	13,809	21,281	23,321	19,223	10,085	-1,601	-12,750	-21,104	-23,327
28	-18,283	-8,092	2,955	14,126	21,446	23,278	18,994	9,734	-1,991	-13,087	-21,284	-23,282
29	-18,018	-7,859	3,346	14,439	21,604	23,228	18,761	9,380	-2,379	-13,420	-21,457	-23,230
30	-17,749		3,735	14,748	21,756	23,172	18,522	9,023	-2,768	-13,750	-21,624	-23,169
31	-17,474		4,123		21,902		18,278	8,664		-14,076		-23,101

Fuente: Martín Perea. Cálculos basados en el Multiyear interactive Computer Almanac

3.5   Cálculo simplificado de la declinación

Dado que en períodos cortos de tiempo puede considerarse que el valor de la obliquidad de la eclíptica, ε, es constante, que los valores de la latitud orbital son casi nulos y que la órbita terrestre tiene una baja excentricidad, es sencillo encontrar expresiones matemáticas aproximadas para obtener el valor aproximado de δ en un período de un año. Debe aclararse que, aunque estas fórmulas o las tablas a las que nos hemos referido anteriormente proporcionan el valor de δ para cada día, este ángulo varía de forma continua, por lo que no será adecuado utilizar estos procedimientos para hallar valores instantáneos con precisión. Sin embargo, sorprenderá al lector el hecho de que algunas de las fórmulas técnicas más utilizadas para estimaciones de radiación solar en cómputo anual son de tipo simplificado. Ello se debe a que, en estudios preliminares para períodos anuales, el análisis aproximado de la variación de δ es suficiente, por cuanto sus errores se compensan en el ciclo anual.

3.5.1   Fórmula de Perrin de Brichambaut

Aunque se trata de una expresión elemental, a la que cualquier aficionado puede llegar sin dificultad ninguna, su utilización práctica fue popularizada por el conocido tecnólogo solar francés C. Perrin de Brichambaut [12] en su obra, como base de cálculos de asociados a la utilización de la energía solar. Supone la órbita circular, latitud orbital nula y $\varepsilon = 23°,44$ (constante).

Tomando como origen de ángulos el equinoccio de primavera, podemos considerar que cada día transcurrido L se incrementa 360°/365 aproximadamente. Si llamamos N al número de días transcurridos desde dicha fecha, y considerando un valor constante para ε, tendremos que:

$$\sin \delta = \sin L \sin \varepsilon = \sin \left(\frac{360}{365} N \right) \sin 2\, 3°,44 \cong 0,4 \sin \left(\frac{360}{365} N \right)$$

Se trata de una aproximación que, como tantas otras simplificaciones, presupone constante el valor de la declinación para cada día. Si queremos referir el valor N al número de días transcurrido desde el 1 de enero, procedimiento muy habitual en este tipo de fórmulas, bastará con hacer

$$N = n - 82$$

Teniendo en cuenta que tomamos 82 como el número de días transcurridos entre el 1 de enero y el 20 de marzo (fecha arbitraria para el equinoccio de primavera, que suele variar ligeramente entre unos años y otros, siendo las fechas más frecuentes 20 y 21 de marzo).

Por lo que, aproximadamente,

$$\sin \delta = 0,4 \sin \left[\frac{360}{365} (n - 82) \right]$$

$$1 \leq n \leq 365$$

Esta aproximación puede presentar una inexactitud en la determinación de δ de hasta 1°,1 en el período 1950-2050 en comparación con los valores del MICA [5] (*Multiyear Interactive Computer Almanac*), según [8]. Hay que hacer constar la singularidad de los años bisiestos en el cálculo, por lo que esta fórmula se suele utilizar con frecuencia, al igual que las siguientes basadas en el conteo de días, para análisis globales de radiación solar y otras variables referidas a años medios.

3.5.2 Fórmula de Cooper

En la misma línea, esta vez sin demostración, podemos mostrar la fórmula aproximada de Cooper [13]:

$$\delta = 23,45 \sin \left[\frac{360}{365} (n - 248) \right]$$

$$1 \leq n \leq 365$$

La aproximación de Cooper (1969) supone una simplificación con respecto a la expresión de Perrin de Brichambaut, toda vez que prescinde de la función trigonométrica recíproca para su resolución. Está basada en el carácter senoidal de aquella, que se aproxima multiplicando el valor de la inclinación de la eclíptica por otra expresión también senoidal. En el caso de esta aproximación, hemos constatado, con la misma fuente de comparación y similar período, unos errores de hasta casi 1°,6.

3.5.3   Fórmula de Spencer

Spencer [14] propuso una expresión a principios de los años 70 del siglo pasado que supuso un hito al abordar el problema aproximativo mediante desarrollos en series de Fourier.

En primer lugar, se define el ángulo diario aparentemente recorrido por el Sol (en radianes) como:

$$\Gamma = \frac{2\pi(d_n - 1)}{365}$$

Siendo d_n el día del año, cuyo valor para el 1 de enero es $d_n = 1$ y $d_n = 365$ para el día 31 de diciembre.

El valor de δ en radianes será:

$$\delta = (0{,}006918 - 0{,}399912 \cos\Gamma + 0{,}070257 \sin\Gamma - \\ -0{,}006758 \cos 2\Gamma + 0{,}000907 \sin 2\Gamma - 0{,}002697 \cos 3\Gamma + \\ +0{,}00148 \sin 3\Gamma$$

Esta expresión, aunque más laboriosa, significaba en la época (año 1971) un incremento notable en la precisión, a pesar de depender del cómputo del día del año. Todavía es frecuentemente citada en diferentes páginas web.

Hemos podido constatar, en comparación con el MICA [5], unas desviaciones máximas para δ en el mismo período indicado anteriormente (2001-2050), de 0°,52. En este caso, las desviaciones son mayores cuanto más nos acercamos en el tiempo al año 2015. Ello es habitual en aproximaciones ligadas a las variables astronómicas: es frecuente observar a menudo la aparición de nuevas expresiones de gran precisión, pero constreñidas a un intervalo temporal muy pequeño (a lo sumo, varias décadas).

3.5.4   Comparativa entre métodos aproximados

En la **Fig. 3-4** podemos observar la similitud formal de funciones y valores para δ para todos los procedimientos anteriormente descritos y los obtenidos directamente de la NOAA para todos los días del año 2017 (UT[9] 00:00:00). Sin embargo, desviaciones que a la vista pueden parecer casi inapreciables, no serían válidas en el caso de altas precisiones: orientación de reflectores solares, por ejemplo. Podemos constatar una mayor similitud en los valores en la proximidad de solsticios y equinoccios. Podemos concluir que la utilización de una variable discontinua procedente del conteo de días naturales tomando como origen el primer día del año no aporta una precisión elevada; tengamos en cuenta la duración real del año, más cercana a los 365,25 días, y la corrección por bisiestos, cuya aparición plantea siempre dudas razonables a todos los aficionados que utilizan estos métodos. También debe tenerse en cuenta, por motivos similares, la variación en las fechas de los equinoccios.

Aun con todo ello, las fórmulas anteriores siguen gozando de una enorme popularidad en la red, y aparecen sin apenas comentarios con mucha más frecuencia de lo deseable a la hora de realizar cualquier consulta bibliográfica relativa a la declinación, cálculo de horas de Sol, etc.

Mayor inexactitud si cabe presentan las tablas de declinación, igualmente frecuentes en la red. En ninguna de ellas se indica el período de vigencia ni el error máximo esperable.

Dejamos, tal y como se indicó en el apartado anterior, para capítulos posteriores, la exposición de sistemas más eficientes y actualizados que permiten unas precisiones mayores, más acordes con el hardware disponible hoy en día. Y todos ellos ligados a la sucesión de días como un continuo definido a partir de una fecha suficientemente pretérita. La contrapartida será un proceso más laborioso de cálculo que, sin embargo, se ha facilitado enormemente con la generalización de las hojas de cálculo tipo Excel y similares.

---

[9] *Hora Greenwich.*

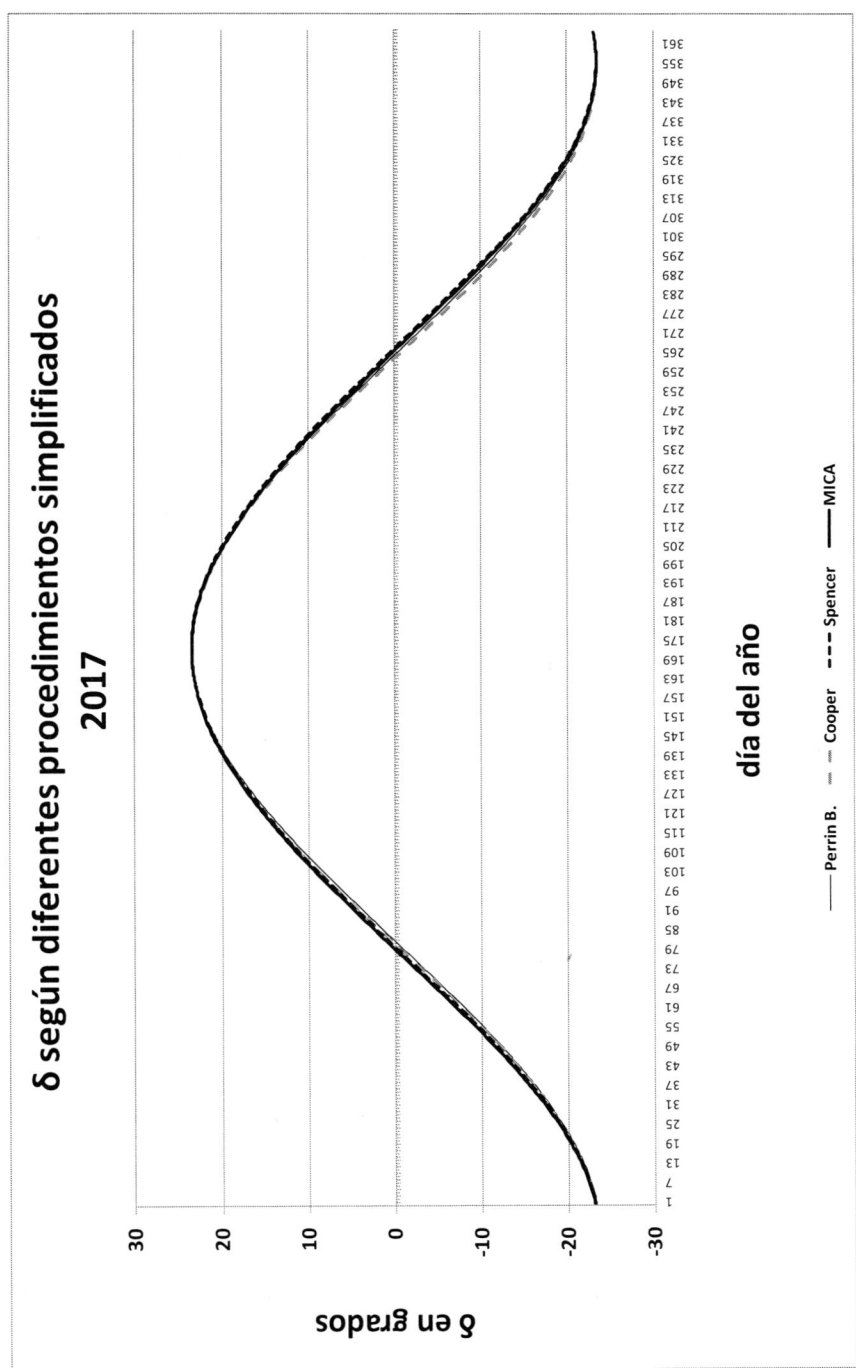

Fig. 3-4. *Comparación de valores de δ para diferentes procedimientos de cálculo.*

APLICACIONES DIRECTAS DE LA DECLINACIÓN

El conocimiento de la declinación solar nos permite realizar una serie de análisis aparentemente complejos, pero de gran sencillez conceptual, que pueden abordarse mediante procedimientos deductivos geométricos elementales. Algunos de estos métodos tienen alternativas de cálculo más rápidas mediante la utilización de otras herramientas ligadas a nuevos conceptos astronómicos que desarrollaremos en capítulos posteriores, y que expondremos de forma comparativa. Creemos útil desde el punto de vista didáctico exponer al lector ambos métodos.

4.1   Trópicos y círculos polares

La muestra más visible de la variación de la declinación solar está constituida por las circunferencias correspondientes a los trópicos y círculos polares que se representan en todos los globos terráqueos. Se trata de líneas límite imaginarias cuyo significado vamos a analizar con la ayuda del plano de sombra. En la **Fig. 4-1**, podemos ver las posiciones relativas de dicho plano con respecto al ecuador terrestre. En el equinoccio de primavera, como sabemos, $\delta = 0$. A medida que avanza el año, de δ va aumentando hasta alcanzar el valor $\delta = \varepsilon$ (valor de la inclinación de la eclíptica), en el solsticio de verano. En ese intervalo de tiempo, el Sol ha incidido directamente sobre diferentes puntos de latitudes comprendidas entre $\varphi=0$ y $\varphi=\varepsilon$.

Es decir, en ese intervalo de tiempo, cualquier punto P de latitud φ_P situado en esa franja de latitud ha tenido, el día en el que $\delta = \varphi_P$, el Sol sobre su cénit, esto es, en la vertical del observador. Ese instante marca su mediodía solar. Una vez producido el solsticio de verano, δ vuelve a disminuir, y en el mismo punto P volverá a situarse sobre el cénit del observador de nuevo. Esta situación se produce en todos los puntos situados entre los trópicos en dos instantes al año, a excepción de aquellos situados sobre los mismos trópicos, en los que ocurre solamente una vez: en el equinoccio de verano en el hemisferio norte, y en el de invierno en el hemisferio Sur.

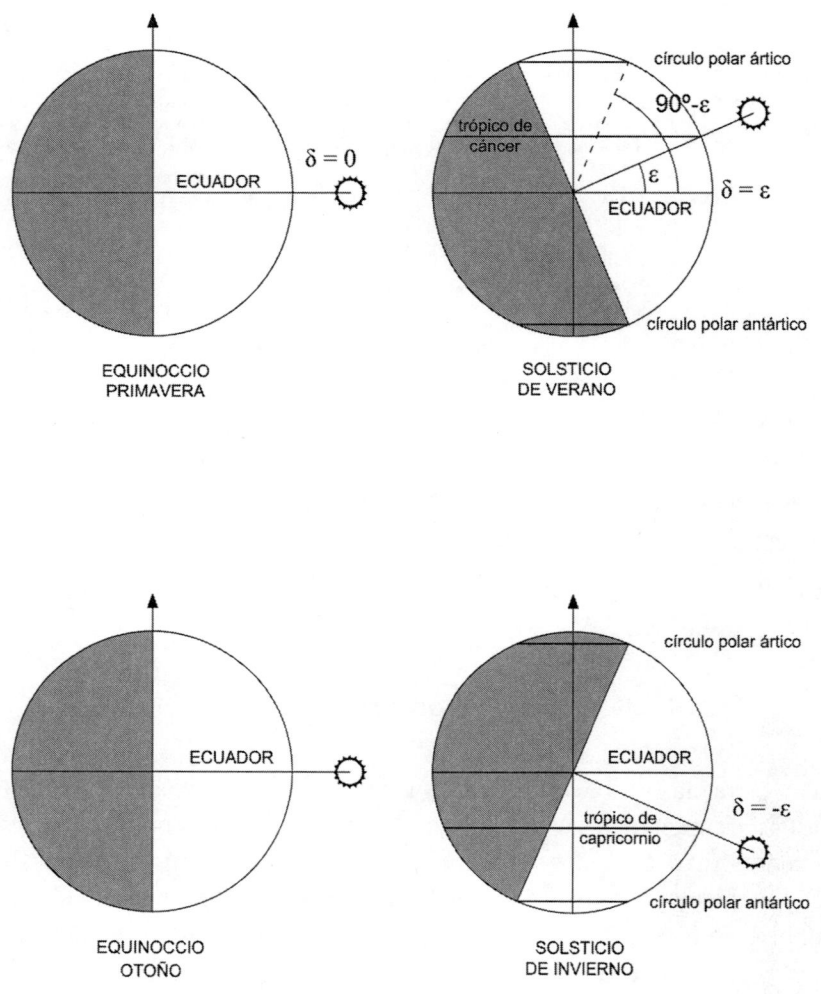

Fig. 4-1. *Trópicos y círculos polares.*

Como se ve, geométricamente es imposible que dicha posición cenital del Sol se produzca fuera de las zonas tropicales, limitadas por el intervalo de latitud (+ε ,- ε). Una vez alcanzado el equinoccio de otoño, ocurre lo mismo, pero de forma simétrica en el hemisferio sur.

En la misma figura se puede comprender también el significado de los círculos polares, situados en latitudes superiores a 90°- ε Norte o Sur. Es fácil comprender que en latitudes superiores al círculo polar se da como mínimo un día al año con 24 horas del sol y, consecuentemente, al menos un día al año de oscuridad total. Esta situación es crítica en los polos: 6 meses continuados de sol y 6 meses continuados de noche. Esta circunstancia última es teórica: tanto la refracción atmosférica como el diámetro de la corona solar minoran el período de oscuridad continua.

Por otra parte, dado que, como vimos en el CAPÍTULO 1, el valor de ε evoluciona de forma continua, los círculos polares y las líneas de los trópicos no son inmutables en relación con el ecuador terrestre. La variación de estos es actualmente de apenas unos metros al año. En la **Fig. 4-2** se muestra la interesante experiencia materializada en México (Ctra. 83-Vía Corta Zaragoza-Victoria, km 27+800) para mostrar esta evolución. Estos hitos anuales desaparecieron tras la remodelación de la carretera.

Fig. 4-2. *Desplazamiento visible de la línea del trópico de Cáncer.*
https://es.m.wikipedia.org/wiki/Archivo:Trópico_de_Cáncer_en_México_-
_Carretera_83_(Vía_Corta)_Zaragoza-Victoria,_Km_27+800.jpg#file
(Autor: Roberto González).

4.1.1   Eratóstenes y la determinación del radio terrestre

Incidiendo en los puntos anteriores, es interesante incluir en este apartado una consecuencia lógica del valor de la declinación, que sirvió a Eratóstenes (siglo III a.C.) para determinar el valor del radio terrestre. Se cuenta que Eratóstenes, estando a cargo de la biblioteca de Alejandría (actual Egipto), tuvo noticia de que en la fecha del solsticio de verano (máxima declinación solar, $\delta = \varepsilon$), el Sol iluminaba directamente los fondos de los pozos en la ciudad de Siena (actual Asuán, Egipto) al mediodía. Es decir, en esa fecha el Sol se situaba en el cénit de dicho lugar, por lo que Siena debía estar necesariamente a una latitud ε, o sea, sobre el trópico de Cáncer. Sin embargo, en el mismo instante, en Alejandría, la sombra de un obelisco se proyectaba al mediodía siguiendo una dirección de 7°12' con la vertical.

Dado que los rayos del Sol, debido a su distancia a la Tierra, inciden paralelos entre sí, ello demostraba la curvatura de la Tierra **Fig. 4-3**. Y el radio podía deducirse fácilmente conociendo la distancia real entre Alejandría y Siena.

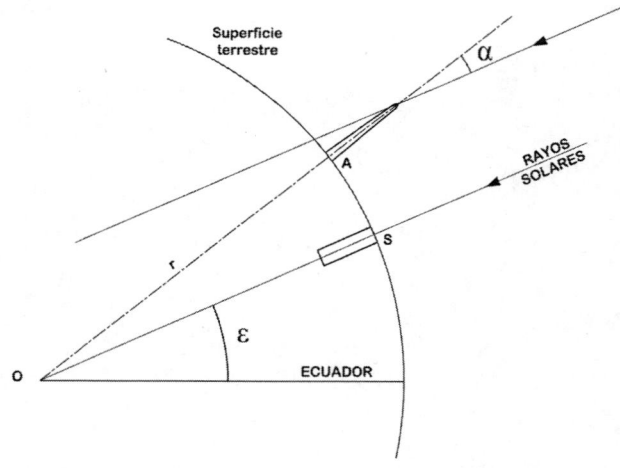

Fig. 4-3. Esquema del cálculo de Eratóstenes.

El ángulo α resultó ser de 7°12', por lo que el radio **r** podía ser deducido de la expresión:

$$R\alpha = AS$$

siendo AS el arco de meridiano entre Alejandría y Siena. Como la distancia entre ambas ciudades era de 5000 estadios,

$$r=5000\frac{180}{7,2\pi}=39788,7 \quad \text{estadios}$$

la deducción no podía sino ser aproximada, pues Alejandría y Asuán no están situadas en el mismo meridiano ni la distancia entre las mismas o entre los paralelos que pasan por ellas podía calcularse con exactitud. Pero el principio teórico era irrebatible y suponía una serie de conocimientos previos notables en cuanto a la declinación solar. Sin embargo, asignando un valor al estadio entre 150 y 200 m, el orden de magnitud de la cifra calculada, a pesar de los errores, sigue resultando sorprendente.

4.2   Altura del Sol al mediodía y latitud del lugar

Tal vez la aplicación más sencilla de la declinación solar δ es el cálculo de la altura del Sol al mediodía. Definamos primero el *mediodía solar* para un punto P de la esfera terrestre como "el instante en el que el Sol se sitúa sobre el meridiano que pasa por P". O, lo que es lo mismo, el instante en el que dicho meridiano corta a la línea Tierra-Sol.

Para el cálculo indicado, observemos la **Fig. 4-4** en la que se ha representado la posición del observador en detalle sobre la superficie terrestre y también la posición del Sol (dcha.) concentrando la esfera terrestre en el punto O del observador, que se confunde con el centro de la Tierra, T.

La obtención de la fórmula para el ángulo al mediodía $\hat{a}_M$ es inmediata:

$$\hat{a}_M = 90^\circ - \varphi + \delta$$

Nótese que, en los equinoccios, $\delta = 0^\circ$, por lo que, si en dichas fechas medimos la altura del Sol en el instante del mediodía, nuestra latitud del lugar, φ, será el ángulo complementario de $\hat{a}_M$.

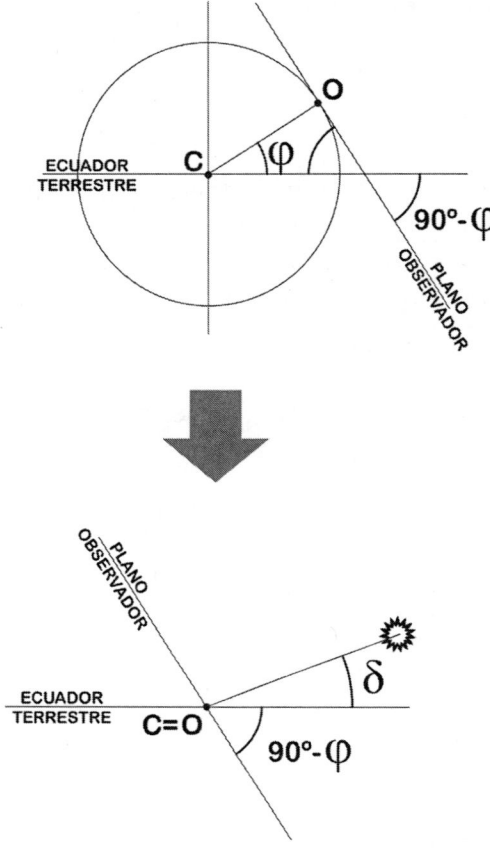

Fig. 4-4. *Altura del sol al mediodía.*

4.3 Horas de sol aproximadas según fecha y latitud

El cálculo de las horas de Sol en una fecha determinada puede realizarse directamente a través de δ. Y aunque este ángulo varíe de forma continua, es habitual en este tipo de cálculos aproximados suponer un valor constante de δ para el día completo de la fecha en cuestión. Hay otros factores como la refracción solar en la atmósfera terrestre que obviaremos en estos cálculos iniciales. Igualmente, en este punto, consideraremos que la salida o puesta del Sol se producen cuando el disco solar se encuentra sobre la línea del horizonte. Esta hipótesis se corregirá en el punto posterior, en el que se abordará la cuestión del radio solar.

4.3.1 Proceso de cálculo

Si estudiamos el corte producido por el plano de sombra sobre la superficie terrestre una vez conocido δ para cualquier instante, podremos obtener fácilmente el número de horas de sol en la fecha dada y en cualquier latitud terrestre φ. Para ello nos basaremos en las proyecciones diédricas de la **Fig. 4-5**. En ella podemos observar que la zona iluminada está abarcada por el ángulo[10] 2τ. Hallaremos, pues, el número de horas de Sol por proporcionalidad entre dicho ángulo y 360°. Utilizaremos en lo que sigue el grado sexagesimal como unidad.

Tenemos, en la figura indicada:

$$TG = OG \sin\delta = -\,r\cos\tau$$

por lo que

$$OG = \frac{-r\cos\tau}{\sin\delta}$$

(Nótese el signo - de la expresión anterior, al haber elegido en la **Fig. 4-5** un valor $\tau > 90°$.)

Además, $$R\sin\varphi = OG\cos\delta$$

Sustituyendo, finalmente tenemos:

$$\cos\tau = -\,\tan\varphi\,\tan\delta$$

Así pues, las horas de sol, por proporcionalidad, serán:

$$H_S = \frac{2\tau}{360}\,24 = \frac{2}{15}\arccos\left(-\tan\varphi\tan\delta\right)$$

Esta fórmula tiene un <u>margen de error de varios minutos</u> en zonas templadas, y no es aplicable como aproximación más allá de los círculos polares.

---

[10] *El ángulo auxiliar τ definido en la **Fig. 4-6** no tiene significado astronómico y se utiliza aquí de forma exclusivamente auxiliar.*

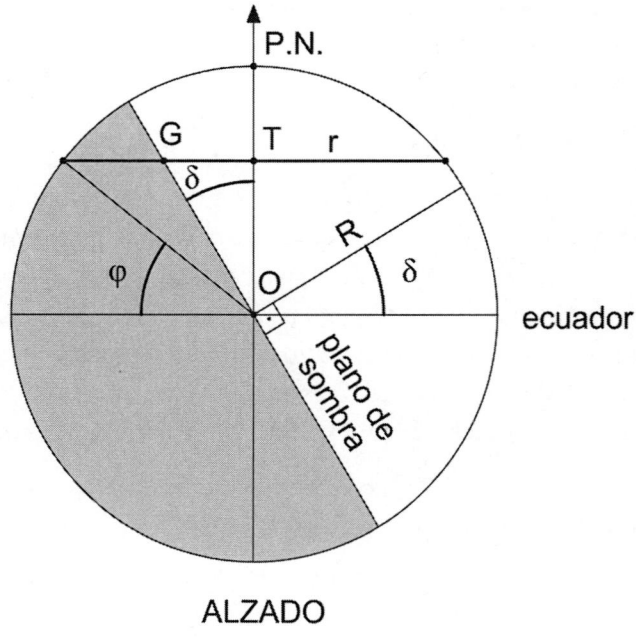

ALZADO

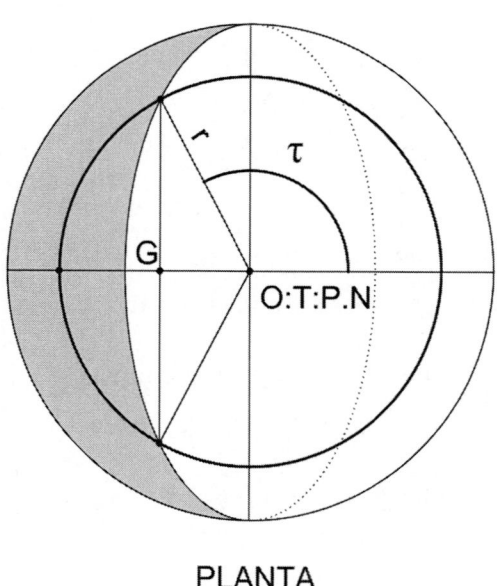

PLANTA

Fig. 4-5. *Análisis geométrico de las horas de sol.*

Ello se debe a dos factores: el primero, que estamos calculando con ella el amanecer como el instante en el que el centro solar es tangente al horizonte, y en Astronomía se considera que la salida del Sol se produce cuando la corona solar es tangente al horizonte:

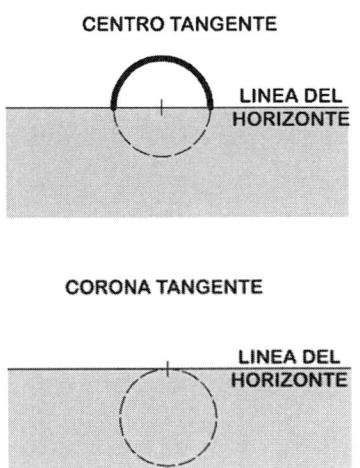

Fig. 4-6. *Centro solar sobre el horizonte* vs. *corona solar tangente al horizonte.*

El segundo factor viene propiciado por el hecho de que la refracción atmosférica, que analizaremos en detalle en el CAPÍTULO 17, provoca que en orto y ocaso percibamos el Sol ligeramente por encima del horizonte cuando geométricamente ya estaría oculto (**Fig. 4-7**).

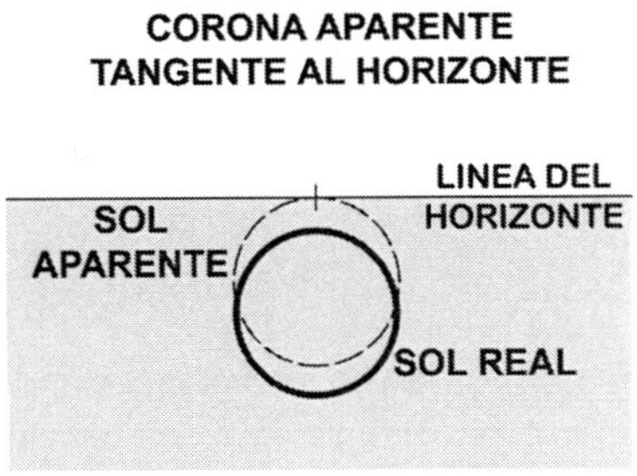

**CORONA APARENTE
TANGENTE AL HORIZONTE**

Fig. 4-7. *Sol aparente por refracción atmosférica.*

Con respecto al primer factor, en la **Fig. 4-8** representamos la visual al Sol, tanto a su centro O como a su corona[11], que abarca un semiángulo σ_1, y cuyo valor es:

$$\sigma_1 = \arcsin\left(\frac{r}{\rho}\right) = \arcsin\left(\frac{696000\ km}{149598000\ km}\right) \cong 0^{\circ}, 267 \text{ en valor medio}$$

siendo ρ la distancia Tierra-Sol y r el radio solar.

Con respecto al segundo, la refracción, supone un desplazamiento aparente de la tangente en el horizonte equivalente a un incremento angular σ_2.

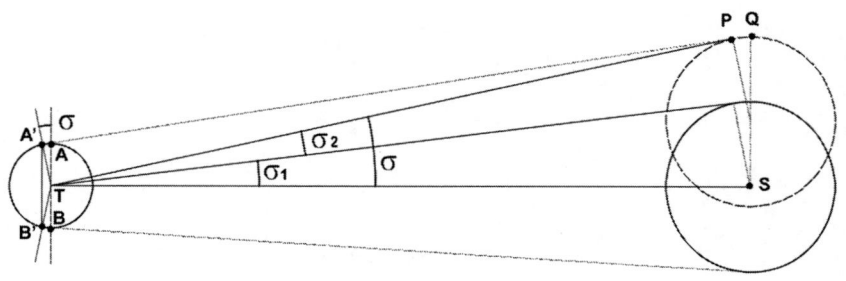

Fig. 4-8. *Ángulo σ de la línea Tierra-Sol con la visual a la corona solar e incremento angular σ' por refracción atmosférica.*

Experimentalmente, se obtiene que, en término medio, como valor estandarizado para el amanecer y el ocaso, como veremos en el CAPÍTULO 17, puede considerarse para ese incremento un valor:

$$\sigma_2 \cong 0^{\circ}, 563 \text{ en valor medio}$$

Generalmente, ambos valores se toman conjuntamente:

$$\sigma = \sigma_1 + \sigma_2 = 0^{\circ}, 833$$

Con estas premisas, podemos obtener fácilmente el número de horas de Sol diarias sustituyendo la fórmula aproximada anterior. El terminador teórico

---

[11] *La **Fig. 4-8** adolece de los problemas derivados de la enorme distancia de la Tierra al Sol en comparación con los radios solar y terrestre. En realidad, la Tierra, de dimensiones exageradas en la figura, al igual que ocurre con el Sol, se reduciría a un punto, siendo imperceptible la diferencia entre las líneas PT y QA que aquí aparecen divergentes.*

que hasta ahora asociábamos al plano de sombra pasando por el centro de la Tierra AB en la **Fig. 4-8** , por efecto del radio solar y la refracción, sufre un ligero desplazamiento en paralelo aumentando la zona iluminada: A'B' en la **Fig. 4-8** . El desplazamiento está ligado al ángulo σ definido anteriormente, tal y como observamos ahora en la **Fig. 4-9**:

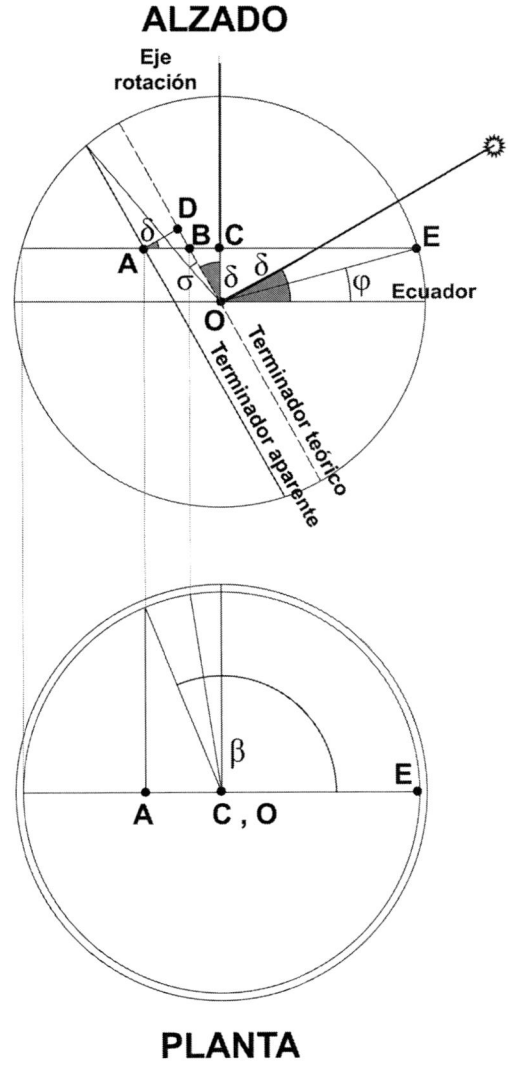

Fig. 4-9. *Relaciones geométricas para el terminador aparente.*

Para una latitud φ y una declinación δ, de la **Fig. 4-9** obtenemos de inmediato:

$$AC = AB + BC \qquad OC = R \sin\varphi \qquad CE = R \cos\varphi$$

Por lo que:

$$BC = OC \tan\delta = R \sin\varphi \tan\delta$$

Por otra parte,

$$AD = R \sin\sigma$$

Así que:

$$AB = \frac{AD}{\cos\delta} = \frac{R \sin\sigma}{\cos\delta}$$

Y entonces:

$$AC = R \sin\varphi \tan\delta + \frac{R \sin\sigma}{\cos\delta}$$

Pero de la planta obtenemos:

$$AC = -R \cos\varphi\cos\beta$$

Por lo que:

$$\beta = arc\,cos\left(-\tan\varphi \tan\delta - \frac{\sin\sigma}{\cos\varphi \cos\delta}\right)$$

Así, el número total de horas de Sol desde que aparece la corona solar hasta que se oculta bajo el horizonte será finalmente:

$$H_S = 24\frac{2\beta}{360}$$

Es decir:

$$H_S = \frac{2}{15} arc\,cos\left(-\tan\varphi \tan\delta - \frac{\sin\sigma}{\cos\varphi \cos\delta}\right)$$

Si sustituimos σ por su valor numérico, englobando el radio solar y la sobreelevación por refracción atmosférica en orto y ocaso:

$$H_S = \frac{2}{15} \, arc \, cos \left(-tan\varphi \, tan\delta - \frac{sin \, 0°,833}{cos\varphi \, cos\delta} \right)$$

EC. 4-1

Esta fórmula sí es, definitivamente, la que nos da correctamente las horas de sol diarias. Su precisión dependerá de la que a su vez seamos capaces de conseguir para δ, supuesta conocida perfectamente φ.

Los valores

$$V = - tan\varphi \, tan\delta - \frac{sin \, 0°,833}{cos\varphi \, cos\delta}$$

solo darán para la **EC. 4-1** valores dentro del campo de validez matemático cuando se encuentren en el intervalo (-1, 1). Su significado es sencillo, y debemos tenerlo en cuenta a la hora de realizar cálculos programados.

Si V<-1 para una φ determinada, tendremos 24 horas de noche continua.

Si V> 1 para una φ determinada, tendremos 24 horas de día continuo.

Esto se produce en latitudes polares, y según la estación del año.

4.4   Instantes de orto y ocaso

Una vez deducida la ecuación anterior, la obtención de los instantes de orto (amanecer) y ocaso es inmediata.

Partiendo del mediodía solar, a las 12 horas, no tendremos más que sumar o restar la mitad de la duración total del día a dicho valor (**EC. 4-2**):

$$I_{orto} = 12 - \frac{1}{15} arc \, cos \left(-tan\varphi \, tan\delta - \frac{sin \, 0°,833}{cos\varphi \, cos\delta} \right)$$

$$I_{ocaso} = 12 + \frac{1}{15} arc \, cos \left(-tan\varphi \, tan\delta - \frac{sin \, 0°,833}{cos\varphi \, cos\delta} \right)$$

EC. 4-2

y transformar la expresión decimal obtenida a formato hh:mm:ss.

4.5 Duración de los días en diferentes latitudes a lo largo del año

Partiendo de las ecuaciones obtenidas en los puntos anteriores, podemos fácilmente calcular la duración aproximada de los días para diferentes latitudes a lo largo del año y reflejarlo en forma de tabla. Para una primera aproximación, el lector puede utilizar, por ejemplo, la fórmula de Perrin de Brichambaut (apartado 3.5.1). Se ha utilizado la expresión corregida por radio solar y refracción atmosférica (constante $0°,833$). A efectos gráficos, la variación en las curvas entre un año y otro son muy pequeñas, y visualmente no diferirían de las calculadas mediante procedimientos de mayor precisión. Los valores para diferentes latitudes ($0°$, $10°$, $20°$, $30°$, $40°$, $50°$, $60°$, $70°$, $80°$ y $90°$) son los que se representan en la **Fig. 4-10**. Se han representado solamente latitudes correspondientes al hemisferio boreal (para el hemisferio austral, la casuística sería similar y se obtendría una disposición simétrica). En la **Fig. 4-10** existen algunos puntos singulares que interesa tener en cuenta. Por ejemplo, todas las curvas adoptan un valor teórico de 12 horas de duración del Sol en ambos equinoccios, corregido al alza en algunos minutos debido al radio solar y la refracción atmosférica. En las latitudes mayores de $90°$-ε se produce una discontinuidad aparente en las curvas. En nuestro caso, habiendo adoptado $\varepsilon = 23°,44$, este hecho se verificaría en latitudes $> 66°,56$ (círculo polar ártico). La aparente discontinuidad se debe al hecho de que se producen más allá de determinadas fechas días completos de sol o de oscuridad para esas latitudes. También recoge la **Fig. 4-10** el hecho conocido de las duraciones máximas y mínimas del día en las fechas de los solsticios de verano e invierno, respectivamente. Véase que las 12 horas de sol se alcanzan antes del equinoccio de primavera o después del equinoccio de otoño, con mayor adelanto o atraso cuanto mayor es la latitud, debido precisamente al radio solar y a la refracción atmosférica. Incluso en latitudes medias, esta diferencia puede ser de algo más de un día, conociéndose la fecha en que se igualan minutos de día y noche exactamente como *equilux*. En latitudes muy elevadas, las gráficas representadas pueden sufrir distorsiones muy elevadas, llegando a verificarse la aparición del disco solar, dependiendo de las condiciones atmosféricas, hasta más de una semana antes de lo previsto en el equinoccio de primavera. Se volverá sobre esta cuestión al analizar a fondo las expresiones generales de cálculo de la refracción atmosférica.

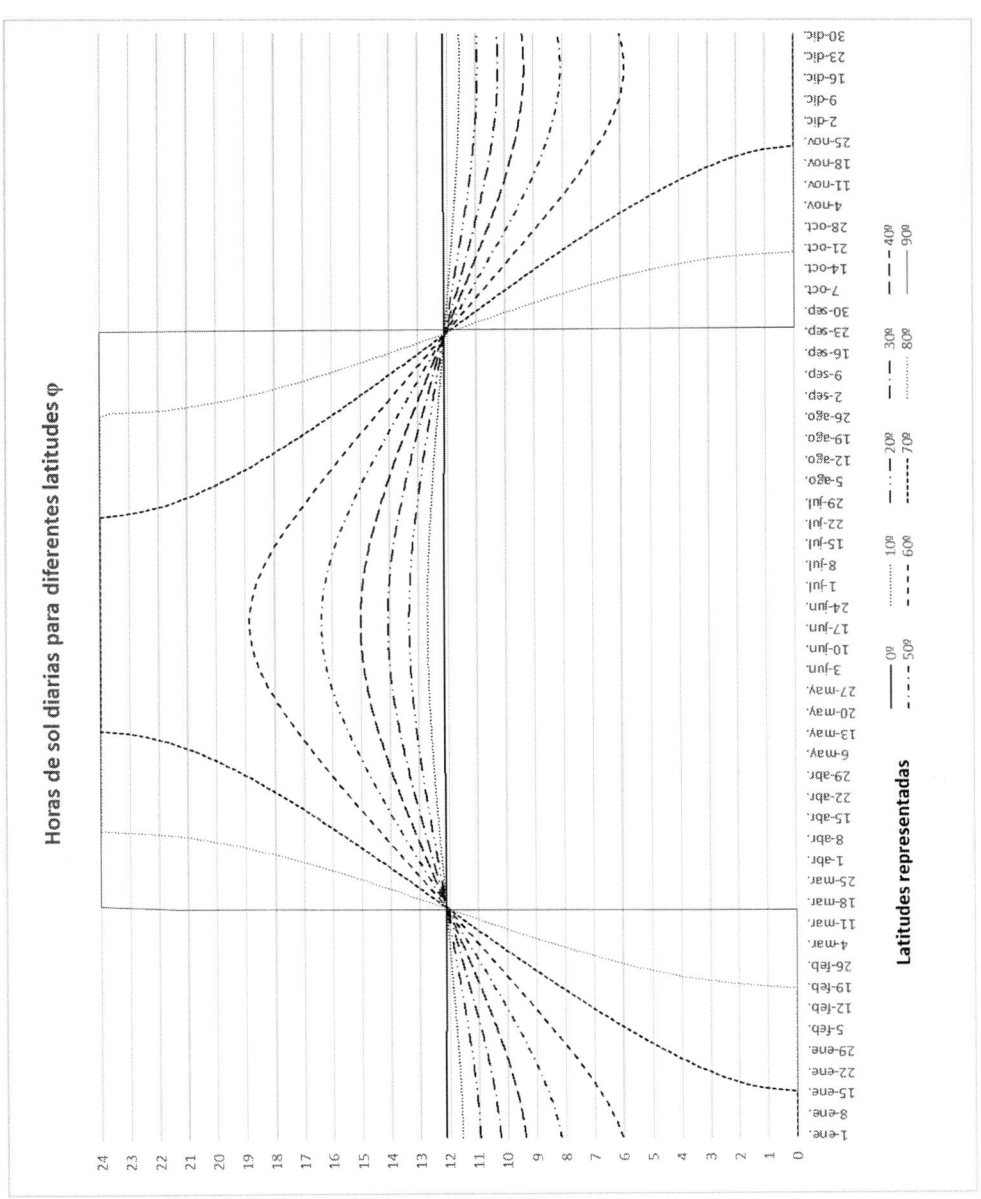

Fig. 4-10. *Horas de sol a lo largo del año en diferentes latitudes.*

ÁREAS TERRESTRES ILUMINADAS: EL TERMINADOR

En este capítulo analizamos la fenomenología asociada a la alternancia entre zonas iluminadas y en sombra en nuestro planeta, utilizando solamente la declinación como variable. El lector puede prescindir de estos desarrollos si desea adentrarse directamente en el cálculo del acimut y elevación solares, que se analizarán en el CAPÍTULO 7, siendo necesarias las indicaciones previas del CAPÍTULO 6, pero recomendamos al lector familiarizarse con los procedimiento y conclusiones que exponemos a lo largo del presente capítulo.

Como hemos indicado anteriormente, la separación entre el hemisferio terrestre iluminado por efecto de la luz solar y el hemisferio en la oscuridad se denomina **terminador,** identificándose con la intersección entre el **plano de sombra** y la superficie terrestre. Los cálculos relativos a su posición y, por tanto, al análisis de zonas iluminadas del planeta, requieren solamente el conocimiento de la declinación δ y algunas sencillas operaciones geométricas[12].

5.1 Relación entre terminador y meridiano del observador

La determinación del ángulo $\hat{t}$ [13] entre el meridiano y el terminador (**Fig. 5-1**) sirve, entre otras aplicaciones, para explicar la diferencia de orientación a lo largo del año de la línea de separación entre luz y oscuridad percibida

---

[12] *Como veremos en capítulos posteriores, también puede desarrollarse su análisis mediante las fórmulas de acimut y elevación, que deduciremos más adelante. La comparación entre ambos métodos es estudiada por el autor en [71].*

[13] *Esta denominación, $\hat{t}$, para el ángulo buscado, es arbitraria, no estando recogida como tal en los manuales de Astronomía.*

teóricamente por el observador situado en V, representado en la **Fig. 5-2** sobre una imagen terrestre a gran escala (extraída de [15]).

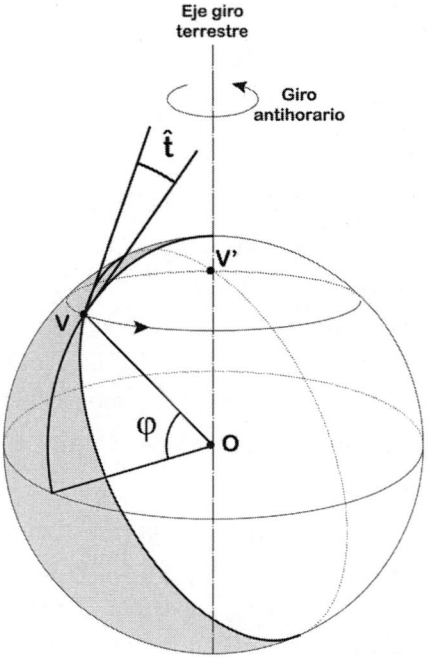

Fig. 5-1. *Relación angular entre el terminador y el meridiano en V.*

Para su determinación simplificada, prescindiremos del ángulo complementario debido a la diferencia de radios Sol/Tierra estudiada anteriormente en el apartado 4.3.1. El terminador presenta una gradación lumínica en el borde debido a la refracción de la atmósfera terrestre, pero a efectos de nuestros cálculos consideraremos que no existe tal transición, por lo que aquel vendrá representado por un círculo máximo cuya inclinación con respecto al plano ecuatorial terrestre dependerá en último término de la declinación solar δ.

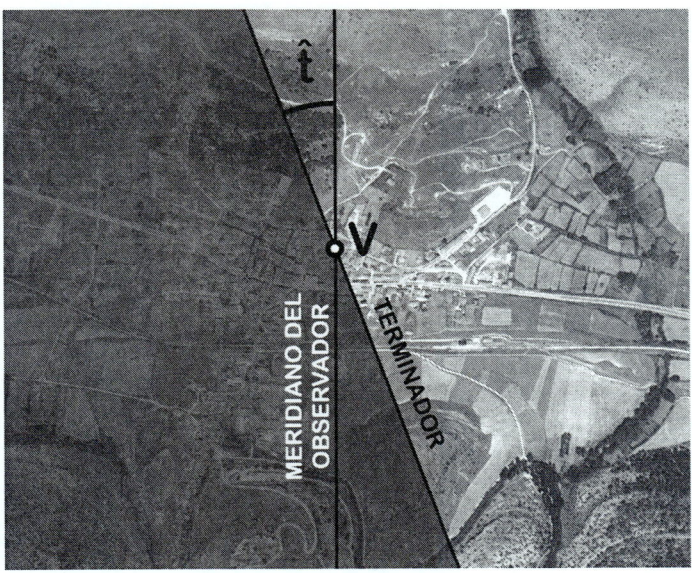

Fig. 5-2. Ángulo terminador - meridiano sobre la superficie terrestre. Amanecer 12 abril 2017, φ = 41,87 (Hontoria del Pinar, Burgos). Elaboración propia superpuesta sobre imagen SIGPAC [15].

En cada fecha, y dependiendo de la latitud φ del lugar, en el amanecer y en el ocaso el terminador forma un ángulo $\hat{t}$ con la línea N-S o meridiano en dicho lugar en el amanecer. Es inmediato, a la vista de la **Fig. 5-1**, deducir que en el ocaso dicho ángulo tomará un valor $-\hat{t}$. En efecto, el punto V, que en la **Fig. 5-1** se encuentra en el amanecer, lo largo del giro diario de la Tierra pasaría a situarse en la posición V', formando entonces su meridiano un ángulo con el terminador igual que $\hat{t}$, pero de signo contrario. El plano de sombra será el punto de partida de los cálculos siguientes. En la **Fig. 5-3** sería el plano definido por los puntos O, B y S.

Este forma con el plano del ecuador terrestre un ángulo α_S, cuya relación con δ, por ser el plano de sombra perpendicular a la línea Tierra-Sol es:

$$\alpha_S = \delta + 90°$$

Nuestro problema consistirá, pues, en encontrar, para un punto V situado en una latitud φ, el ángulo $\hat{t}$ definido de acuerdo con lo representado en la **Fig. 5-3**.

Los ángulos OVE y OVF son rectos, ya que tanto EV como FV son tangentes a círculos máximos en P cuyo radio es OP. Los segmentos EV y FV, por otra parte, determinan el plano tangente a la esfera terrestre, por lo que el radio de esta, OV, es perpendicular, como hemos dicho, a ambos segmentos. Este plano tangente a la esfera cortará al plano ecuatorial terrestre según la línea recta EF, que a su vez será perpendicular al segmento EV, que es su línea de máxima pendiente desde el plano ecuatorial.

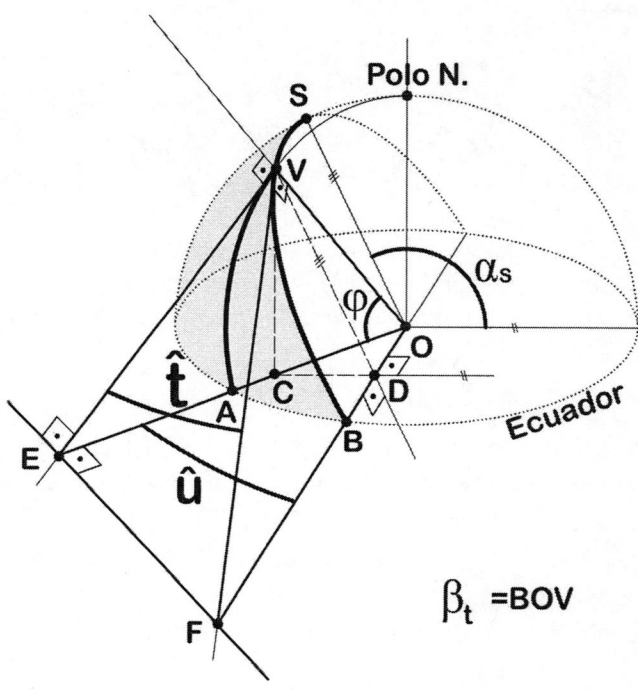

Fig. 5-3. *Relaciones angulares para el cálculo de* $\hat{t}$.

La proyección de V sobre el plano del ecuador terrestre es C. Si desde C trazamos una perpendicular a FO, que cortará a dicho segmento en D, tendremos determinada la línea de máxima pendiente del plano FOV, que será precisamente DV. Esta línea tiene la propiedad de ser también perpendicular a FO.

Por tanto,

$$VC=OV \sin \varphi$$

y también, llamando para mayor comodidad β_t al ángulo BOV, tal y como se especifica en la Fig. 5-3.

$$VC=OV \sin \beta_t \sin (180° - \alpha_S)=OV \sin \beta_t \sin \alpha_S$$

por lo que:

$$\sin \beta_t = \frac{\sin \varphi}{\sin \alpha_S}$$

Para obtener $\hat{u}$, teniendo en cuenta la ecuación anterior:

$$CD=OV \sin \beta_t \cos (180°-\alpha_S)= - OV \frac{\sin \varphi}{\tan \alpha_S}$$

Pero también

$$CD=OV \cos \varphi \sin \hat{u}$$

por lo que:

$$\sin \hat{u} = - \frac{\tan \varphi}{\tan \alpha_S}$$

Por otra parte, se verifica simultáneamente:

$$EF=FO \sin \hat{u}$$

$$FV=FO \sin \beta_t$$

$$EF=FV \sin \hat{t}$$

Así pues, teniendo en cuenta las cuatro ecuaciones anteriores,

$$\sin \hat{t}= - \frac{\cos \alpha_S}{\cos \varphi}$$

Por lo que, sustituyendo α_s por su valor en función de δ:

$$\sin \hat{t}= \frac{\sin \delta}{\cos \varphi}$$

O, lo que es lo mismo,

$$\hat{t}= \arcsin \left(\frac{\sin \delta}{\cos \varphi} \right)$$

optando, en este caso, por la solución de menor módulo. Como hemos indicado anteriormente, este ángulo sería el correspondiente al amanecer; en el ocaso sería el mismo y de signo contrario.

5.1.1 Variación de $\hat{t}$ en el tiempo según la latitud

El ángulo $\hat{t}$ varía con la latitud φ y con la declinación δ largo del año. Si tenemos en cuenta valores aproximados de δ para cada fecha, podemos representar una familia de curvas con la fecha en abscisas y el ángulo $\hat{t}$ en ordenadas (**Fig. 5-4**). Estas curvas corresponden a valores de $\hat{t}$ en el amanecer. Para el ocaso, bastaría considerar una gráfica igual, pero simétrica con respecto a un eje horizontal.

Puede observarse la discontinuidad de las curvas en la latitud 75°. Realmente, este comportamiento anómalo se produce en todas las latitudes por encima del círculo polar ártico (en el hemisferio norte), es decir, sobre los 65°,56 aproximadamente. Ello se debe al hecho de que estas regiones se encuentran en determinadas fechas iluminadas las 24 horas o en total oscuridad, dependiendo de la estación. Por ello no se puede encontrar solución matemática en esas fechas para el ángulo $\hat{t}$. Para el resto de las regiones no circumpolares, observamos que los máximos valores de $\hat{t}$ positivos se producen en el solsticio de verano, y los mínimos negativos en el solsticio de invierno. En los equinoccios, el terminador se superpone con el meridiano. Este fenómeno se puede analizar de una forma sencilla gráficamente en la **Fig. 5-5**. En ella se representa la secuencia de variación del terminador a lo largo del año para las mismas latitudes consideradas en la **Fig. 5-4**. Los rectángulos son una representación esquemática de una región terrestre reducida para la que la asimilación del terminador a una recta sea suficientemente aproximada. El observador se sitúa en el centro de las cuadrículas y se simboliza, como en todos los desarrollos anteriores, con V. La orientación de las áreas es la natural, con el norte hacia la zona superior del papel.

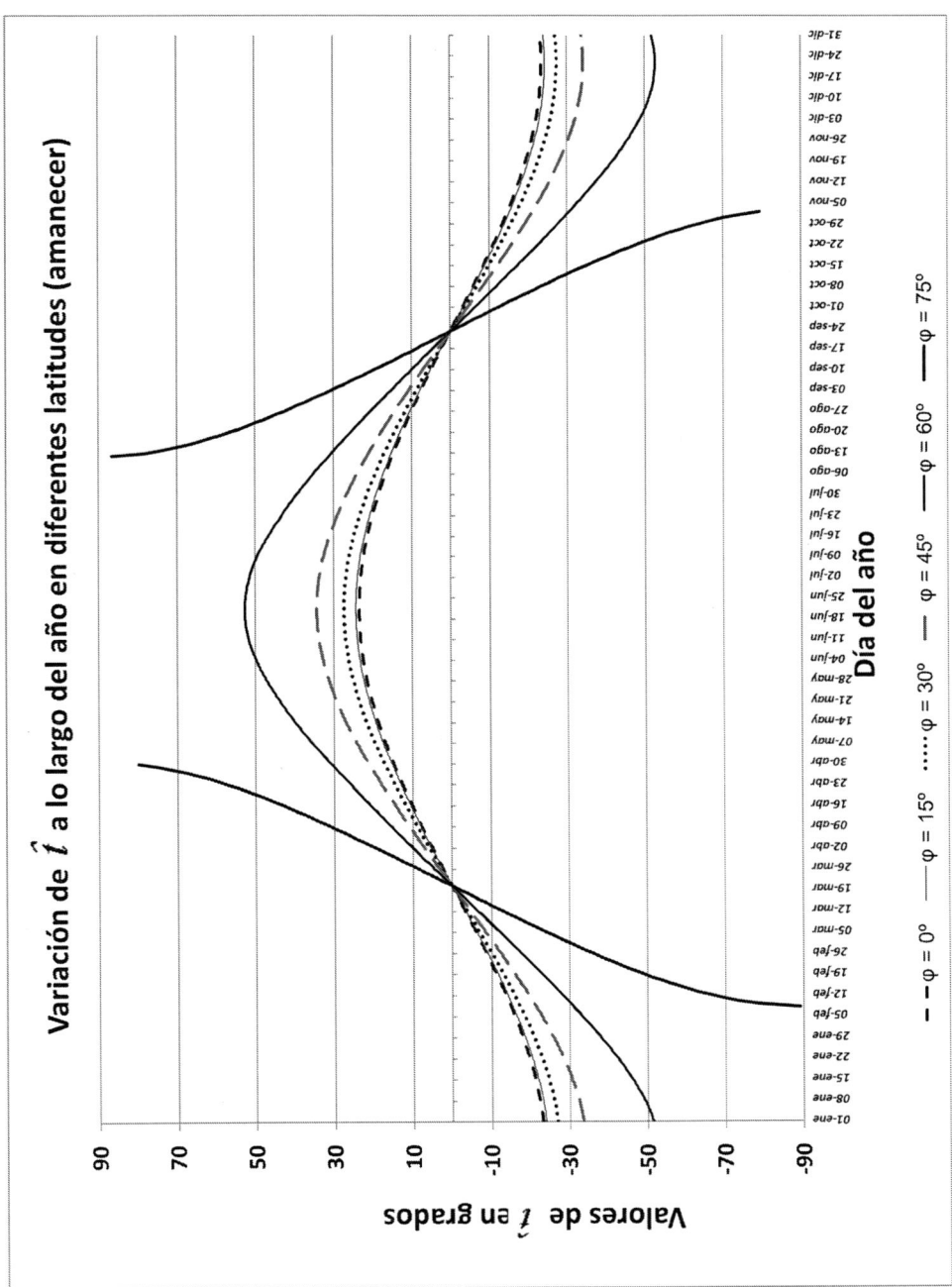

Fig. 5-4. *Valores para* $\hat{t}$ *en el orto (amanecer) a lo largo del año correspondientes a distintas latitudes.*

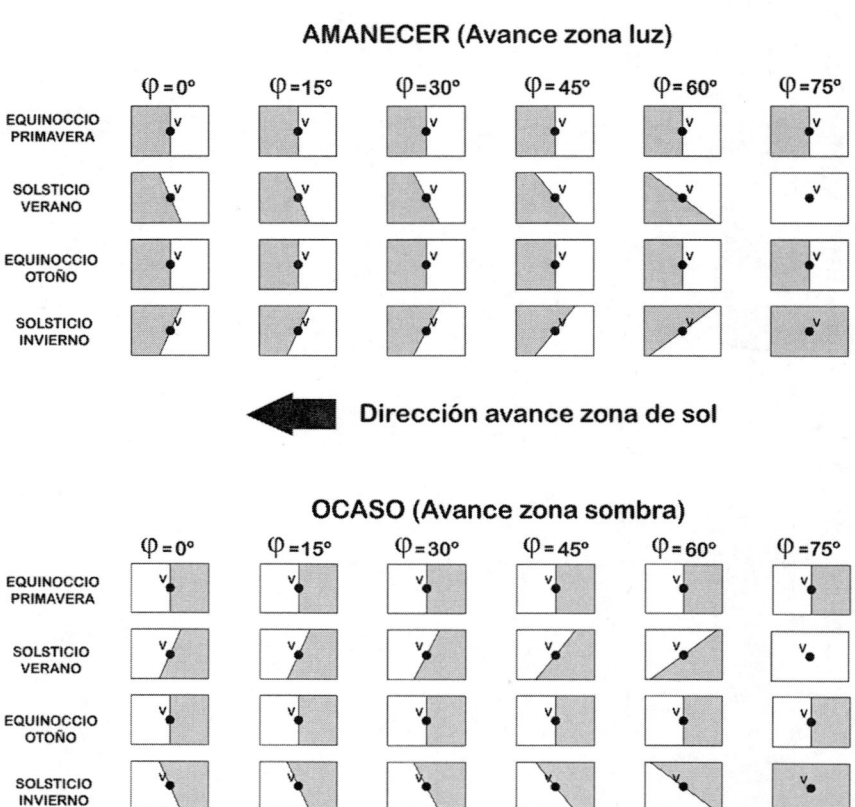

Fig. 5-5. *Avances de las zonas de luz y sombra a nivel local.*

Un interesante gráfico con la evolución horaria de la línea del terminador sobre la península Ibérica es el que presenta R. Soler [16] para los solsticios de verano e invierno, y que reproducimos en la **Fig. 5-16** por ser suficientemente ilustrativo y servir como resumen gráfico de las deducciones realizadas en este último punto. Vamos a realizar un breve análisis de este como comprobación geométrica.

En el gráfico se indican las horas de salida y puesta del sol en diferentes puntos de la Península. Obsérvese que la inclinación de las líneas en los instantes considerados debe estar en consonancia con el ángulo $\hat{t}$ hallado mediante la expresión

$$\hat{t} = \arcsin\left(\frac{\sin\delta}{\cos\varphi}\right)$$

Dado que en los solsticios tenemos:

- Solsticio de verano: $\delta = 23°{,}44$
- Solsticio de invierno: $\delta = -23°{,}44$

Y considerando como latitud la correspondiente al centro peninsular de forma aproximada, por ejemplo, la de Madrid: $\varphi = 40°{,}49$

Los valores correspondientes de $\hat{t}$ serán:

Orto (amanecer) solsticio de verano: $\hat{t} = 31°{,}53$

Ocaso solsticio de verano: $\hat{t} = -31°{,}53$

Orto (amanecer) solsticio de invierno: $\hat{t} = -31°{,}53$

Ocaso solsticio de invierno: $\hat{t} = 31°{,}53$

5.2   Terminador y mapas *day-night*

Una interesante aplicación del método deductivo que hemos utilizado para el cálculo de $\hat{t}$ es la elaboración de mapas de luz y sombra basados en planisferios terrestres. Estos planos, denominados más frecuentemente como *daylight maps* o *day-night maps*, suelen confeccionarse con programas gráficos específicos basados en algoritmos extraídos de la Astronomía clásica. Sin embargo, el método desarrollado mediante geometría plana en el punto anterior para el cálculo de $\hat{t}$ será suficiente para una representación aproximada y sin zonas lumínicas de transición. En concreto, la base para la representación de las áreas de luz y oscuridad será el ángulo auxiliar *û* que definíamos en el desarrollo anterior **(Fig. 5-3)**.

De acuerdo con la **Fig. 5-6**, para la determinación de un punto cualquiera V del terminador, basta con conocer su latitud φ y el ángulo *û*.

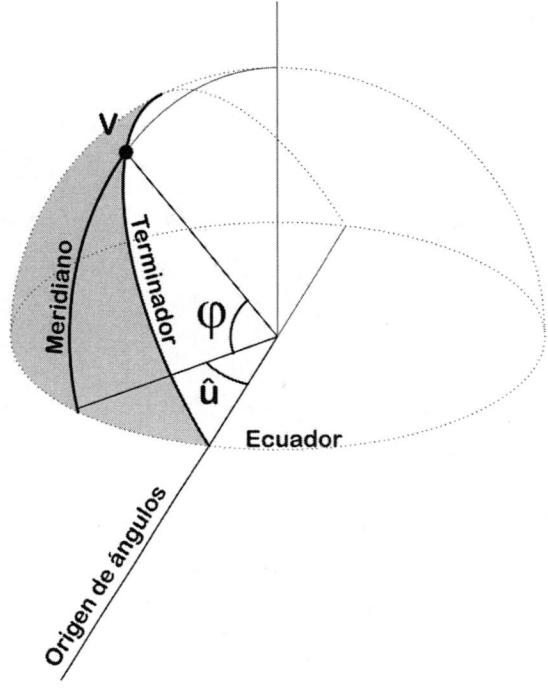

Fig. 5-6. *Definición del punto V del terminador mediante û y φ.*

Consideraremos que *û* crece en sentido horario, siendo el origen de ángulos el punto de corte del terminador con el ecuador terrestre. Dado que hay dos puntos de corte con el mismo, elegimos arbitrariamente el correspondiente al amanecer, es decir, aquel en el que el observador en el ecuador ve la zona iluminada al este. Por lo tanto, es suficiente conocer la expresión que relaciona *û* y φ con la declinación solar δ para poder representar la curva correspondiente a un instante cuya declinación sea, precisamente, δ. Esta relación la obteníamos en el apartado 5.1, en el desarrollo de la obtención del ángulo del terminador con el meridiano:

$$sin\hat{u} = -\frac{tan\varphi}{tan\alpha_S}$$

siendo, como sabemos, $\alpha_S = \delta + 90°$. Por lo que podemos escribir:

$$\varphi = \arctan\left(\frac{sin\hat{u}}{tan\delta}\right)$$

Así, para una determinada declinación δ (que se producirá en una fecha determinada), podemos representar una función que representará el terminador sobre un planisferio. Por ejemplo, en la **Fig. 5-7** podemos observar la correspondiente a una declinación de 15°.

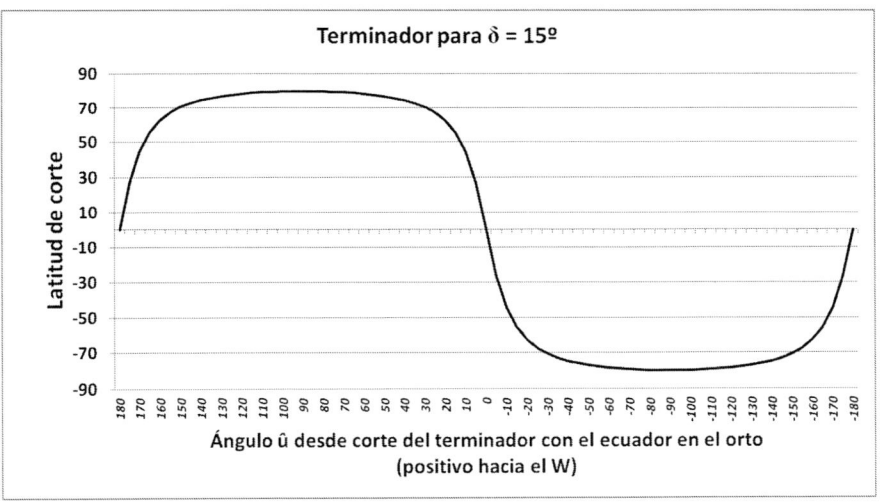

Fig. 5-7. *Representación desarrollada sobre plano del terminador para δ = 15°.*

Tal y como hemos indicado anteriormente, podemos observar la distribución creciente del ángulo $\hat{u}$ hacia la izquierda de la gráfica, lo que se correspondería con la zona oeste de un planisferio sobre el que superpusiéramos la función. Debemos indicar que la graduación 0° corresponde al instante del amanecer en el ecuador. Por esta razón, si situamos ese punto sobre el meridiano de Greenwich, tendremos una imagen correspondiente a las 6:00 hora solar local o *local solar time* (LST) Greenwich. Si comparamos con la hora media UT, las diferencias pueden variar desde -14m15s a +16m25s debido a la *ecuación del tiempo*, concepto que analizaremos en el CAPÍTULO 18 de esta obra. No obstante, la diferencia a efectos gráficos no es muy significativa. Si deseamos sombrear la zona correspondiente al área de oscuridad, la norma es muy simple: para declinaciones positivas, esto es, para fechas comprendidas entre el equinoccio de primavera y el de otoño, sombrearemos la superficie bajo la línea del terminador.

Terminador para δ = 15º

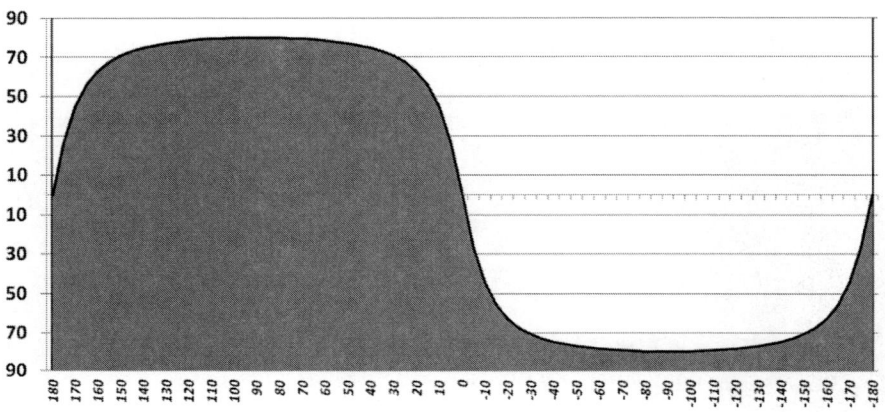

Fig. 5-8. *Zona sombreada bajo el terminador para declinaciones positivas.*

Terminador para δ = -15º

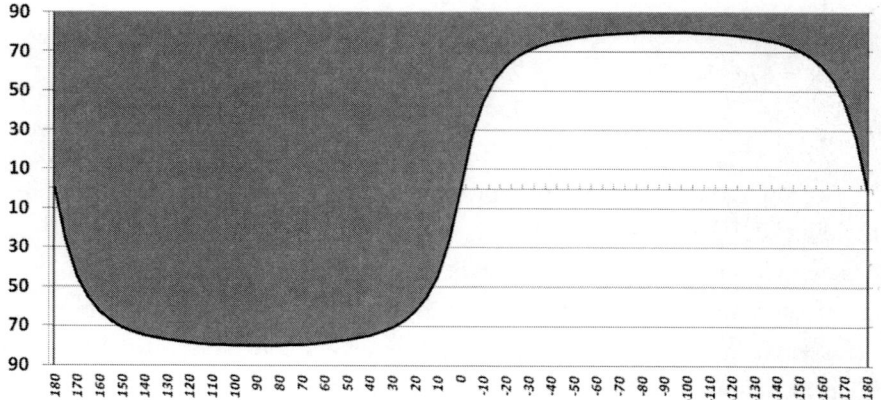

Fig. 5-9. *Zona sombreada sobre el terminador para declinaciones negativas.*

Para el resto de las fechas, se procederá a sombrear la superficie sobre la línea del terminador. En la **Fig. 5-8** y **Fig. 5-9** se ejemplifica esta cuestión para la declinación $\delta = 15°$ (días 16/04 y 27/08 en el año 2017) y $\delta = -15°$ (días 8/02 y 19/10; ídem en 2017).

Para superponer este gráfico sobre un planisferio ajustaremos las escalas horizontal y verticalmente. El ajuste horizontal no entraña ninguna dificultad, pero el vertical es más complejo cuando la proyección elegida no mantiene equidistantes las latitudes. En estos últimos casos, deberá procederse a varios ajustes verticales consecutivos.

Fig. 5-10. Planisferio terrestre obtenido de la NASA [65].

Fig. 5-11. Ajuste de la Fig. 5-10 superpuesta sobre el planisferio de la NASA [65].

Ello puede simplificarse si se utiliza como partida un planisferio como el de la **Fig. 5-10**, publicado por la NASA, y que tiene la particularidad de conservar la equidistancia entre latitudes. En la **Fig. 5-11** podemos observar la zona de sombra resultante sobre el planisferio una vez ajustada.

La **Fig. 5-12** muestra un gráfico obtenido directamente de la aplicación on-line de la USNO (The United States Naval Observatory) [17], a través de su aplicación *"Day and Night Across the Earth"* para las 6:00 Greenwich del día 16/04/2017, instante al que corresponde una declinación aproximada de 15°.

Fig. 5-12. Imagen de la USNO [17] para el 16/04/2017, 6:00 UT.

Obsérvese la correspondencia con la Fig. **Fig. 5-11**, salvo en lo relativo a las zonas de transición, difuminadas en la figura de USNO. Si deseamos obtener el *day-night map* para otra hora diferente, bastará desplazar el patrón de sombra correspondiente a la fecha dada a la izquierda, teniendo en cuenta que desde el punto de latitud = 0° y longitud = 0° una distancia angular de 15° equivale a una hora, tal y como se muestra en la **Fig. 5-13**.

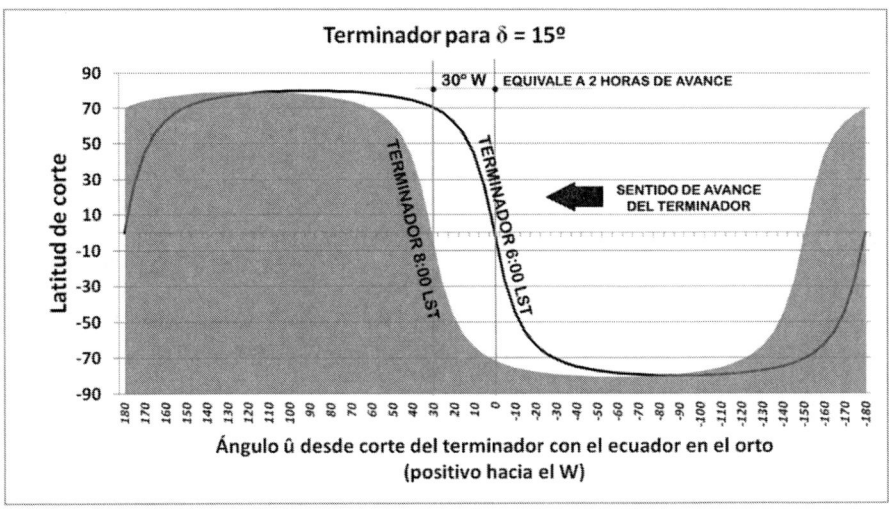

Fig. 5-13. *Desplazamiento aparente del terminador por la rotación terrestre.*

5.3 Puntos de alba u ocaso simultáneos

La ecuación

$$\varphi = \arctan\left(\frac{\sin \hat{u}}{\tan \delta}\right)$$

nos proporciona también una interesante utilidad: calcular en qué puntos sobre la esfera terrestre amanece o anochece en el mismo instante[14]. El procedimiento para el anochecer será similar.

La ecuación anterior puede escribirse como:

$$\hat{u} = \arcsin\left(\tan \varphi \tan \delta\right)$$

Un punto P sobre el terminador en el amanecer, como se indica en la **Fig. 5-14** izda., tendrá una latitud φ_P y una longitud λ_P, y el ángulo de la proyección de su meridiano sobre el ecuador con la recta OC que une el

---

[14] *Prescindiendo de las diferencias derivadas de la ocultación de la corona solar. Tampoco se evalúan aquí las diferentes duraciones crepusculares en diferentes latitudes.*

centro de la Tierra con el corte del terminador con el ecuador, será û$_P$, como se ha definido anteriormente.

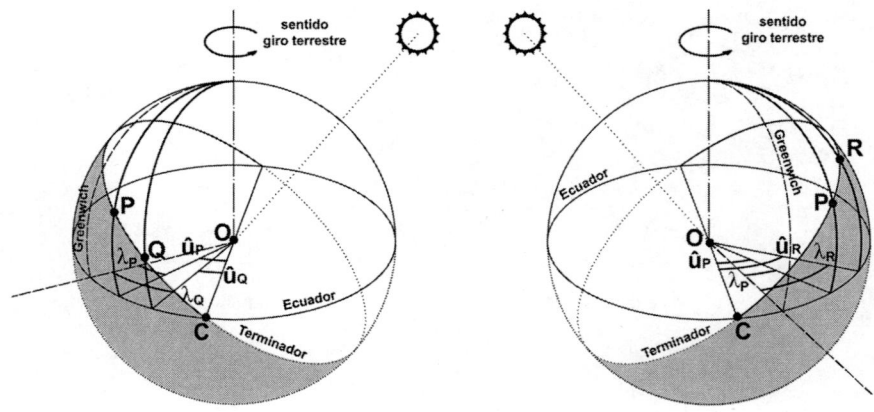

Fig. 5-14. *Posición de un punto P sobre el terminador en amanecer (izquierda) y ocaso (derecha).*

Si imponemos para un punto Q una latitud determinada λ_Q, que tendrá asociado un û$_Q$, deberemos obtener qué longitud debe tener para estar situado sobre el terminador. Evidentemente, habrá latitudes para las que no será posible la solución, por encontrarse más allá de las latitudes extremas del terminador.

Se verifica que (véase **Fig. 5-14**):

$$\lambda_Q = \hat{u}_P - \hat{u}_Q + \lambda_P =$$

$$= \arcsin(\tan\varphi_P \tan\delta) - \arcsin(\tan\varphi_Q \tan\delta) + \lambda_P$$

Igualmente, según la **Fig. 5-14** dcha. tendremos:

$$\lambda_R = \hat{u}_P + \hat{u}_R - \lambda_P =$$

$$= \arcsin(\tan\varphi_P \tan\delta) + \arcsin(\tan\varphi_R \tan\delta) - \lambda_P$$

Queremos, por ejemplo, obtener puntos geográficos en los que anochece o amanece al mismo tiempo que en el cabo Finisterre (La Coruña, España) en la fecha del solsticio de verano, es decir, $\delta = 23°,44$.

Coordenadas de Finisterre:

$$42,883, \ -9,274$$

Tendremos que:

$$\lambda_Q = arcsin(\tan 42°,883 \ \tan 23°,44)$$
$$- \arcsin(\tan \varphi_Q \ \tan 23°,44) - 9°,274 =$$
$$= 14°.47° - \arcsin (0,434 \ \tan \varphi_Q)$$

Imponiendo diferentes valores de φ_Q obtenemos las correspondientes longitudes λ_Q asociadas. Lo mismo para el anochecer.

Podemos, por ejemplo, calcular los valores de la **Tabla 5-1** correspondientes a diferentes latitudes de puntos del terminador, en amanecer y anochecer.

Tabla 5-1. *Puntos geográficos en el terminador de Finisterre en amanecer y anochecer en el solsticio de verano.*

	Longitudes λ_Q (grados)	
φ_Q grados	amanecer	anochecer
36	-3,8907948	-14,657205
37	-4,5992697	-13,94873
38	-5,3297964	-13,218204
39	-6,0840353	-12,463965
40	-6,863808	-11,684192
41	-7,6711196	-10,87688
42	-8,5081838	-10,039816
42,8830	-9,2740	-9,2740
43	-9,377454	-9,170546
44	-10,281659	-8,2663409
45	-11,223847	-7,3241528

Para los cálculos podemos extender el campo de φ al intervalo (-90°, +90°). Simplemente, quedarán excluidas todas aquellas latitudes cuya resolución implique error matemático.

Como puede verse en la **Fig. 5-15**, en el cabo Finisterre amanece en el mismo instante que en las inmediaciones de Málaga (36°,73, -4°,41) en el solsticio de verano. La coincidencia entre los puntos situados en el mapa de la figura es correcta, la línea representada entre ambos no sería exactamente una recta.

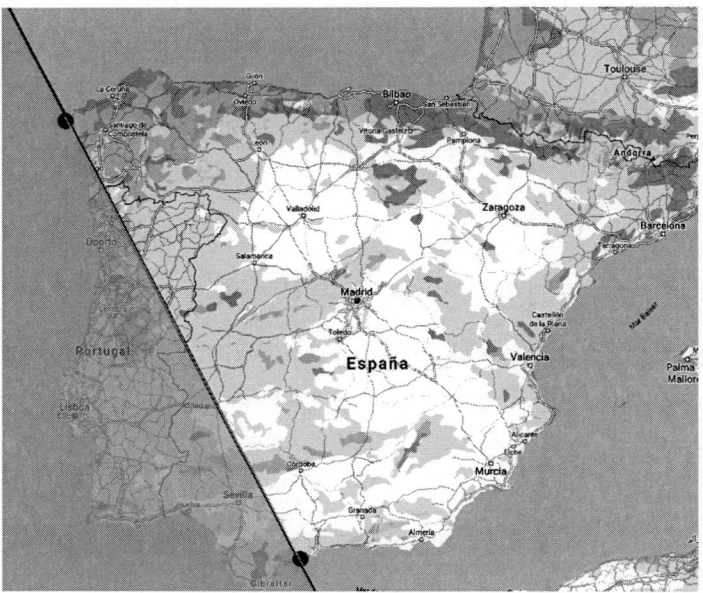

Fig. 5-15. *Coincidencia en el instante del amanecer en el solsticio de verano.*

En este sentido, la **Fig. 5-16**, presentada por Rafael Soler en su magnífica obra sobre gnomónica [16], nos ilustra perfectamente sobre las coincidencias en instantes de orto y ocaso en las diferentes latitudes de la península Ibérica para las fechas de los solsticios. El resto del año, las líneas irían girando hacia la vertical a medida que nos acercáramos a los equinoccios.

Las líneas están en tiempo universal TU, es decir, referidas a Greenwich. El lector deberá añadir una hora a las líneas en el solsticio de invierno para obtener la hora local media (oficial, de nuestros relojes), y dos horas en el solsticio de verano, al menos, en este último caso si se sigue manteniendo en el futuro el cambio de hora oficial o DST.

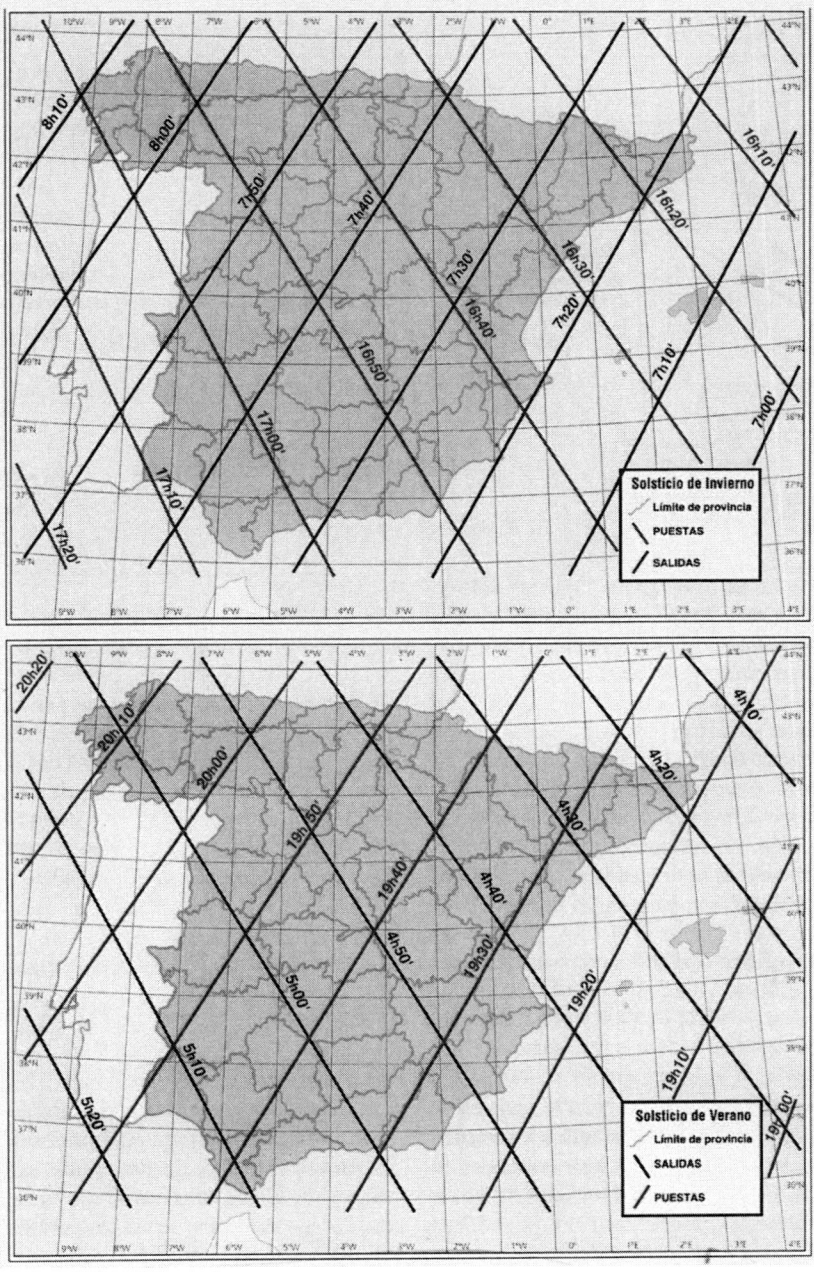

Fig. 5-16. *Salidas y puestas de sol en la Península Ibérica, en TU referido a Greenwich (Rafael Soler Diseño de construcción de relojes de Sol y Luna [16]).*

EL PLANO DEL OBSERVADOR Y LA BÓVEDA CELESTE

6.1   Conceptos generales

Un observador situado sobre un punto O de la superficie terrestre, con latitud φ (**Fig. 6-1**), tendrá una percepción de su entorno limitada por el plano tangente a la misma: el ***plano del observador***. Desde el punto de observación, todos los cuerpos celestes parecerán situados sobre una esfera de radio infinito, centrada en el propio observador: la ***esfera celeste***. De esta esfera, solo será visible para él el hemisferio superior limitado por el plano del observador: a este hemisferio le denominamos ***bóveda celeste***[15]. Estas simplificaciones son congruentes con nuestra experiencia: cuando miramos al firmamento nocturno, observamos una multitud de estrellas que tendemos a agrupar en constelaciones aun cuando todas ellas están situadas a distancias absolutamente dispares de nosotros: percibimos relaciones angulares, no distancias radiales imposibles de calcular por medios sencillos.

La intersección de la vertical al plano del observador con la bóveda celeste se denomina ***cénit***. La prolongación bajo dicho plano de esta línea vertical corta a la esfera celeste en el ***nadir***. El cénit es visible; el nadir, lógicamente, no: la superficie terrestre sobre la que se sitúa el observador le impide su visualización.

Es evidente que existen tantas bóvedas celestes como observadores: desde dos puntos de observación diferentes sobre la Tierra se visualizan dos bóvedas celestes distintas, ya que los planos tangentes a una esfera son tantos como puntos hay en ella: infinitos.

---

[15] *Los términos* **esfera y bóveda celestes** *suelen considerarse sinónimos. Utilizamos esta diferenciación en el ámbito de esta obra para mayor claridad: resulta muy intuitivo denominar bóveda al hemisferio visible desde un punto determinado de la Tierra. Su dominio y límites son diferentes para cada observador, aun cuando forman parte de la misma esfera ideal.*

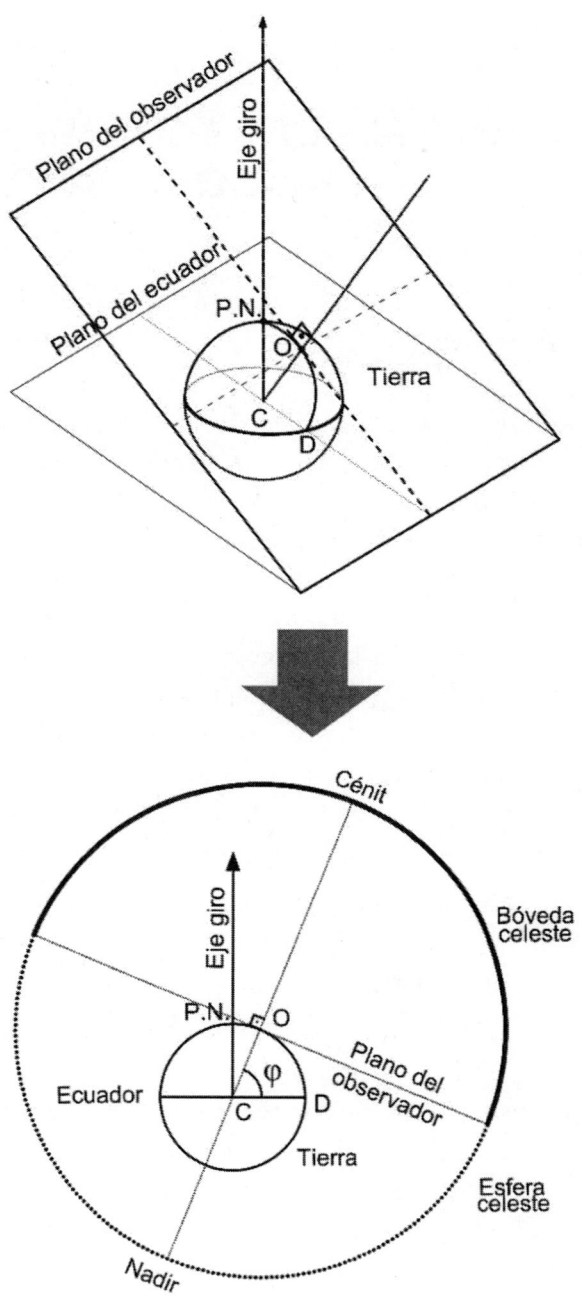

Fig. 6-1. *Plano del observador, esfera terrestre y bóveda celeste.*

En la **Fig. 6-1** hemos representado, tanto en perspectiva libre como en alzado o corte por el plano OCD, la esfera terrestre y el plano del observador en un punto O de la misma, cuya latitud es φ. Este punto estará situado sobre el meridiano que pasa por el polo PN, el propio O, y D, situado este último sobre el ecuador terrestre. El eje de giro terrestre es perpendicular al plano del ecuador. En la siguiente **Fig. 6-2** se representa exclusivamente el plano del observador, tal y como lo percibe el mismo, y la región del firmamento visible para él: la bóveda celeste. La intersección del eje de rotación terrestre con la bóveda celeste se denomina ***polo norte celeste***. Sobre el mismo, en el hemisferio norte, se observaría actualmente la estrella polar. En esta figura, la Tierra, infinitesimal comparada con la bóveda celeste, se reduce a un punto concentrado en O. De la **Fig. 6-1** deducimos que el ***ángulo cenital***, medido desde el cénit, de la vertical del observador con el eje de rotación, tiene un valor de *90°- φ.*

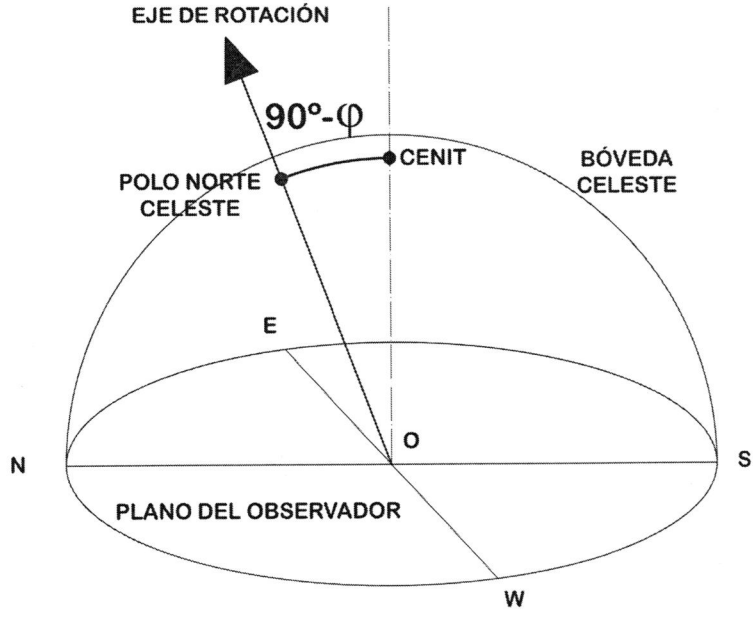

Fig. 6-2. *Plano del observador y bóveda celeste.*

6.2   Simplificaciones dimensionales

Es de vital importancia comprender las simplificaciones que pueden realizarse atendiendo a las dimensiones relativas de la Tierra en comparación con las referencias astronómicas visibles. El radio de la Tierra es de 6.378,14 km, y la distancia media Tierra-Sol de $149,6 \cdot 10^6$ km. Es decir, el radio terrestre es insignificante frente al semieje mayor orbital, concretamente $4,26 \cdot 10^{-5}$ veces aquella. Por tanto, podemos hacer varias simplificaciones que nos permitirán reducir los problemas de determinación de la posición solar a operaciones sencillas de cálculo en un entorno esférico.

- En primer lugar, y para nuestros cálculos relativos a la posición aparente del Sol, consideraremos que el radio de la esfera celeste, a efectos de cálculos solares, es igual a la distancia Tierra-Sol.

- En segundo lugar, en comparación con el tamaño de esta esfera, el de la Tierra se reduce a un punto, como hemos visto en el apartado anterior. Tal y como ocurriría si pretendiéramos realizar una representación gráfica a escala de estos elementos.

- Finalmente, el propio radio del Sol es insignificante comparado con la órbita terrestre, y la determinación principal del Sol acepta también la simplificación a un punto. Solamente en el contexto de determinados fenómenos (alba y ocaso, por ejemplo) será necesario comparar los radios terrestre y solar.

Podemos decir que la esfera terrestre, convertida en un punto, actúa como una rótula infinitesimal sobre la que apoya el plano del observador, que se orienta en el espacio en función de su latitud y longitud terrestres.

6.3   Efecto de la rotación terrestre en la observación del Sol

Supongamos un punto P desde el que se ve el Sol al dirigirle la vista (visual V(1), **Fig. 6-3**). Si este punto gira sobre sí mismo un cierto ángulo $\hat{b}$ antihorario, tal y como se verifica la rotación terrestre, su visual ahora será V(2). El observador debería girar $\hat{b}$ en sentido horario para ver de nuevo el Sol, que ha permanecido fijo.

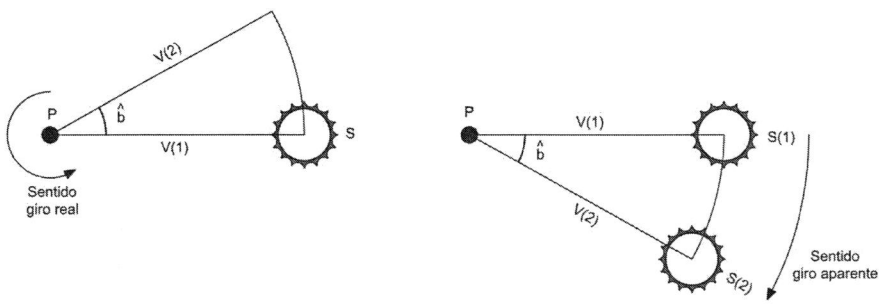

Fig. 6-3. *Movimiento aparente del Sol en rotación.*

Esta percepción es equivalente a considerar de forma ficticia que es el Sol el que gira alrededor de P, exactamente el mismo ángulo $\hat{b}$, pero en sentido horario. Esta analogía se utilizará en posteriores deducciones de las expresiones angulares que nos definan la posición aparente del Sol. Resulta muy cómoda y útil, y tiene la ventaja, a pesar de representar un movimiento ficticio, de que se corresponde con la visión intuitiva del giro aparente del Sol que todos percibimos a diario.

Traslademos ahora esta analogía a la esfera celeste, para situar este giro aparente en relación con el plano del observador. Para ello nos serviremos de la **Fig. 6-4**. En ella, el radio de la esfera celeste no es otro que OS, es decir, la distancia Tierra-Sol. Recordemos que el observador está en O, punto en el que se concentra la esfera terrestre. La posición del Sol en la esfera celeste vendrá dada por su declinación δ, medida desde el plano del ecuador con signo positivo hacia el polo norte. Desde O se observará al Sol girar en torno al eje de rotación terrestre. Por tanto, describirá un círculo menor contenido en un plano paralelo al del ecuador terrestre centrado en O', y recorrido en sentido horario. Fijado el ecuador, referir al mismo el plano del observador es sencillo: viene definido por su latitud φ. Por tanto, en una fecha determinada, la trayectoria aparente del Sol para el observador será un círculo perpendicular al eje de rotación terrestre paralelo al ecuador, que cortará al mismo en diferentes puntos dependiendo de la declinación de la fecha. El plano definido por la circunferencia aparente descrita por el Sol[16]

---

[16] *Hay que hacer constar que, en sentido estricto, la trayectoria aparente del Sol no es exactamente plana, por cuanto δ es variable de forma continua. La trayectoria*

formará un ángulo φ con el cénit del observador, lo cual es evidente a la vista de la **Fig. 6-4**.

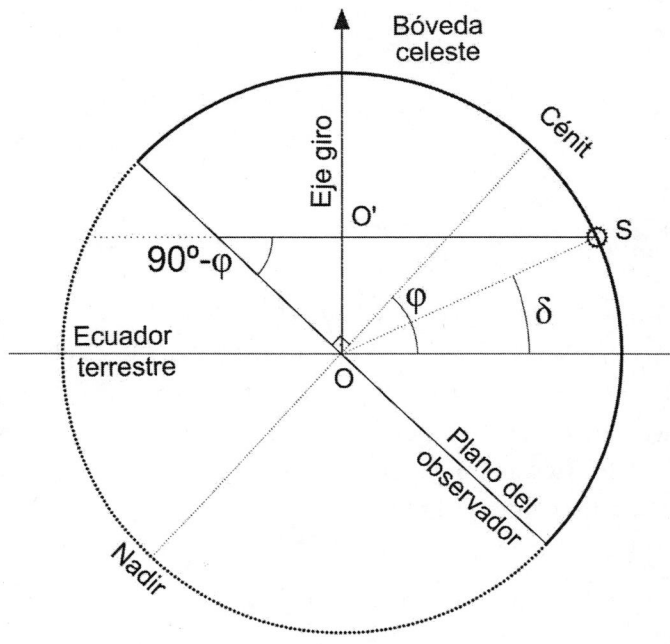

Fig. 6-4. *Giro aparente del Sol en la bóveda celeste.*

La **Fig. 6-5** profundiza en este esquema, esta vez situando el plano del observador en la horizontal, de acuerdo con su percepción de este. En ella se han representado también los puntos cardinales, con el criterio de situar el norte en la dirección en la que el observador visualizaría el polo norte geográfico. Los puntos de corte de la trayectoria aparente del Sol con el plano del observador se producen en el alba u orto y el ocaso, pues dicho plano es el límite inferior de la bóveda celeste.

---

seguida por el Sol a lo largo del tiempo es, realmente, una hélice, como se verá más adelante.

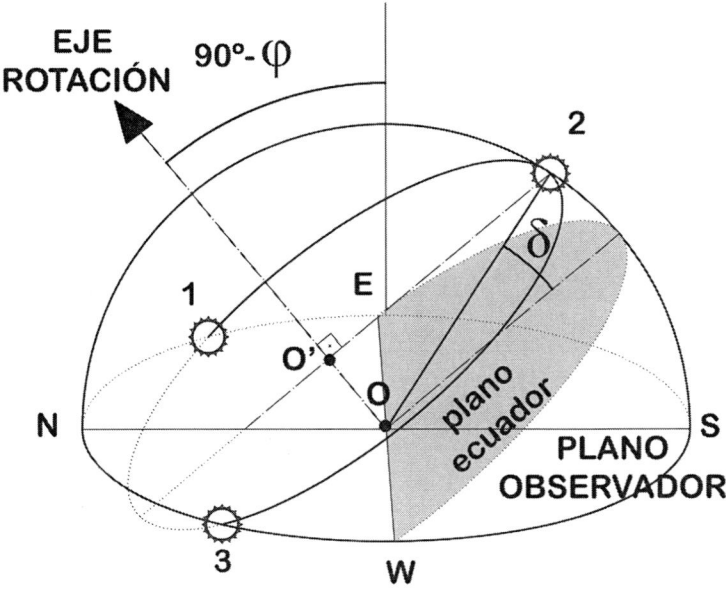

Fig. 6-5. *Trayectoria aparente del Sol para una declinación δ (perspectiva libre).*

Es muy sencillo determinar cuáles son los límites en los que se encuentran los planos posibles en los que se va a producir el movimiento aparente del Sol a lo largo del año. En la **Fig. 6-6**, en el alzado, se indica la cuantificación angular de estos límites: como sabemos, los valores máximo y mínimo de la declinación δ son +ε (solsticio de verano) y –ε (solsticio de invierno). Cuando δ=0, el Sol se sitúa directamente sobre el plano del ecuador terrestre. Están representados estos planos límite, sobre los que la trayectoria aparente del Sol cortará al plano del observador en los puntos A1 y B1 (orto y ocaso, respectivamente), y en A3 y B3. Corresponden, respectivamente, a los solsticios de verano y de invierno. Como se puede ver en planta y alzado, en los equinoccios, los cortes anteriores se producirán, precisamente, en los puntos E (este geográfico) y W (oeste geográfico). Son los dos únicos instantes en el año en los que, verdaderamente, *"el Sol sale por el este y se pone por el oeste"* de forma estricta.

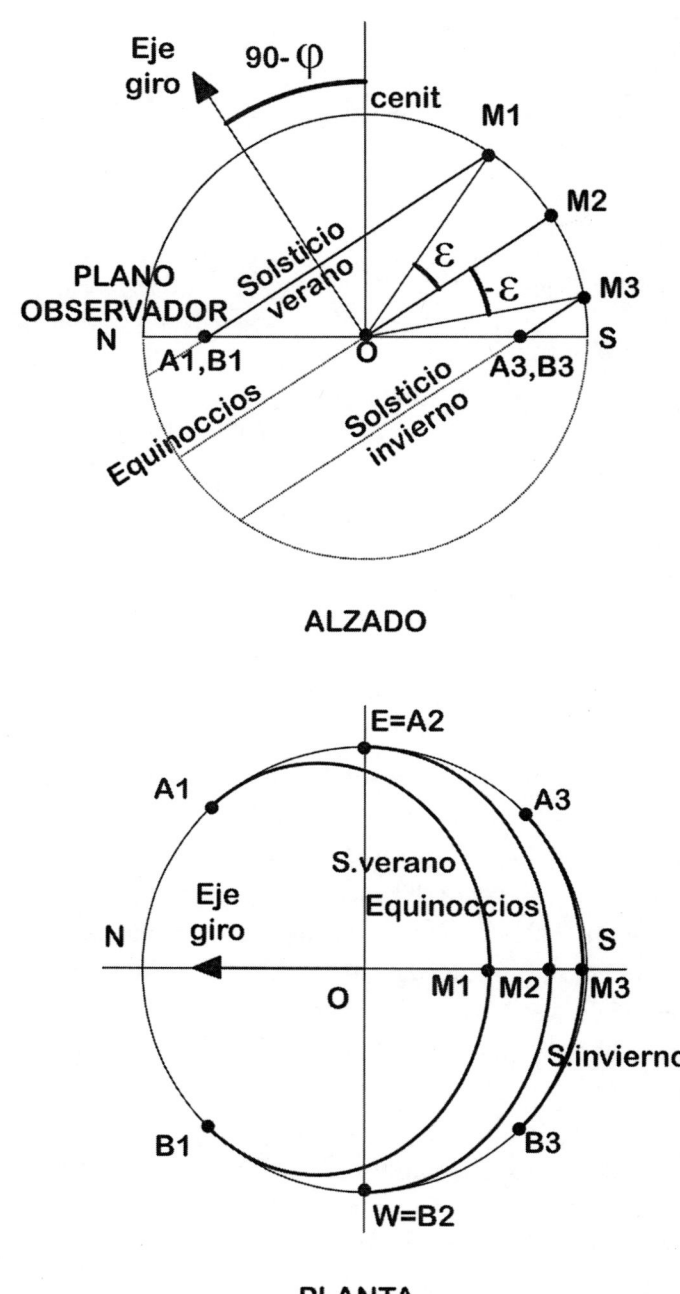

Fig. 6-6. Límites de las trayectorias aparentes del Sol.

En planta se han representado las proyecciones de las trayectorias solares correspondientes a estos planos límite. Vemos también los puntos correspondientes al mediodía solar (también denominado *tránsito*) en los tres casos: M1, M2 y M3, que se corresponden con los instantes en que la altura sobre el plano del observador es máxima a lo largo del día. La mínima, en invierno; la máxima, en verano. Por lo tanto, para cualquier observador sobre la superficie terrestre, el Sol describe a lo largo del año una trayectoria similar a una **hélice de paso y radio variables**. Partiendo de la trayectoria de menor altura, que corta al plano del observador en A1 y B1 (solsticio de invierno), a lo largo del año el Sol va ascendiendo y girando al mismo tiempo hasta cortar al plano del observador en E y W (solsticio de primavera: la longitud del arco circular sobre el plano del observador es igual a la que se encuentra bajo este). Seguirá ascendiendo hasta alcanzar su altura máxima (solsticio de verano), cortando al plano del observador en A3 y B3. Alcanzando este punto, iniciará su movimiento descendente (sin cambiar, lógicamente, el sentido de giro), hasta volver a alcanzar, al cabo de un año completo, la posición de partida.

En la **Fig. 6-7** se representa este movimiento de hélice o "de tornillo" en detalle. Como podemos ver, se ha situado el Sol en el equinoccio de primavera, y a lo largo del año ascenderá hasta la posición del solsticio de verano, instante a partir del cual descenderá siempre girando en la misma dirección. Volverá a pasar por el equinoccio, esta vez en otoño, y descenderá hasta el solsticio de invierno, momento en el que, siempre girando en sentido horario, volverá a ascender.

El lector habrá observado, a pesar de las imperfecciones del dibujo, que las líneas de giro se concentran en los solsticios (mínima variación diaria de la inclinación) y se separan visiblemente en los equinoccios (máxima variación de la declinación).

El cálculo de la posición del Sol en cada instante requerirá previamente el cálculo de la declinación δ para cada día o, incluso, para cada instante del año. Es un proceso sencillo que se abordará en el siguiente capítulo. Hemos dicho que el paso de la hélice es variable: efectivamente, los planos están mucho más próximos entre sí en los solsticios y más espaciados en los equinoccios, donde la variación diaria de la declinación es mayor.

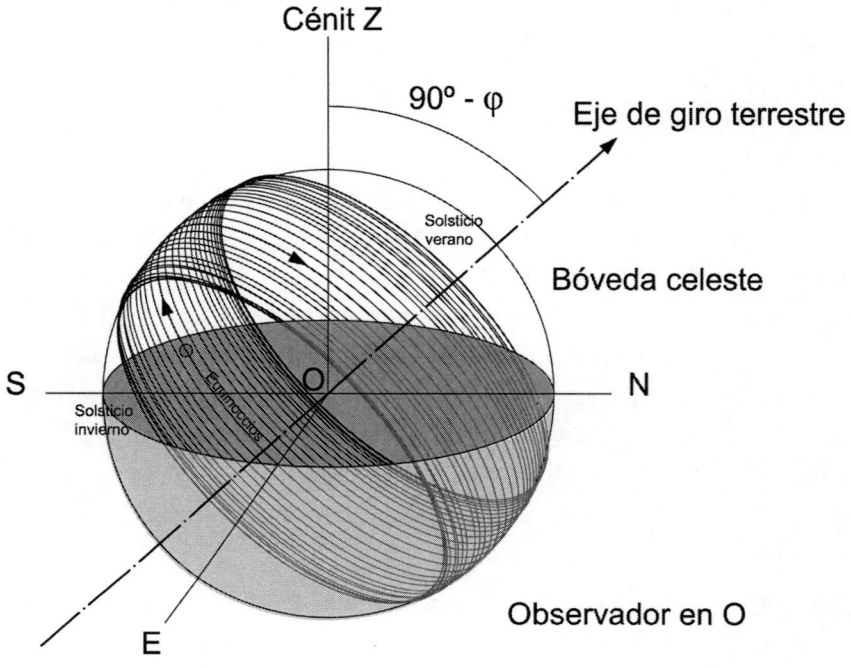

Fig. 6-7. El *"movimiento de tornillo" aparente del Sol a lo largo del año.*

La orientación de los planos en los que gira aparentemente el Sol en relación con el observador varía en función de la latitud de este, como hemos visto. Puede resultar aclaratoria la siguiente secuencia de gráficos para diferentes latitudes. En la **Fig. 6-8** se indican los sentidos de giro (EW) del Sol. Para mayor claridad, se ha eliminado el eje de rotación, perpendicular a los planos, que formaría con la vertical al observador un ángulo 90°- φ, como hemos visto anteriormente. Las trayectorias representadas se corresponden con los solsticios y equinoccios. Los límites son los valores angulares ± ε, como sabemos, y que coinciden con las declinaciones máxima y mínima. Podemos visualizar que en el ecuador la trayectoria del Sol siempre forma circunferencias contenidas en planos perpendiculares al plano del observador, mientras que en el polo norte, durante medio año, el Sol va describiendo círculos sin llegar a ponerse nunca, hasta el equinoccio de otoño, en que desaparece bajo el horizonte durante seis meses.

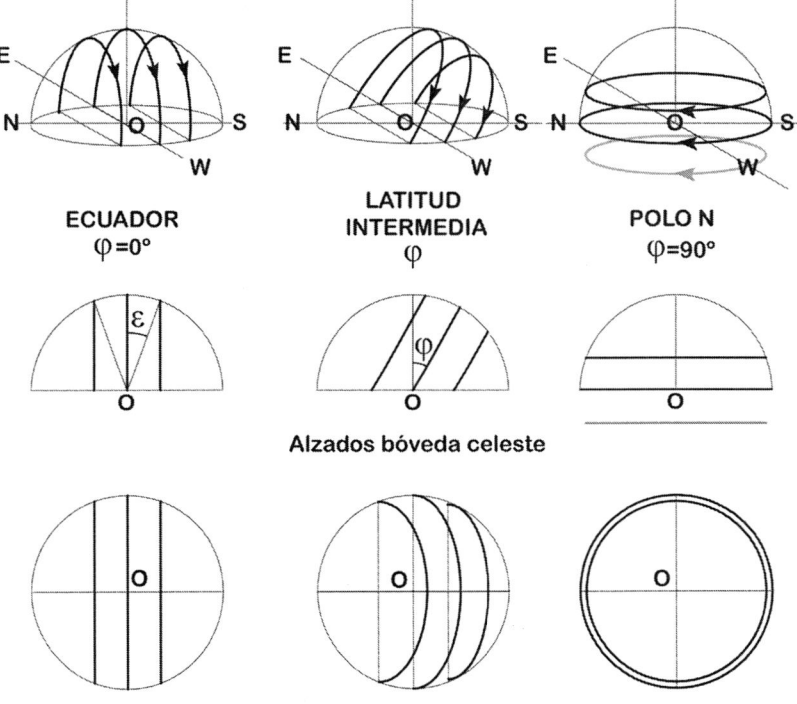

ECUADOR
φ=0°

LATITUD INTERMEDIA
φ

POLO N
φ=90°

Alzados bóveda celeste

Plantas bóveda celeste desde el cénit

Fig. 6-8. Movimiento aparente del Sol en diferentes latitudes.

Con respecto al **hemisferio sur**, para una latitud media (**Fig. 6-9**), el mediodía solar, instante en que la trayectoria del Sol marca su altura máxima, se verifica en la dirección norte cuando el observador está situado en el hemisferio sur.

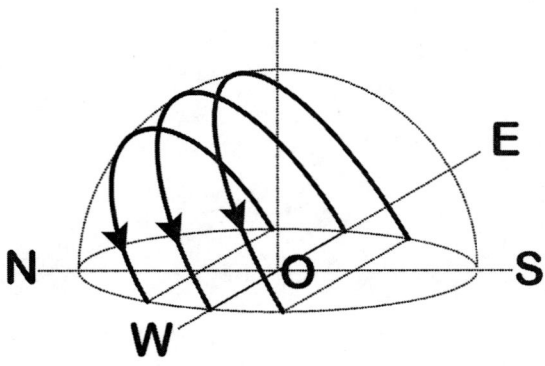

Fig. 6-9. *Trayectoria del Sol: latitud media,*
hemisferio sur.

6.3.1   El mediodía en diferentes latitudes

En el apartado 4.2 deducíamos la expresión geométrica del mediodía solar en una latitud φ. Ahora, a la vista de lo expuesto anteriormente, vamos a analizar la situación del mediodía referida a los puntos cardinales en el lugar de observación, en función de la latitud φ del observador. De acuerdo con la **Fig. 6-6**, **Fig. 6-8** y **Fig. 6-9**, en función de φ, tendremos varias posibilidades para la situación geográfica del mediodía.

En la **Fig. 6-10** se ha representado la posición del Sol en los mediodías correspondientes a los solsticios y equinoccios (recordemos que el solsticio de verano del hemisferio norte se produce en la misma fecha que el de invierno en el hemisferio sur y viceversa). Se puede ver que la orientación del eje de giro terrestre con respecto al cénit es 90° - φ, medido en sentido antihorario en el hemisferio norte y horario en el hemisferio sur. En las zonas templadas, es decir, las comprendidas entre los trópicos y los círculos polares, el mediodía solar se encontrará siempre orientado en la misma dirección: hacia el sur, en el hemisferio norte, y hacia el norte en el hemisferio sur. Sin embargo, en las regiones tropicales (comprendidas entre el ecuador y los trópicos), la posición geográfica del mediodía cambia a lo largo del año.

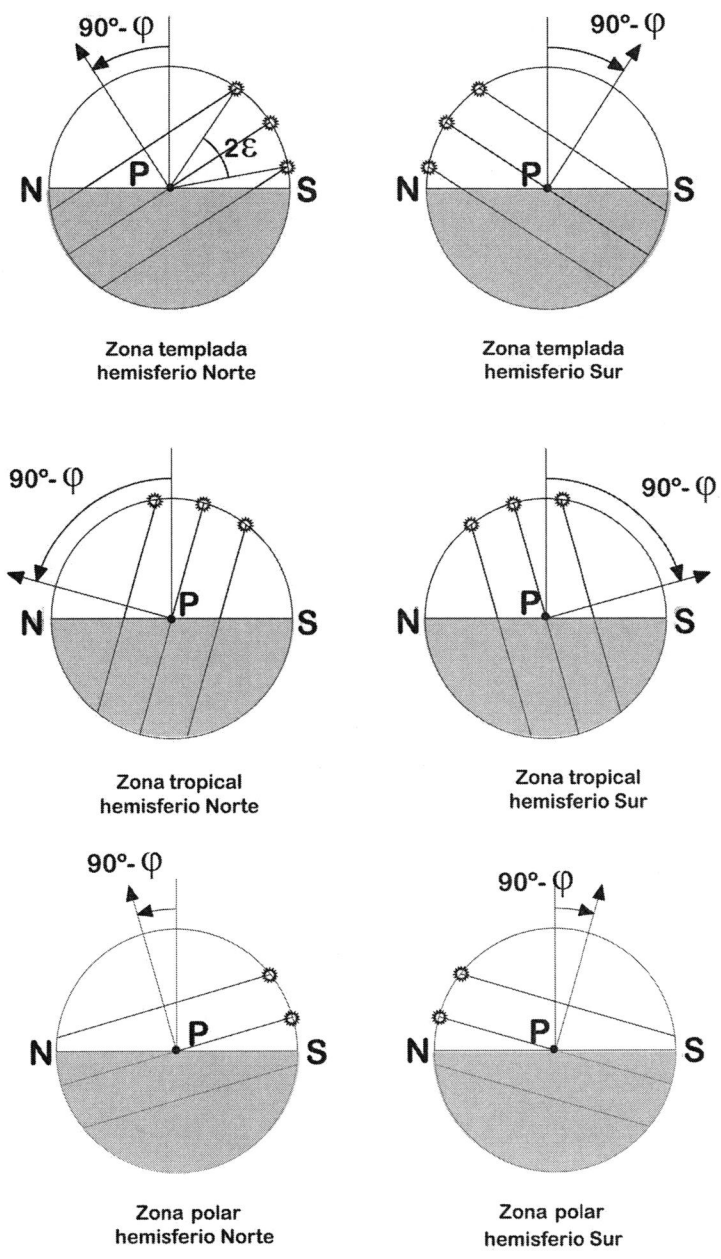

Fig. 6-10. *El mediodía solar en diferentes latitudes.*

En el hemisferio sur, el mediodía solar se sitúa al norte en primavera austral, invierno y parte del verano y otoño australes, según la latitud, y al sur el resto del verano y otoño australes.

En las latitudes polares (comprendidas entre los círculos polares y los polos) tendremos que, en el hemisferio norte, si es que en la fecha correspondiente el Sol es visible, el mediodía solar se situará al sur del observador. En el hemisferio sur, al norte.

En los polos, no puede hablarse estrictamente de mediodía. El Sol mantiene aproximadamente la misma altura a lo largo del día.

6.4 Desviación de orto y ocaso con respecto a E-W (método directo)

Como ejemplo de aplicación práctica del análisis anterior, vamos a calcular la desviación con respecto a la línea E-W de los puntos de orto (salida del Sol) y el ocaso (puesta) para cualquier fecha en que la declinación del Sol sea δ, para un observador situado en una latitud φ[17]. Utilizaremos las proyecciones en planta y alzado, de forma similar a la representación del punto anterior. El ángulo de dicha desviación con la línea E-W será el ángulo β_O (denominado así arbitrariamente en esta obra), que deduciremos a continuación.

En la **Fig. 6-11** tenemos representados la planta y el alzado de las proyecciones de la esfera celeste sobre el plano del observador y el perpendicular a este que contiene a la línea norte-sur. Entonces, es inmediato que:

$$OT = OS \sin \delta$$

$$\frac{OT}{OP} = \cos \varphi$$

Luego tendremos:

---

[17] *Consideraremos en este caso la posición del centro del Sol (geométrico) sobre el horizonte.*

$$OP = \frac{OT}{\cos \varphi} = \frac{OS \sin \delta}{\cos \varphi}$$

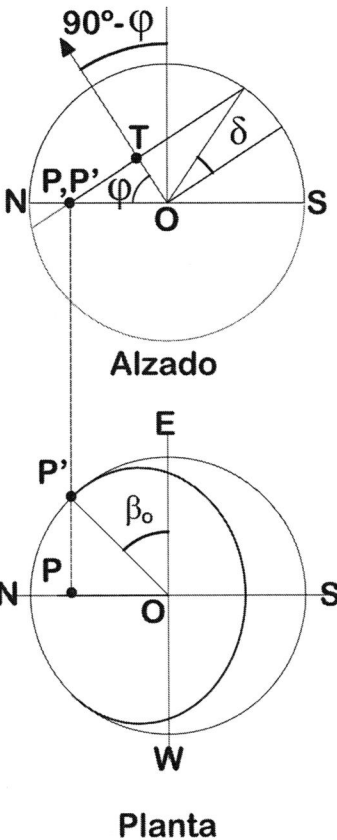

Alzado

Planta

Fig. 6-11. *Desviación de la línea E-W de orto y ocaso.*

Pero, además, observando la proyección en planta, como OS = OP':

$$\sin \beta_0 = \frac{OP}{OS} = \frac{\sin \delta}{\cos \varphi}$$

Si recordamos el apartado 5.1, concluiremos que esta expresión coincide con el valor del ángulo formado entre el meridiano y el terminador, que denominábamos $\hat{t}$. Esta coincidencia no es, en absoluto, casual. La relación de $\hat{t}$ con β_O requiere cierto análisis espacial.

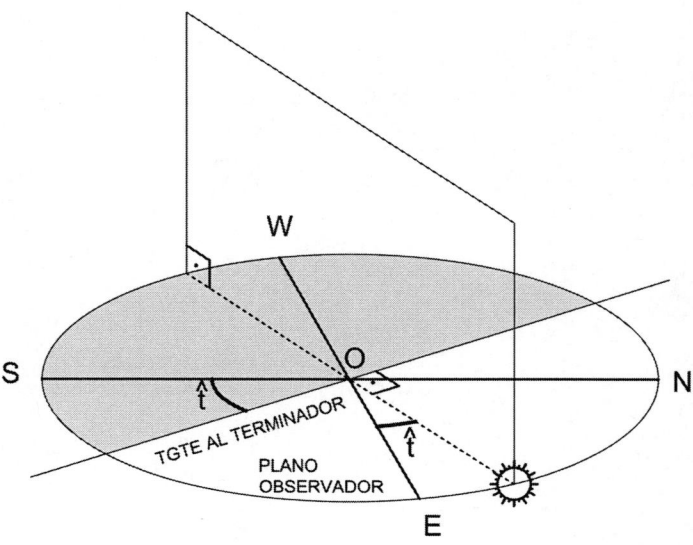

Fig. 6-12. *Igualdad* $\beta_O = \hat{t}$.

Partiendo de la **Fig. 6-12**, si representamos el plano tangente a la esfera en el punto del observador O, tendremos que el ángulo $\hat{t}$ marca la línea que delimita el área iluminada del área en sombra. Pero el Sol estará incluido en un plano perpendicular a dicha línea, y, por, tanto, perpendicular al plano del observador. Por esta razón, el ángulo con la línea E-W en el amanecer (cuando comienza a mostrarse el sol sobre el plano del observador), será, precisamente $\hat{t}$, por complementariedad. El razonamiento sería similar para el ocaso, y el ángulo idéntico. En el capítulo dedicado al acimut y elevación solares, veremos que este valor puede obtenerse también mediante la utilización directa de las fórmulas que se deducirán previamente.

Como ejemplo de aplicación del ángulo β_O, podemos calcular el máximo ángulo recorrido por el Sol en Madrid ($\varphi \cong 40°,4$) y en Quito (Ecuador), con $\varphi \cong 0°$ en amanecer u ocaso en las fechas extremas (solsticios).

Para Madrid,

Solsticio de verano:

$$sin\beta_0 = \frac{sin23°,44}{con40°,4} = 0,52$$

Luego

$$\beta_O = 31°,49$$

Solsticio de invierno:

$$\beta_O = -31°,49$$

Por tanto, la diferencia de alineaciones en salida de sol (y en puestas) entre solsticio de verano e invierno es de 62°,98 para la φ de Madrid (**Fig. 6-13**).

SOLSTICIO INVIERNO · EQUINOCCIOS · SOLSTICIO VERANO

Fig. 6-13. *Puestas de sol en solsticios y equinoccios (Madrid, España).*

Análogamente, para Quito obtendríamos: $\beta_O = 23°,44$, por lo que la máxima diferencia de alineaciones sería de *46°,88*: en la latitud $0°$ los planos que contienen a las trayectorias diarias aparentes del Sol son perpendiculares al plano del observador, como hemos visto anteriormente. De ahí el resultado para β_O, que coincide con el valor de ε.

En la **Fig. 6-14** podemos observar la diferencia de alineaciones en salida y puesta del Sol en solsticios y equinoccios, superpuestas sobre un plano de Madrid, España, con $\varphi \sim 40°,4$.

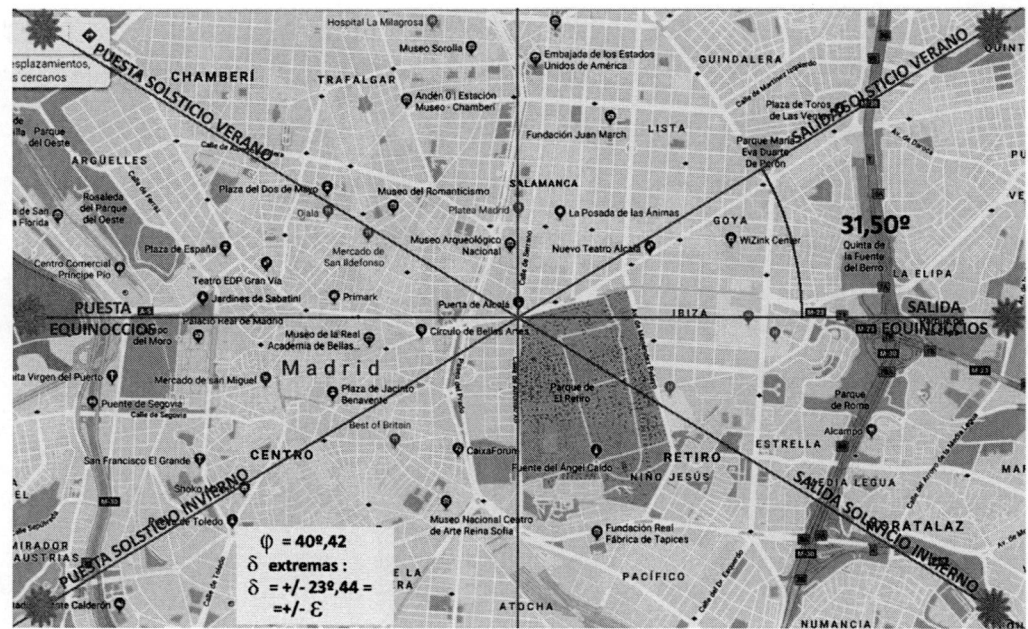

Fig. 6-14. *Alineaciones solsticiales y equinocciales en salidas y puestas del Sol en Madrid, España. Las equinocciales coinciden con la alineación E-W. Elaboración propia sobre base Google Maps.*

ACIMUT Y ELEVACIÓN SOLARES

7.1　Definiciones

La determinación de la posición relativa de cuerpos lejanos en la bóveda celeste se realiza mediante dos ángulos que fijan la dirección de aquellos en relación con el observador: **acimut** γ y **elevación** $\hat{e}$ (**Fig. 7-1**). La elevación $\hat{e}$ toma como origen de ángulos el plano del observador, positivos hacia el cénit, mientras que el acimut se mide referenciado a una dirección γ determinada sobre dicho plano. Cuando el criterio de medición del acimut se rige por su origen angular en el norte, y en sentido horario[18], denominaremos al acimut, en el ámbito de esta obra, γ_N. Medido desde el sur y en el mismo sentido creciente, lo denominaremos γ_N.

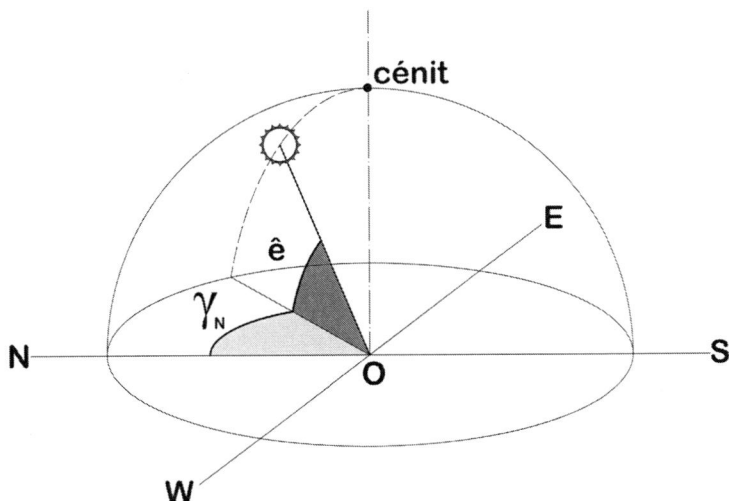

Fig. 7-1. *Definición de acimut y elevación.*

---

[18] *Existen otros criterios para el origen y sentido de acimuts, generalmente en función del campo de aplicación de dichos ángulos. Sobre los mismos nos extenderemos en este mismo capítulo.*

Para algunas aplicaciones, en lugar de utilizar el ángulo $ê$ se prefiere el **ángulo cenital**, complementario de este, como ya vimos.

7.2 Concepto de ángulo horario

A lo largo del día, y **con la hipótesis simplificativa de δ = cte.** para la fecha elegida, el Sol gira aparentemente alrededor del eje de rotación terrestre con un movimiento circular uniforme[19]. Denominaremos **ángulo horario ω** al ángulo girado aparentemente por el Sol alrededor del eje de giro terrestre desde el mediodía (punto más alto de la trayectoria solar aparente), medido en sentido creciente hacia el W.

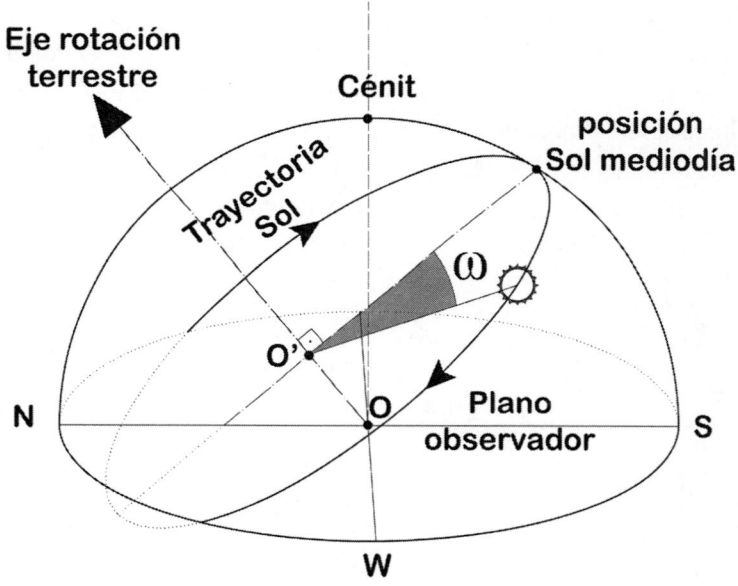

Fig. 7-2. Ángulo horario ω.

---

[19] *Los métodos masivos de cálculo para altas precisiones, que veremos en capítulos posteriores, van corrigiendo el valor de la declinación δ de forma continua para cada instante calculado. La hipótesis simplificativa aquí descrita lo es, exclusivamente, a efectos de representación gráfica. Realmente, el desplazamiento aparente del Sol a lo largo del día es un tramo de hélice.*

El centro de la circunferencia recorrida por el Sol es el punto O, situado sobre el eje de giro, en la intersección de este con el plano que contiene a la trayectoria diaria.

7.3 Deducción del acimut y elevación solares

Utilizaremos, como en otras ocasiones anteriores, dos métodos: el vectorial y el geométrico.

7.3.1 Método vectorial

Se trata del método más sencillo. La **Fig. 7-3** nos recuerda la relación entre el plano ecuatorial terrestre y el del observador. Recordemos que la Tierra se reduce a un punto O en comparación con la bóveda celeste. En la figura se representan dos sistemas de ejes, coincidiendo con los elementos fundamentales. El eje OZ es el de rotación terrestre, situándose el cénit del observador sobre el eje Oz. Los ejes X y x serían coincidentes y perpendiculares al plano del papel en esta figura.

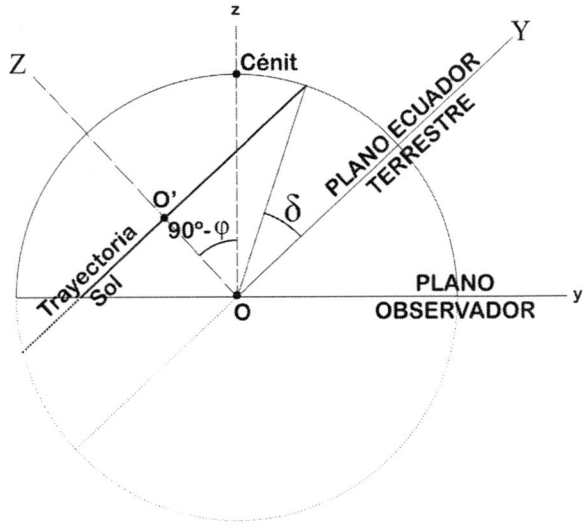

Fig. 7-3. *Relación plano ecuatorial-plano del observador. Los ejes X y x son perpendiculares al plano de la figura en O.*

Véase, tal y como están representados los ejes, que el eje y coincidiría con la dirección sur. A partir de esta figura, podemos componer la siguiente **Fig. 7-4**. En ella se ha representado la trayectoria del Sol con respecto al plano ecuatorial terrestre, definido por su distancia al observador, **R**, y por su declinación **δ**.

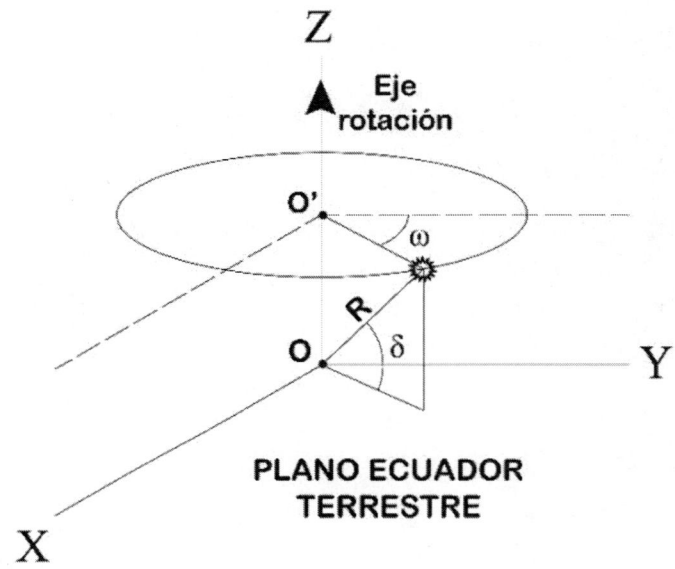

Fig. 7-4. *Relación ω, δ vector Tierra-Sol con plano ecuatorial.*

El vector $\vec{R}$ en el sistema de referencia **X,Y,Z** se podrá expresar en función de los vectores unitarios respectivos $\vec{I}, \vec{J}, \vec{K}$ tal y como sigue (véase Anexo 1, A1.3):

$$\vec{R} = R\cos\delta\sin\omega\,\vec{I} + R\cos\delta\cos\omega\,\vec{J} + R\sin\delta\,\vec{K}$$

Para obtener $\overrightarrow{R_U}$,el vector unitario de $\vec{R}$, basta con dividir por su módulo, que, como sabemos, es R.

Así que

$$\overrightarrow{R_U} = \cos\delta\sin\omega\,\vec{I} + \cos\delta\cos\omega\,\vec{J} + \sin\delta\,\vec{K}$$

Para referir este vector al plano del observador, bastará con una rotación de ángulo **90°- φ** del sistema X,Y,Z con respecto al eje X (**Fig. 7-3**), con lo que tendremos el nuevo sistema x,y,z (Fig. 7-5). De esta forma:

$$\vec{I}=\vec{i}$$

$$\vec{J}=\vec{j}\sin\varphi+\vec{k}\cos\varphi$$

$$\vec{K}=-\vec{j}\cos\varphi+\vec{k}\sin\varphi$$

Por lo que:

$$\vec{R}_U=\cos\delta\sin\omega\,\vec{i}+(\cos\delta\cos\omega\sin\varphi-\sin\delta\cos\varphi)\vec{j}+$$

$$+(\cos\delta\cos\omega\cos\varphi+\sin\delta\sin\varphi)\vec{k}$$

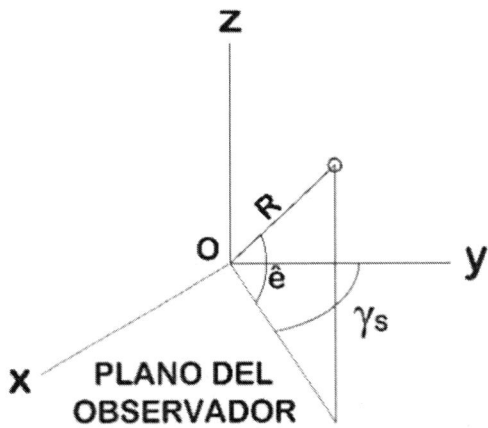

Fig. 7-5. *Elevación y acimut sur en el plano del observador.*

Ahora, aplicando la definición de acimut y elevación en el plano del observador (**Fig. 7-5**), tendremos, considerando el acimut desde el sur en este caso (γ_S), por sencillez gráfica, que:

$R_{UZ}=|R_U|\,sin\,\hat{e}=sin\,\hat{e}$, con lo que, sustituyendo Ruz por el valor de su componente en $\vec{k}$, tendremos:

$$\sin\hat{e}=\sin\delta\sin\varphi+\cos\delta\cos\varphi\cos\omega \qquad \textbf{Ec. 7-1}$$

Igualmente, $R_{UX} = \cos \hat{e} \sin \gamma_S = \cos \delta \sin \omega$

Así que, finalmente:

$$\sin \gamma_S = \frac{\cos \delta \sin \omega}{\cos \hat{e}} \qquad \text{Ec. 7-2}$$

Es interesante obtener el resto de expresiones trigonométricas básicas a través del valor anterior y la **Fig. 7-5**:

$$\tan \gamma_S = \frac{R_{UX}}{R_{Uy}} = \frac{\cos \delta \sin \omega}{\cos \delta \cos \omega \sin \varphi - \sin \delta \cos \varphi} =$$

$$= \frac{\sin \omega}{\cos \omega \sin \varphi - \tan \delta \cos \varphi}$$

$$\tan \gamma_S = \frac{\sin \omega}{\cos \omega \sin \varphi - \tan \delta \cos \varphi} \qquad \text{Ec. 7-3}$$

Por lo que, dividiendo el seno por la tangente,

$$\cos \gamma_S = \frac{\cos \delta \cos \omega \sin \varphi - \sin \delta \cos \varphi}{\cos \hat{e}} \qquad \text{Ec. 7-4}$$

Esta última fórmula puede compactarse, modificando y agrupando términos buscando su similitud con la expresión general de $\hat{e}$:

$$\cos \gamma_S = \frac{\cos \delta \cos \omega \sin \varphi \cos \varphi - \sin \delta \cos^2 \varphi}{\cos \hat{e} \cos \phi} =$$

$$= \frac{\cos \delta \cos \omega \sin \varphi \cos \varphi - \sin \delta \left(1 - \sin^2 \varphi\right)}{\cos \hat{e} \cos \varphi} =$$

$$= \frac{\cos\delta\cos\omega\sin\varphi\cos\varphi - \sin\delta + \sin\delta\sin^2\varphi)}{\cos\hat{e}\cos\varphi} =$$

$$= \frac{\sin\varphi(\cos\delta\cos\omega\cos\varphi + \sin\delta\sin\varphi) - \sin\delta)}{\cos\hat{e}\cos\varphi} = \frac{\sin\varphi\sin\hat{e} - \sin\delta}{\cos\hat{e}\cos\varphi}$$

$$\cos\gamma_S = \frac{\sin\varphi\sin\hat{e} - \sin\delta}{\cos\hat{e}\cos\varphi} \qquad \text{Ec. 7-5}$$

En estas expresiones, como hemos dicho, **el acimut está medido desde el sur** (sentido creciente horario). Generalmente, este criterio se utiliza en tecnología solar, pero en Astronomía es más habitual medirlo desde el norte y en el mismo sentido creciente, por lo que procedemos a realizar las correspondientes transformaciones.

Indiquemos previamente que, para determinados procedimientos, es útil utilizar el ángulo cenital θ, complementario de $\hat{e}$, por lo que $sin\hat{e} = cos\theta$, teniéndose que la **Ec. 7-1** queda transformada como:

$$\cos\theta = \cos\delta\cos\varphi\cos\omega + \sin\varphi\sin\delta \qquad \text{Ec. 7-6}$$

Las transformaciones a γ_N son inmediatas:

Dado que $\gamma_N = 180°+ \gamma_S$, tendremos las consiguientes equivalencias:

$$sin\ \gamma_N = sin(180°+ \gamma_S) = - sin\ \gamma_S$$

$$cos\ \gamma_N = cos(180°+ \gamma_S) = - cos\ \gamma_S$$

$$tan\ \gamma_N = tan(180°+ \gamma_S) = tan\ \gamma_S$$

Por lo que las fórmulas para el **acimut norte** γ_N quedan como sigue:

$$sin\,\gamma_N = -\frac{cos\,\delta\,sin\,\omega}{cos\,\hat{e}} \qquad \text{Ec. 7-7}$$

$$cos\,\gamma_N = \frac{sin\,\delta\,cos\,\varphi - cos\,\delta\,cos\,\omega\,sin\,\varphi}{cos\,\hat{e}} \qquad \text{Ec. 7-8}$$

$$cos\,\gamma_N = \frac{sin\,\delta - sin\,\varphi\,sin\,\hat{e}}{cos\,\hat{e}\,cos\,\varphi} \qquad \text{Ec. 7-9}$$

$$tan\,\gamma_N = \frac{sin\,\omega}{cos\,\omega\,sin\,\varphi - tan\,\delta\,cos\,\varphi} \qquad \text{Ec. 7-10}$$

7.3.1.1   Indeterminaciones en las funciones recíprocas

Operando con estas funciones, deben tenerse en cuenta los posibles errores en la utilización de las mismas por indeterminación en sus recíprocas. Independientemente de que recomendemos al lector la utilización de gráficos auxiliares cuando se trata de cálculos aislados, teniendo presente el ángulo horario que nos permite saber si nos encontramos antes o después del mediodía solar, vamos a exponer qué fórmulas son más recomendables en función de su sencillez para la eliminación de indeterminaciones en cálculos programados, siguiendo los mismos criterios de A. Sproul [18] y Szokolay [19][20]. Haremos el análisis para las funciones en γ_N; para γ_S los razonamientos son idénticos.

• Tomando recíprocos en la ecuación **en coseno**, o bien en su equivalente **Ec. 7-9**, tendremos como resultado un ángulo comprendido entre 0° y 180°, pero el rango de ACIMUTS solares se mueve en el intervalo (0°, 360°). La solución para evitar esta indeterminación es sencilla. Sea γ la solución matemática obtenida aplicando la recíproca. Tendremos:

Si ω < 0, $\gamma_N = \gamma$

Si ω > 0, $\gamma_N = 360° - \gamma$

---

[20] *Este último, extrapola a la recíproca en seno su observación sobre la relativa al seno, lo cual puede dar lugar a error al no ser correcto. Sproul, en su análisis y cita sobre Szokoly, obvia este error.*

Como queda dicho, el criterio es válido también para las expresiones **Ec. *7-4*** y **Ec. *7-5***.

● La utilización de la ecuación **en tangente**, **Ec. 7-10**, presenta mayor complejidad en cálculos que las anteriores en coseno. La indeterminación viene de que $tan\gamma = tan(\gamma + 180^o)$ y, además, las soluciones de la recíproca se sitúan en el rango (-90° , 90°). Por ello, el procedimiento de programación de la solución se complica:

Si $\omega < 0$,   si $\gamma < 0$, $\gamma_N = \gamma + 180^o$

si $\gamma > 0$, $\gamma_N = \gamma$

Si $\omega > 0$,   si $\gamma < 0$, $\gamma_N = \gamma + 360^o$

si $\gamma > 0$, $\gamma_N = \gamma + 180^o$

Válido también para la **Ec. *7-3***.

● El uso de la **Ec. *7-7*** **en seno** (o la equivalente **Ec. *7-2***), es aún más complicado, proponiendo Braun & Mitchell [20] un proceso excesivamente complejo mediante el uso de factores auxiliares, obtenidos de deducciones en trigonometría esférica, con el fin de fijar de forma inequívoca el criterio de signos y ángulos resultantes. No lo reproducimos aquí por su escasa utilidad práctica frente a los métodos anteriores.

7.3.1.2   La función arctan2(y,x)

Una interesante función procedente del campo de la programación en lenguaje Fortran, y que se ha incorporado a las hojas de cálculo, es la expresión arctan2(y,x), que mediante el análisis de los signos de x e y en el cociente y/x nos permite conocer exactamente el cuadrante en el que nos encontramos. Esto es especialmente útil en problemas de determinación del acimut solar partiendo de la **Ec. 7-10** en tangente.

 En Excel se escribe como ATAN2(x;y): ATAN2(x;y) = arctan2(y,x).

Geométricamente, la base de la definición de la función es la **Fig. 7-6**. En función del análisis de signos de x e y, la función asigna valores para los diferentes cuadrantes de la siguiente forma:

x>0

$$\gamma = arctan(\frac{y}{x})$$

x<0

$$\gamma = arctan(\frac{y}{x}) + 180°$$

x = 0 e y > 0 $\gamma = 90°$

x = 0 e y < 0 $\gamma = -90°$

Solo cuando se verifica simultáneamente que x = 0 e y = 0, tendríamos una indefinición matemática.

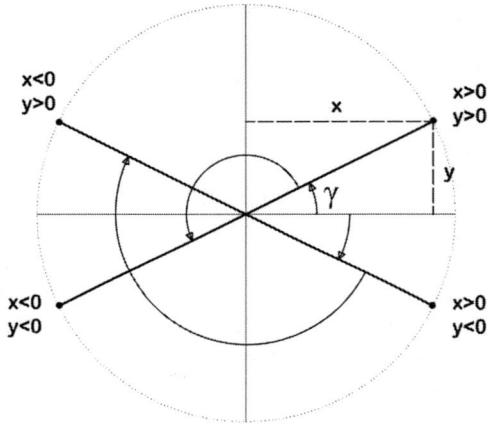

Fig. 7-6. *Discriminación de cuadrantes con la función ATAN2(y,x).*

Partiendo de la **Ec. 7-10**, podemos, pues, identificar términos, y, cuando estemos programando una hoja de cálculo para operaciones masivas, escribiremos:

$$\gamma_N = \text{ATAN2(x;y)} = \text{ATAN2 } (cos\omega \ sin\varphi - tan\delta \ cos\varphi \ ; \ sin\omega)$$

Con ello obtendremos, sin más discriminantes programados, el valor correcto del acimut de forma directa.

Dado que no existen equivalencias programadas para seno o coseno, concluimos que la utilización de la expresión en tangente es la más adecuada en cálculos programados siempre que se utilice ATAN2, dejando la solución en coseno para cálculos puntuales con calculadoras científicas.

7.3.2 Método deductivo geométrico

A pesar de que la deducción vectorial de γ y ê es la más sencilla, por su interés gráfico, presentamos a continuación solo como ejercicio de comprobación la alternativa geométrica. Si a partir de la **Fig. 7-3** resaltamos los elementos auxiliares O (centro de la circunferencia aparente descrita por el Sol), Q (su proyección sobre el plano del observador) y el plano π paralelo a este, y que pasa por O', tendremos la representación esquemática de la **Fig. 7-7**. Sea δ la declinación solar en la fecha determinada. Según lo representado en la **Fig. 7-7**, se tiene

$$OO' = r sin\delta$$

$$r_\delta = r cos\delta$$

La distancia entre el plano del observador y el plano π (paralelo al anterior pasando por el centro de la circunferencia aparente descrita por el Sol) es O'Q. Y según la misma figura,

$$O'Q = OO' sin\varphi = r \, sin \, \delta \, sin \, \varphi$$

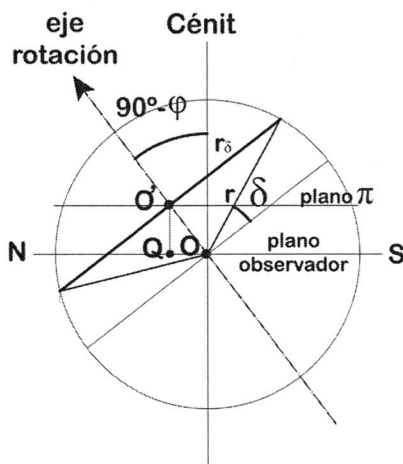

Fig. 7-7. *Trayectoria del Sol en alzado. Relación con δ y φ.*

Veamos ahora la **Fig. 7-8**. En ella, aparte de otros elementos auxiliares, podemos observar el ángulo ω definido anteriormente, de acuerdo con la trayectoria aparentemente del Sol en ella representada.

La cota del punto P sobre el plano π será (**Fig. 7-8**):

$$PP'' = r_\delta \cos \omega \sin(90° - \varphi) = r \cos \delta \cos \omega \cos \varphi$$

Luego la cota del punto P sobre el plano del observador será:

$$PP' = PP'' + O'Q = r \cos \delta \cos \omega \cos \varphi + O'Q =$$
$$= r \cos \delta \cos \omega \cos \varphi + r \sin \delta \sin \varphi$$

Pero, según la **Fig. 7-8**:

$$r \sin \hat{e} = PP''$$

por lo que:

$$\sin \hat{e} = \cos \delta \cos \varphi \cos \omega + \sin \varphi \sin \delta$$

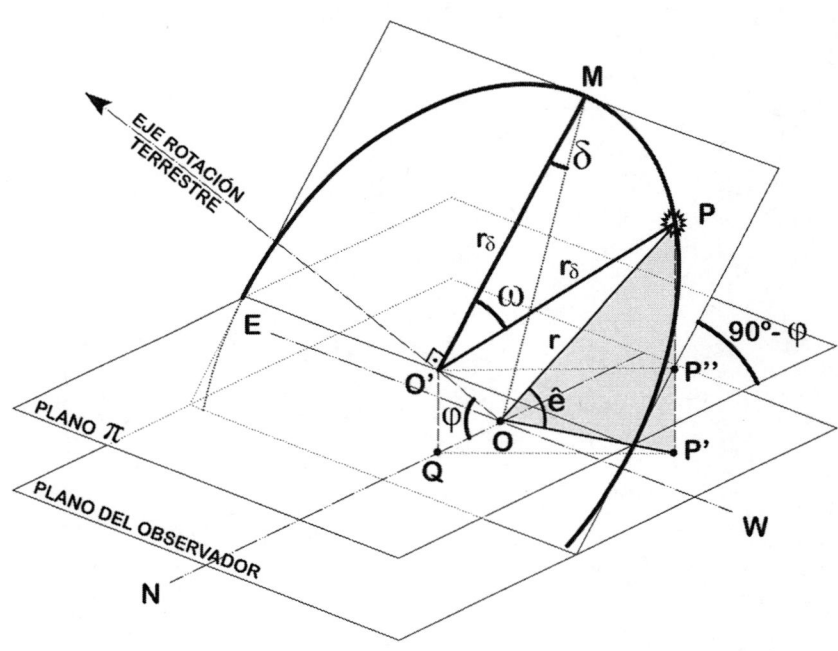

***Fig. 7-8.** Plano π paralelo al del observador por O'.*

Ecuación de la elevación que es idéntica a la **Ec. 7-1** que obtuvimos en el apartado anterior. Análogamente, podemos utilizar este procedimiento para calcular el acimut sur γ_S. Si el ángulo horario ω aumenta desde el mediodía en sentido horario, y r_δ es el valor definido en la **Fig. 7-8**, podemos representar la **Fig. 7-9**. De ella obtenemos directamente que:

$$\sin \gamma_S = \frac{G'P'}{OP'} = \frac{GP}{OP'} = \frac{r_\delta \sin \omega}{r \cos \hat{e}} = \frac{r \cos \delta \sin \omega}{r \cos \hat{e}} = \frac{\cos \delta \sin \omega}{\cos \hat{e}}$$

O sea:

$$\sin \gamma_S = \frac{\cos \delta \sin \omega}{\cos \hat{e}}$$

Expresión que coincide con la **Ec. 7-2** deducida anteriormente.

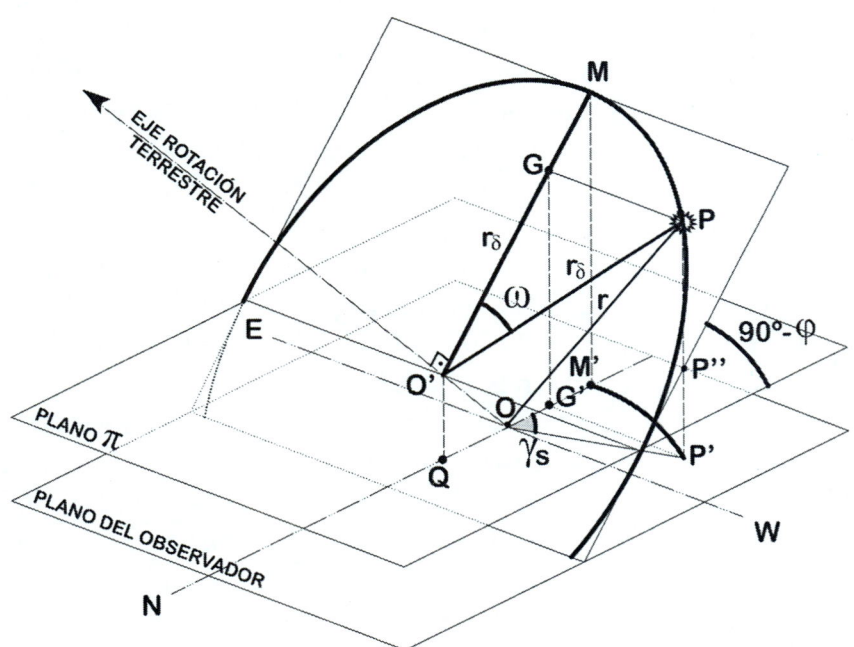

Fig. 7-9. *Situación relativa del acimut sur γ_S y el ángulo horario ω.*

Dejamos como ejercicio al lector la deducción del resto de funciones trigonométricas por este procedimiento, sin duda más dificultoso que el sencillo método vectorial anterior.

7.3.3   Utilización preferente para las fórmulas de acimut y elevación

Debe advertirse al lector que, en caso de consultar bibliografía especializada, la preferencia de diferentes autores por una u otra fórmula para el acimut entre la **Ec. 7-2**, **Ec. 7-3**, **Ec. 7-10**, así como el criterio de origen en norte o sur, dista mucho de la unanimidad. Para estudios tecnológicos en el campo solar, se suele definir el acimut medido desde el sur y creciente hacia el oeste, o sea, creciente en sentido horario: γ_S. Por el contrario, en ingeniería civil es habitual tomar como origen del acimut el norte, creciente también en sentido horario: γ_N. La preferencia depende de las fuentes y, a veces, de usos arraigados en determinados sectores del conocimiento. Alistair Sproul [18], en su deducción vectorial de las fórmulas de acimut y elevación, denomina γ_S *(sun's azimuth)* a nuestro acimut norte. Sin embargo, tecnólogos como Braun & Mitchell [20] usan γ como γ_S en el sentido enunciado por nosotros. En artículos o tratados de Gnomónica, autores como G. Roth [21] prefieren la *tan γ* (norte) para sus operaciones. En el campo de la Astronomía, Jean Meeus [22] utiliza γ (sur) en el contexto de la transformación de coordenadas ecuatoriales a horizontales mediante trigonometría esférica. I. Reda & A. Andreas [23] indican, con cierto criterio, que γ_N es más frecuentemente aplicado a la navegación y, por tecnólogos, al estudio de la radiación solar, y γ (sur) en Astronomía, norma de la que se desliga P. Duffett-Smith [24], que utiliza γ norte para el cálculo de efemérides astronómicas, fundamentalmente, en su forma compacta de coseno. Blanco-Muriel [25] utiliza la función *tanγ* dentro del campo de la tecnología solar. Respecto a la elevación solar, menos compleja en cuanto a su resolución matemática, tampoco se libra de la falta de consenso. Los últimos autores citados utilizan la expresión alternativa a ê del ángulo cenital θ (**Ec. 7-6**), criterio este último utilizado también en las aplicaciones de la NOAA [10] y en el método SPA de Reda & alt. [23] citado más arriba. Por ello, si estamos leyendo una obra astronómica o técnica, deberemos conocer de forma inequívoca cuál es el criterio que está utilizando el autor, e, incluso, el sentido creciente del acimut que se considera en la misma, especialmente cuando se utiliza la ambigua nomenclatura γ sin subíndices, que suele ser la mayoría de las veces. A ello nos ayudará comparar las expresiones que se estén utilizando para ê y γ con las que hemos presentado anteriormente.

7.4   Resoluciones alternativas a problemas previos mediante γ y ê

La utilización directa de las fórmulas de acimut o elevación nos puede servir para resolver de forma directa algunos de los problemas que hemos planteado y resuelto en otros puntos anteriores de la presente obra mediante la aplicación directa de δ. No se tiene la misma perspectiva gráfica intuitiva, por tratarse de fórmulas directas, pero los métodos deductivos son, generalmente, mucho más rápidos.

7.4.1   Desviación del orto β_O respecto al W mediante γ

Para una declinación dada δ, supondremos que la elevación del sol $\hat{e}$ es nula[21] en la fórmula del coseno del acimut:

$$\cos \gamma_N = \frac{\sin \delta - \sin \varphi \sin \hat{e}}{\cos \hat{e} \cos \varphi} = \frac{\sin \delta}{\cos \varphi}$$

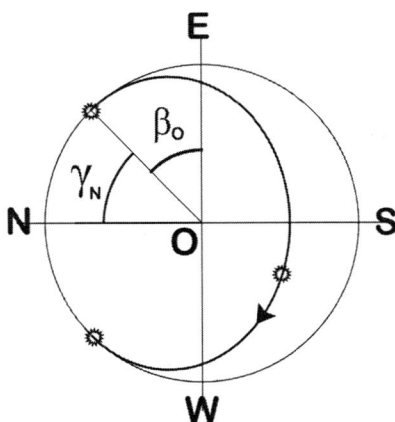

Fig. 7-10. *Relación entre γ_N y β_O.*

Por otra parte, nuestra referencia es la línea E-W, por lo que el ángulo anterior es el complementario del que buscamos (**Fig. 7-10**).

---

[21] *Prescindiendo del radio solar y refracción: consideramos el centro solar tangente al horizonte. Obviamos la utilización de la cte. 0°,833 como se definía en el apartado 4.3.1, pág. 89.*

Por lo que:

$$\cos \gamma_N = \sin \beta_0 = \frac{\sin \delta}{\cos \varphi}$$

Expresión idéntica a la deducida en el apartado 6.4, y, como veíamos, a la del ángulo del terminador con el meridiano, $\hat{t}$.

7.4.2   Altura del Sol al mediodía mediante ê

Como al mediodía se verifica que el ángulo horario, tal y como lo hemos definido anteriormente, es nulo:

$$\sin \hat{e} = \cos \delta \cos \varphi \cos \omega + \sin \varphi \sin \delta$$

Con $\omega = 0$:

$$\sin \hat{e} = \cos \delta \cos \varphi + \sin \varphi \sin \delta = \cos (\varphi - \delta)= \sin (90° - \varphi+\delta)$$

O sea:

$$\hat{e}=90° - \varphi+\delta$$

Expresión coincidente con la que vimos en el punto 0.

En este caso, la deducción ha sido ligeramente más laboriosa que mediante el procedimiento gráfico inmediato (**Fig. 4-4**) propuesto en el punto 0.

7.4.3   Instantes de orto y ocaso mediante ê y γ

En este interesante caso, abordado previamente en el apartado 4.3 (pág. 88), el valor a obtener es ω, el ángulo horario. Vamos a realizar primeramente el cálculo sin corrección angular, es decir, consideraremos la hipótesis de que la salida y puesta de sol se producen en los instantes en los que el centro solar se sitúa sobre el plano del observador.

Partiremos de la ecuación:

$$\sin \hat{e} = \cos \delta \cos \varphi \cos \omega + \sin \varphi \sin \delta$$

con $\hat{e}$ = -0°,833, por efecto conjunto del radio solar y la refracción atmosférica para imponer la tangencia de la corona solar aparente, como vimos en 4.3.1.

$$\sin(-0°,833) = \cos \delta \cos \varphi \cos \omega + \sin \varphi \sin \delta$$

Por lo que, denominando ω_A al ángulo horario ω en el instante del orto (amanecer, alba) y ω_o ocaso:

$$\omega_A = \arccos\left(-\tan\varphi\tan\delta - \frac{\sin 0°{,}833}{\cos\delta\cos\varphi}\right)$$

EC. 7-11

para el ocaso:

$$\omega_0 = \arccos\left(-\tan\varphi\tan\delta - \frac{\sin 0°{,}833}{\cos\delta\cos\varphi}\right)$$

Con lo que los instantes de orto y ocaso se producirán en los instantes

$$12 \pm \frac{\omega}{360}\,24 = 12 \pm \frac{\omega}{15}$$

Es decir, al igual que en 4.4,

$$I_{orto} = 12 - \frac{1}{15}\arccos\left(-\tan\varphi\,\tan\delta - \frac{\sin 0°{,}833}{\cos\varphi\,\cos\delta}\right)$$

$$I_{ocaso} = 12 + \frac{1}{15}\arccos\left(-\tan\varphi\,\tan\delta - \frac{\sin 0°{,}833}{\cos\varphi\,\cos\delta}\right)$$

7.4.4   Horas de sol diarias mediante ê y γ

Igualmente, basta con aplicar las expresiones obtenidas de forma directa en el punto anterior.

Como el número de horas de sol antes del mediodía será el mismo que el de las transcurridas desde el mediodía hasta la puesta, su valor lo obtendremos de la proporción siguiente:

$$H_S = \frac{2|\omega_0|}{360}\,24 = \frac{2}{15}\arccos\left(-\tan\varphi\tan - \delta\frac{\sin 0°{,}833}{\cos\varphi\,\cos\delta}\right)$$

Que coincide, como es lógico, con la **EC. 4-1** obtenida en el apartado 4.3.1.

7.4.5   Sobre la constante 0°,833 en los cálculos

El lector puede preguntarse por la pertinencia de agrupar en una sola constante el efecto de refracción (estandarizado) con el debido al semiángulo solar que, de hecho, varía ligerísimamente lo largo del año en función de la distancia Tierra-Sol, ρ. Realmente, la repercusión de la simplificación de tomar *sin 0°,27* en lugar de Rs /ρ no se tiene en cuenta ni siquiera en procedimientos de muy elevada precisión a la hora de realizar cálculos de acimut y elevación solares: se toma siempre el valor 0°,833, que lleva incluido el término 0°,5633 de refracción estándar. Las estimaciones del autor para el año 2017, debido a la variación de ρ pueden llegar a los 0,3 minutos en la latitud 65°, situándose entre 0 y poco más de 0,1 minuto entre las latitudes 0° a 65°.

7.5   Crepúsculos

Los crepúsculos se definen como *"la claridad variable que precede la salida del Sol o sigue su puesta"* [3]. Se debe a la refracción de la luz solar en la atmósfera. Este factor no ha sido tenido en cuenta en los puntos anteriores, y su resultado es la percepción de la claridad indicada una vez que el Sol se ha ocultado bajo el horizonte o antes de su salida. Es habitual en Astronomía definir tres crepúsculos o instantes en relación con este fenómeno. Tomamos las definiciones igualmente de [3]:

- **Crepúsculo civil:** es el intervalo de tiempo en el que la elevación del Sol (*su centro*) es de 0°,833 (puesta del Sol aparente, con corona solar tangente al horizonte y corrección por refracción) hasta 6° bajo el horizonte. Son visibles algunos planetas y estrellas de primera magnitud.

- **Crepúsculo náutico:** la elevación del Sol en su centro se sitúa en el intervalo de 6° a 12° bajo el horizonte. Se perciben el horizonte y las estrellas más brillantes de las constelaciones.

- **Crepúsculo astronómico:** centro solar entre 12° y 18° bajo el horizonte. Más allá de los 18°, se considera noche cerrada. Se perciben estrellas de hasta sexta magnitud.

7.5.1 Duración de los crepúsculos

La duración de los crepúsculos depende de la latitud del observador y de la declinación. Es máxima en los polos (noches blancas) y mínima en el ecuador. Su integración en los mapas día-noche vendría representada por bandas paralelas al propio terminador, cuestión que no analizaremos en la presente obra.

Para calcular **la duración del día incluyendo los crepúsculos**, basta con imponer los diferentes ángulos así definidos para la elevación $\hat{e}$ en el procedimiento de cálculo indicado en el apartado 7.4.3. Por ejemplo, para el crepúsculo civil:

$$\sin \hat{e} = \sin (-6°) = \cos \delta \cos \varphi \cos \omega + \sin \varphi \sin \delta$$

$$\cos \omega = \frac{-\sin 6°}{\cos \delta \cos \varphi} - \tan \varphi \tan \delta$$

por lo que:

$$\omega = \arccos \left(\frac{-\sin 6°}{\cos \delta \cos \varphi} - \tan \varphi \tan \delta \right)$$

Para el instante de la puesta del Sol (corona tangente al horizonte):

$$\omega = \arccos \left(\frac{-\sin 0°,833}{\cos \delta \cos \varphi} - \tan \varphi \tan \delta \right)$$

Por lo que la duración en minutos del crepúsculo civil será, multiplicando la diferencia entre las expresiones anteriores por $24 \cdot 60/360 = 4$:

$$D_{CC} = 4 \left[\arccos \left(\frac{-\sin 6°}{\cos \delta \cos \varphi} - \tan \delta \right) - \right.$$
$$\left. - \arccos \left(\frac{-\sin 0°,833}{\cos \delta \cos \varphi} - \tan \delta \tan \varphi \right) \right]$$

En la **Fig. 7-11** se representan gráficamente las duraciones del crepúsculo civil para diferentes latitudes, en función de la declinación media aproximada para cada día del año. Debemos tener en cuenta que más al norte de la latitud 66°,55 (círculo polar ártico) o más al sur de la -66°,55 (círculo polar antártico), los crepúsculos pueden sustituir a la noche (noches blancas). En latitudes cercanas a estos valores, los errores pueden ser elevados debido, además, a la refracción atmosférica, que tiende a elevar la posición aparente del Sol respecto al horizonte, efecto especialmente acusado a muy bajas temperaturas.

Igualmente procederíamos para el cálculo de la duración del crepúsculo náutico (minutos):

$$D_{CA} = 4[\arccos(\frac{-\sin 12°}{\cos \delta \cos \varphi} - \tan \delta \tan \varphi) -$$
$$- \arccos(\frac{-\sin 6°}{\cos \delta \cos \varphi} - \tan \delta \tan \varphi)]$$

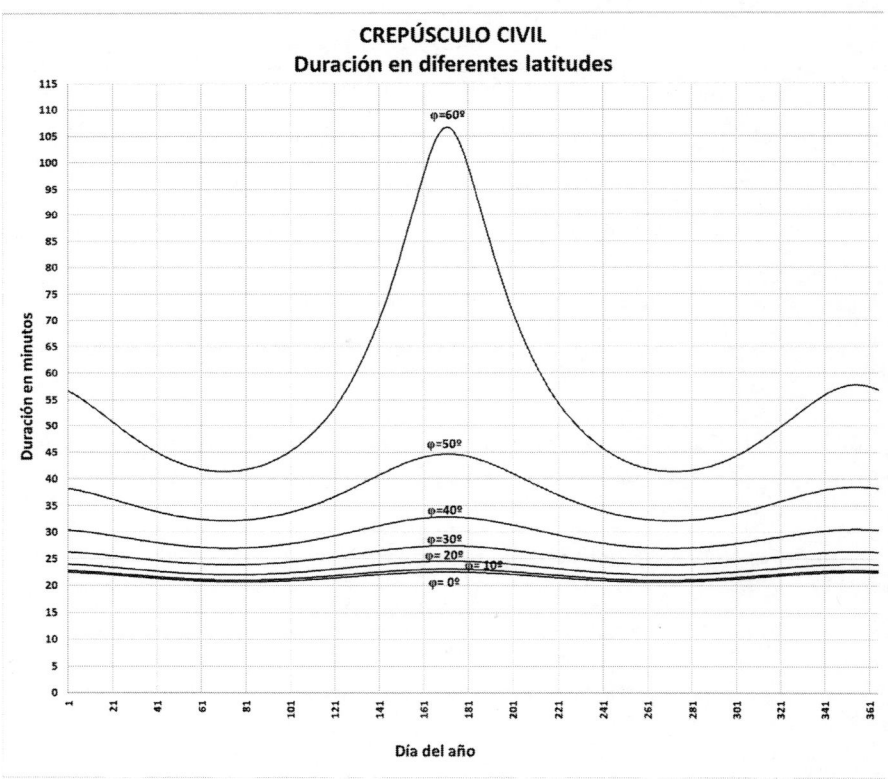

Fig. 7-11. Duración del crepúsculo civil en diferentes latitudes.

Y para el astronómico (minutos):

$$D_{CA}=4\left[\arccos\left(\frac{-\sin 18°}{\cos\delta\cos\varphi}-\tan\delta\tan\varphi\right)-\right.$$
$$\left.-\arccos\left(\frac{-\sin 12°}{\cos\delta\cos\varphi}-\tan\delta\tan\varphi\right)\right]$$

7.5.2   *Crepúsculo civil: expresión simplificada para España*

El Anuario del Observatorio Astronómico de Madrid [1] propone la expresión aproximada para el cálculo del **crepúsculo civil**[22]:

$$DCC \approx \frac{21^m}{\sqrt{\cos(\varphi-\delta)\cos(\varphi+\delta)}}$$

Esta expresión es válida para cualquier año, pero, aunque no se indica, solo debe utilizarse en la franja comprendida entre 27° y 44°. Es decir, cubre todo el territorio nacional español, incluido el archipiélago canario.

Ejemplo práctico:

La duración del crepúsculo civil a una latitud de 41° para una fecha en la que la declinación solar es de 10° será, según la aproximación del Anuario [1]:

$$DCC \approx \frac{21^m}{\sqrt{\cos 10°\cos 41°}} = 21^m,59$$

Si utilizamos las deducciones geométricas exactas anteriores para el mismo cálculo, tendremos:

$$D_{CC} = 4\left[\arccos\left(\frac{-\sin 6°}{\cos 10°\cos 41°}-\tan 10°\tan 41°\right)-\right.$$

$$\left.-\arccos\left(\frac{-\sin 0°,833}{\cos 10°\cos 41°}-\tan 10°\tan 10°\right)\right] = 28^m,56$$

---

[22] *En el ejemplo práctico se acota el campo de validez de esta fórmula simplificada.*

La aproximación es notable, aunque varía con la latitud. Para 44°, por ejemplo, los errores se sitúan a lo largo del año en el intervalo, **en minutos**, de (-1,34, 1,91), correspondiendo ambos valores al solsticio de verano y al solsticio de invierno, respectivamente. Como queda dicho, fuera de la franja indicada anteriormente, no debe utilizarse esta aproximación. En la latitud 53°, por ejemplo, hemos comprobado diferencias superiores a los 5', obteniéndose valores desprovistos de toda lógica por encima de dicha φ.

CÁLCULOS APROXIMADOS
EN HORA OFICIAL

Hasta ahora hemos calculado los ángulos de acimut y elevación solares en función del ángulo horario. Ello supone tomar como referencia temporal inicial el mediodía solar. Sin embargo, en mediodía solar, que es el que marcaría un reloj de sol situado en el punto de observación, no se produce nunca a las 12:00 de nuestros relojes en hora oficial (**Fig. 8-1**). En ella vemos la recreación de la sombra al mediodía solar en reloj de sol de Lerma (España) el 19/07/2021, latitud $\varphi = 42°,00$, longitud $\lambda = 3°,77W$, huso horario = 1, horario de verano y la hora oficial correspondiente en reloj de pulsera ideal para el mismo instante y localización.

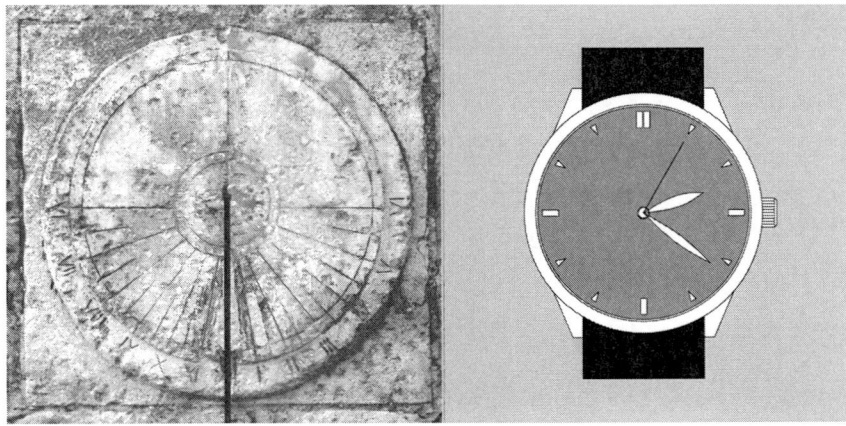

Fig. 8-1. *Mediodía solar: mismo instante en reloj de sol y reloj en hora oficial.*

En este capítulo abordaremos la relación entre hora solar y hora oficial, así como el cálculo aproximado de las horas de salida y puesta del Sol referidas a la dicha referencia horaria, identificando la hora oficial del mediodía solar, lo que nos permitirá el cálculo del ángulo horario ω correctamente referido a dicha hora. También se analizará la influencia del adelanto de hora en horario de verano (DST: *Daylight Saving Time*) y se enunciará de forma elemental el concepto de ***ecuación del tiempo***.

8.1 Hora solar local y hora oficial[23] local

La diferencia entre la hora solar local y la hora oficial de nuestros relojes de uso habitual (relojes de pulsera, teléfonos móviles, etc.) se debe a cuatro factores: la longitud geográfica del observador, el huso horario oficial o TZ (*time zone*), la DST (*daylight saving time*) o adelanto de hora en verano, si es que está implantada en el estado donde se sitúa el observador, y la ecuación del tiempo EoT. Vamos a evaluar la influencia de todas ellas.

8.1.1 *Longitud geográfica del observador*

Supongamos el Sol situado sobre el meridiano de Greenwich, origen geográfico de meridianos y referencia astronómica temporal habitual. En ese instante, en todos los puntos de dicho meridiano serán las 12:00 horas solares. Para que el Sol se sitúe sobre el meridiano que pasa por un punto de observación de longitud geográfica λ al oeste del mismo, dado que la Tierra recorre aparentemente (respecto al Sol) 360° en un día, tendrán que pasar:

$$\frac{\lambda}{360} 24 = \frac{\lambda}{15} \text{horas}$$

Se consideran positivas las longitudes al este de Greenwich y negativas al oeste. Por lo tanto, si en Greenwich (longitud 0°) son las 12:00 solares, en Madrid (longitud λ = -3,70256)

$$12 + \lambda/15 = 12 - 3,70256 / 15 = 11,75316267 \text{ horas solares}$$

8.1.2 *Husos horarios*

El globo terrestre está dividido en 24 husos horarios, correspondientes con las horas del día. Cada huso o TZ abarca, pues, 15°, estando situados los meridianos de referencia 0,1,2,3…, en el centro del huso. Así, Greenwich se sitúa en el centro del huso 0, y se extiende desde el meridiano 7°5 (E) hasta el -7°,5 (W).

---

[23] *No introducimos conceptos como hora civil con el fin de evitar problemas de concepto al lector. Llamamos hora oficial a la que oficialmente marcarán los relojes en el estado donde se encuentre el observador.*

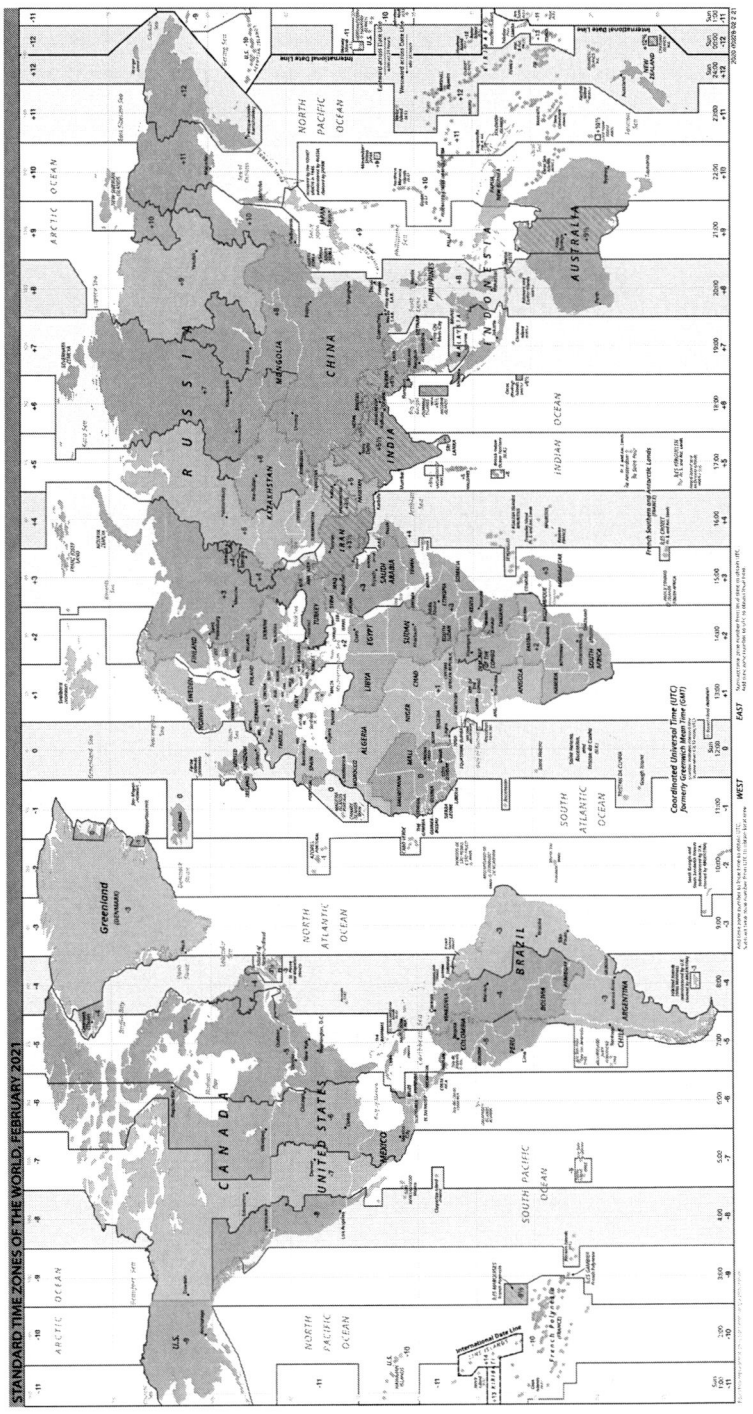

Fig. 8-2. *Husos horarios geográficos y oficiales en 2021. The world factbook, U.S. Central Intelligence Agency (**CIA**) [68]*

El mapa de husos horarios se representa en la **Fig. 8-2**. Por razones políticas o administrativas, la asignación de la TZ a cada lugar no es automática en función de su longitud, sino que está condicionada por fronteras, agrupaciones de estados, etc. De esta forma, los diferentes estados, por razones prácticas, suelen adoptar una sola zona horaria (hora oficial) para todo el territorio, o varias cuando el tamaño de los países más extensos así lo aconseja. Igualmente, agrupaciones de estados, como ocurre en gran parte de la Unión Europea, pueden adoptar una misma hora para todos ellos por cuestiones igualmente prácticas o políticas (*horario europeo central*, por ejemplo).

Esta división repercute en la hora de reloj, pero no en la evolución del mediodía. Por ejemplo, cuando en Londres (TZ = 0, o huso Greenwich) son las 12:00 oficiales, también lo son en el resto de Gran Bretaña, Irlanda o Portugal, que se rigen por dicha TZ (*horario europeo occidental*). En España y resto de países de la Unión Europea, en ese instante serán las 13:00 horas, aunque, por ejemplo, la península Ibérica esté situada, casi íntegramente, en el huso 0. La excepción, dentro de España, la tenemos en las Islas Canarias, por razones de lejanía geográfica. Su horario se rige por la TZ = 0, aunque, como vemos en la **Fig. 8-2**, se sitúan geográficamente dentro del huso -1. Por tanto, las razones para la pertenencia definitiva a un huso no son solo geográficas: dentro de unos límites, priman las razones políticas y administrativas.

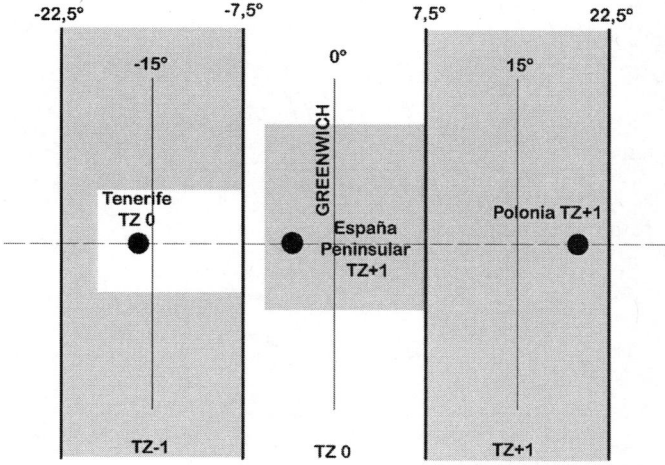

Fig. 8-3. *Ejemplos de estados o regiones fuera de su huso natural.*

Sírvanos como ejemplo la **Fig. 8-3**, que supone una ampliación regional de la **Fig. 8-2**, para comprender cómo se eligen las zonas horarias oficiales en zonas geográficamente situadas en otros husos. Diferentes puntos de Tenerife, España peninsular y Polonia se han situado en sus husos o TZ geográficas, pero se indican en la figura las TZ correspondientes a sus horas oficiales.

Por tanto, si tenemos las 12:00 oficiales en nuestro reloj en Londres (TZ = = 0), en Montreal (Canadá), situada en TZ = -5, nuestro reloj marcará las

$$12:00 + TZ = 12 - 5 = 7:00$$

La TZ se expresa también como **GMT**.

8.1.3   La ecuación del tiempo (conceptos básicos)

La **ecuación del tiempo** es un valor en minutos que nos da **la diferencia entre la hora solar verdadera Hs y la hora media (de reloj) Hm**, independientemente de consideraciones administrativas sobre huso horario o geográficas como la latitud. Es decir,

$$EoT = Hs - Hm \text{ (minutos)}$$

Si situamos un reloj de cuarzo en un punto de observación y lo sincronizamos en una fecha determinada a las 12:00 horas solares con un reloj de sol de alta definición en ese instante, esto es, cuando el Sol está a su mayor altura sobre el horizonte, observaremos que, transcurridos varios días, nuestro reloj estará adelantado o retrasado con respecto al reloj de sol en el mediodía. Esto ocurre porque nuestro reloj cuenta segundos y horas constantes e iguales, y marca días siempre con la misma duración. Sin embargo, la duración exacta de un día solar, o tiempo transcurrido entre mediodías consecutivos, es diferente para cada fecha, y depende de dos factores: la posición orbital de nuestro planeta y el ángulo que forma el eje terrestre con el vector Tierra-Sol. La primera componente, ya anticipada en 1.5.1 (leyes de Kepler), es muy fácil de comprender: si la velocidad de traslación es máxima en las proximidades del perihelio, la duración del día será ligeramente más larga que en el afelio, pues el ángulo en rotación deberá ser mayor para volverse a alinear el observador con el Sol de un día para otro (recordemos la definición de día natural y día sidéreo, apartado 1.4.2, pág. 32). El segundo factor es más difícil de visualizar. En este punto no vamos a entrar en más detalles: la explicación exhaustiva de la ecuación del tiempo (EoT) y su cuantificación exacta se le ofrecerá al lector en el CAPÍTULO 18, ya que, para ello, es necesario estar familiarizado con elementos astronómicos que no han sido expuestos en esta primera parte.

Debemos indicar que la diferencia de duración de los días es acumulativa a lo largo del tiempo, y que, por tanto, el valor de la EoT se sitúa en nuestra época dentro del intervalo (+16, -16) minutos. En efecto, la diferencia de duración entre un día y el siguiente puede superar, por sorprendente que parezca, los 30 segundos reales de reloj. La *Tabla 8-1* muestra los valores promedio de la ecuación del tiempo para cada día del año en el intervalo 2000-2050, con un valor absoluto de error menor a los 14 segundos en dicho intervalo, tomando como base de comparación el *Multiyear Interactive Computer Almanac* (MICA) [5]. La tabla puede utilizarse, de forma aproximada, también para fechas entre 1950 y 2100, aunque con una imprecisión ligeramente mayor. Pese a que los valores se han discretizado en forma de tabla, es importante tener en cuenta que la ecuación del tiempo es una función continua, por lo que no solamente cometeremos, en cálculos en baja precisión, un error al tomar valores promedios, sino al generalizar el valor de las 00:00 UT a cualquier hora del día, incluyendo el mediodía del observador. Veamos cómo operar con la EoT.

Supongamos que en un punto en Greenwich (Reino Unido) con longitud geográfica = 0, el 5 de enero tenemos el Sol situado en el mediodía (tránsito solar), es decir, sobre el mismo meridiano, u hora solar 12:00. Si observamos la tabla para ese día, obtendremos el valor

$$EoT = -5,11843 \text{ (minutos)}$$

Como hemos dicho más arriba, por definición, la ecuación del tiempo es la diferencia entre hora media y hora solar en minutos:

$$EoT \text{ (minutos)} = Hs - Hm \Rightarrow \text{ en horas, } Hm = Hs - EoT/60$$

Es decir, el mediodía solar se produciría a una hora media de reloj de

$$12:00 - (-5,11843)/60 = 12,0853072$$

O lo que es lo mismo, a las 12:05:07. En el punto siguiente veremos cómo se correlacionan el horario solar y el oficial cuando la longitud es diferente, el huso horario no es = 0, y se está en período de DST.

Tabla 8-1. Valores medios Ecuación del Tiempo en minutos

(período 2001-2050) UT 00:00

	enero	febrero	marzo	abril	mayo	junio	julio	agosto	septiembre	octubre	noviembre	diciembre
1	-3,27050	-13,46467	-12,37493	-3,96407	2,85727	2,20120	-3,82683	-6,37853	-0,12060	10,22863	16,41473	11,12970
2	-3,74143	-13,59757	-12,17880	-3,66810	2,97423	2,04593	-4,01843	-6,31333	0,19823	10,55033	16,43803	10,75397
3	-4,20667	-13,71683	-11,97447	-3,37403	3,08200	1,88440	-4,20550	-6,23820	0,52203	10,86720	16,44807	10,36767
4	-4,66583	-13,82270	-11,76240	-3,08240	3,18090	1,71673	-4,38767	-6,15283	0,85010	11,17847	16,44437	9,97123
5	-5,11843	-13,91477	-11,54243	-2,79357	3,27037	1,54357	-4,56430	-6,05747	1,18253	11,48387	16,42700	9,56520
6	-5,56387	-13,99360	-11,31547	-2,50763	3,35053	1,36467	-4,73547	-5,95217	1,51837	11,78333	16,39583	9,15003
7	-6,00183	-14,05883	-11,08157	-2,22520	3,42133	1,18060	-4,90053	-5,83670	1,85797	12,07617	16,35073	8,72563
8	-6,43157	-14,11080	-10,84120	-1,94630	3,48260	0,99193	-5,05950	-5,71157	2,20080	12,36213	16,29167	8,29317
9	-6,85300	-14,14977	-10,59437	-1,67127	3,53467	0,79857	-5,21163	-5,57673	2,54653	12,64123	16,21853	7,85257
10	-7,26570	-14,17547	-10,34170	-1,40057	3,57697	0,60140	-5,35703	-5,43207	2,89483	12,91270	16,13143	7,40453
11	-7,66883	-14,18827	-10,08327	-1,13430	3,60977	0,40040	-5,49533	-5,27793	3,24537	13,17667	16,03003	6,94970
12	-8,06243	-14,18817	-9,81973	-0,87283	3,63317	0,19577	-5,62620	-5,11410	3,59793	13,43240	15,91450	6,48803
13	-8,44600	-14,17563	-9,55113	-0,61647	3,64673	-0,01167	-5,74930	-4,94137	3,95217	13,67987	15,78477	6,02067
14	-8,81920	-14,15037	-9,27813	-0,36563	3,65097	-0,22190	-5,86453	-4,75917	4,30770	13,91870	15,64100	5,54760
15	-9,18147	-14,11293	-9,00077	-0,12017	3,64590	-0,43443	-5,97160	-4,56797	4,66410	14,14853	15,48300	5,06987
16	-9,53290	-14,06353	-8,71957	0,11943	3,63117	-0,64890	-6,07007	-4,36790	5,02123	14,36887	15,31090	4,58773
17	-9,87293	-14,00207	-8,43463	0,35303	3,60707	-0,86467	-6,16037	-4,15913	5,37877	14,57987	15,12503	4,10163
18	-10,20137	-13,92900	-8,14660	0,58020	3,57353	-1,08187	-6,24163	-3,94187	5,73613	14,78087	14,92510	3,61223
19	-10,51790	-13,84433	-7,85563	0,80067	3,53097	-1,29957	-6,31407	-3,71630	6,09320	14,97163	14,71120	3,12007
20	-10,82223	-13,74833	-7,56220	1,01440	3,47923	-1,51767	-6,37713	-3,48230	6,44977	15,15220	14,48370	2,62590
21	-11,11433	-13,64150	-7,26647	1,22093	3,41847	-1,73580	-6,43110	-3,24060	6,80513	15,32203	14,24273	2,13017
22	-11,39380	-13,52383	-6,96883	1,42037	3,34880	-1,95337	-6,47547	-2,99120	7,15920	15,48097	13,98817	1,63323
23	-11,66050	-13,39573	-6,66987	1,61233	3,27040	-2,17020	-6,51030	-2,73417	7,51160	15,62847	13,72050	1,13600
24	-11,91423	-13,25720	-6,36950	1,79667	3,18337	-2,38580	-6,53553	-2,46960	7,86197	15,76470	13,43987	0,63873
25	-12,15490	-13,10887	-6,06840	1,97323	3,08800	-2,59963	-6,55087	-2,19827	8,20977	15,88920	13,14630	0,14220
26	-12,38237	-12,95057	-5,76670	2,14147	2,98437	-2,81143	-6,55643	-1,91993	8,55510	16,00173	12,84007	-0,35297
27	-12,59653	-12,78300	-5,46480	2,30170	2,87263	-3,02080	-6,55203	-1,63493	8,89723	16,10220	12,52160	-0,84643
28	-12,79717	-12,60643	-5,16307	2,45347	2,75303	-3,22747	-6,53747	-1,34373	9,23613	16,19020	12,19103	-1,33747
29	-12,98440	-12,49778	-4,86173	2,59667	2,62597	-3,43087	-6,51280	-1,04643	9,57103	16,26563	11,84870	-1,82540
30	-13,15827		-4,56130	2,73140	2,49140	-3,63080	-6,47823	-0,74327	9,90213	16,32837	11,49483	-2,31017
31	-13,31827		-4,26213		2,34970		-6,43330	-0,43470		16,37810		-2,79073

8.1.4   Relación entre hora solar y hora local oficial

Para hallar la relación entre el mediodía solar en hora oficial M_{OF} (base del cálculo del ángulo horario ω) y su hora solar correspondiente *12:00*, por todo lo indicado en los puntos anteriores, tendremos:

$$M_{OF} = 12 - \frac{\lambda}{15} - \frac{EoT}{60} + TZ + DST$$

Por lo que, extrapolando a cualquier hora de reloj H_{OF} y cualquier hora solar:

$$H_{OF} = H_S - \frac{\lambda}{15} - \frac{EoT}{60} + TZ + DST$$

Recordemos que la DST tendrá como únicos valores posibles 0 (horario de invierno) y 1 (horario de verano) en aquellos estados donde está implantada.

Ejemplo 1:

Calcular en hora oficial el instante del mediodía solar en Almería (España) el 5 de marzo de 2005. Longitud de Almería: $\lambda = -2°,45974$

Como estamos realizando cálculos en baja precisión, mediante tabla constante para cualquier año, no procede utilizar el valor del año 2005, salvo para comprobar si en la fecha estaba implantado horario de invierno o verano. En cálculos en altas precisiones, que abordaremos más adelante, sí será necesario.

El 5/03, siempre, DST = 0. No obstante, puede consultarse el Anexo 4 sobre fechas de cambio horario en España. España peninsular, TZ = 1.

EoT para el 5 de marzo = -11,54243 min (**Tabla 8-1**).

$$M_{OF} = 12 - \frac{-2,45974}{15} - \frac{-11,54243}{60} + 1 + 0 = 13,3563565$$

Hora del mediodía transformada a hh:mm:ss = 13:21:23

Ejemplo 2:

Calcular en hora oficial el instante del mediodía solar en Pontevedra (España) el 31 de octubre de 2010. Longitud de Pontevedra: $\lambda = - 8°,64435$

Estando a finales de octubre o de marzo, debemos consultar siempre el Anexo 4, pues son épocas de cambio horario. En efecto, en el año 2010 el cambio de horario de verano a invierno se produjo el 31/10 a las 03:00 horas de la madrugada. Luego ese mismo día al mediodía, España se encontraba ya en horario de invierno, es decir, DST = 0. España peninsular, TZ = 1.

EoT para el 31 de octubre = 16,37810 min (**Tabla 8-1**).

$$M_{OF} = 12 - \frac{-8,64435}{15} - \frac{16,32837}{60} + 1 + 0 = 13,303322 = 13{:}18{:}22$$

Si repetimos los cálculos para el 30/10/2010, es decir, un día antes, DST = 1, y habríamos obtenido

$$M_{OF} = 12 - \frac{-8,64435}{15} - \frac{16,37810}{60} + 1 + 1 = 14,304171 = 14{:}18{:}15$$

8.1.5 Ángulo horario y hora oficial

Con todo lo anterior, el cálculo del ángulo horario ω para una hora oficial dada es elemental, sin más que restar las 12 horas del mediodía solar en la expresión anterior y establecer la proporción 360°/ 24 =15:

$$\omega = 15\left(H_{OF} + \frac{\lambda}{15} + \frac{EoT}{60} - TZ - DST - 12\right)$$

Ejemplo:

Calcular el ángulo horario y la hora solar en Madrid (España) a las 17:30:00 horas del 15 de agosto de 2006 (hora oficial local). Longitud de Madrid: $\lambda = -3°,70256$

El año 2006 estaba implantada en verano la DST en España en la fecha dada (por ser posterior a 1973, véase Anexo 4). La **Tabla 8-1** nos da para la EoT el valor - 4,56797 min. Por tanto:

$$\omega = 15\left(17,5 + \frac{-3,70256}{15} + \frac{-4,56797}{60} - 1 - 1 - 12\right) = 47°,6554475$$

$$\text{Hora solar} = \frac{\omega}{15} = \frac{47°,6554475}{15} = 3,17703 \text{ PM} = 15{:}10{:}37,33$$

8.1.6 Acimut y elevación en hora oficial

La solución es inmediata. Basta con realizar un ejemplo para comprender el proceso de cálculo.

Ejemplo:

Calcular el acimut y elevación solares el 15 de mayo de 2020 en Madrid a las 16:45

Calculamos primero el ángulo horario, partiendo de los datos de la longitud de Madrid y de la EoT de la **Tabla 8-1**, teniendo en cuenta que en la fecha dada DST = 1 (horario de verano):

$$\omega = 15\left(16,75 + \frac{-3,70256}{15} + \frac{3,64590}{60} - 1 - 1 - 12\right) = 38°,458915$$

Con estos datos, podemos pasar a calcular directamente acimut y elevación, teniendo en cuenta que la latitud de Madrid es $\varphi = 40°,4165$.

De la **Tabla 3-1** obtenemos para la fecha dada una declinación $\delta = 18°,847$ (podemos obtener este valor también a través de las fórmulas aproximadas vistas en 3.5.1 o 3.5.3).

$$\sin ê = \sin 18°,847 \, \sin 40°,4165 + \cos 18°,847 \cos 40°,4165 \cos 38°,458915$$

$ê = 50°,683353$

$$\cos \gamma_N = \frac{\sin 18°,847 - \sin 40°,4165 \, \sin ê}{\cos ê \cos 40°,4165}$$

$\gamma = 111°,723631$

Pero teniendo en cuenta que $\omega > 0$, según 7.3.1.1,

$\gamma_N = 360° - \gamma = 248°,276369$

Los valores así obtenidos son aproximados, y solamente sirven para proporcionarnos un orden de magnitud con respecto a ambos ángulos, pudiendo ser los errores cercanos al grado, y mayores aún en latitudes más elevadas en valor absoluto. Tengamos en cuenta las aproximaciones con errores acumulativos en declinación y EoT. Los errores en el resultado también aumentan en las proximidades del alba y el ocaso.

Cálculos precisos nos darían para el mismo punto de observación en el instante dado unos resultados de:

$$\hat{e} = 50{,}842488 \qquad \gamma_N = 248{,}534178$$

8.2 Horas de salida, mediodía y puesta de sol

Una vez conocido el procedimiento de cálculo de la hora del mediodía referida a nuestros relojes oficiales, la determinación de las horas de salida y puesta del Sol es muy sencilla. Partiendo del cálculo del número de horas de sol para cualquier punto de la esfera terrestre situado en una latitud φ en un instante determinado, y conociendo la declinación δ en dicho instante, bastará con añadir o sustraer a la hora del mediodía calculada previamente la mitad de las horas de sol obtenidas para la declinación y fecha mencionadas.

También podemos obtener los instantes de salida y puesta del Sol, considerando las mismas como los instantes en que la corona solar es aparentemente tangente al horizonte, considerando la corrección por refracción indicada en puntos anteriores. Como veíamos en el apartado 7.5.1, dedicado a la duración de los crepúsculos,

$$\sin(-0°{,}833) = \sin\delta\sin\varphi + \cos\delta\cos\varphi\cos\omega$$

De aquí obtenemos directamente el ángulo horario en dichos puntos:

$$\omega = \arccos\left(\frac{-\sin 0°{,}833 - \sin\delta\sin\varphi}{\cos\delta\cos\varphi}\right)$$

Siendo los instantes mencionados, en horas solares:

$$HS_{orto} = 12 - \omega/15$$

$$HS_{ocaso} = 12 + \omega/15$$

Ejemplo:

Calcular instantes de orto, ocaso y mediodía en Madrid, para el ejemplo anterior (Madrid, 15 de mayo de 2020). $\varphi = 40°{,}4165$

Según la **Tabla 3-1**, obtenemos: $\delta = 18°{,}847$.

$$\omega = \arccos\left(\frac{-\sin 0°{,}833 - \sin 18°{,}847 \sin 40°{,}4165}{\cos 40°{,}4165 \cos 18°{,}847}\right) =$$

$$= \arccos(-0{,}3108" 52)$$

$$\omega = 108°{,}110609$$

$$HS_{orto} = 12 - 108{,}110609 / 15 = 4{,}792626$$

$$HS_{ocaso} = 12 + 108{,}110609 / 15 = 19{,}207374$$

$$H_{ORTO} = 4{,}792626 - \frac{-3°{,}70256}{15} - \frac{3°{,}64590}{60} + 1 + 1 =$$

$$6{,}978698 = 6:58:43$$

Igualmente,

$H_{OCASO} = 21{,}393446 = 21:23:36$

La hora del mediodía solar sería:

$$M_{OF} = 12 - \frac{-3°{,}70256}{15} - \frac{3{,}64590}{60} + 1 + 1 = 14{,}186072 = 14:11:10$$

Los mismos valores en alta precisión serían, respectivamente:

$$6:58:11 \qquad 21:24:38 \qquad 14:11:07$$

Los valores del Anuario Astronómico de Madrid para 2020 [26] son, referidos a hora Greenwich sin DST (tendríamos que añadir 2 horas en total para Madrid, horario de verano), y redondeados al minuto para orto y ocaso:

$$4:58 \qquad 19:25 \qquad 12:11:07$$

8.3 Método abreviado NOAA para cálculos de la EoT en baja precisión

Igualmente, si queremos prescindir del uso de la tabla de la EoT y de la de declinación para cálculos en baja precisión, puede utilizarse el algoritmo simplificado propuesto por la NOAA en [27]. Aporta funciones ajustadas matemáticamente para el cálculo de ambas variables, aunque no especifica el período de validez ni los errores máximos. Sirve para calcular hora del mediodía, del orto y del ocaso, así como el ángulo horario, lo que nos permite abordar de forma automática el cálculo en baja precisión de acimuts y elevaciones solares.

Este procedimiento puede programarse fácilmente para intervalos de un año si se utiliza una hoja de cálculo. Ello nos permite calcular el día del año mediante un sencillo contador. Se indican los pasos a seguir.

Cálculo del día del año, bien contando días, bien mediante el contador automático indicado:

D = día del año. El 1 de enero sería D = 1, etc.

Cálculo de la fracción de año. Se trata de un ángulo **en radianes**[24].

$$F_A = \frac{2\pi}{365}\left(D - 1 + \frac{H_{OFG} - 12}{24}\right)$$

H_{OFG} es la hora oficial referida a Greenwich[25] en el punto considerado sin DST. Ello quiere decir que, si queremos realizar el cálculo para hora oficial local, tendremos que restar a la misma TZ y, en su caso, DST.

Por ejemplo, para Nueva York (TZ= -5) a las 15:50 del 15 de junio (DST = 1), tendremos:

$$H_{OFG} = 15:50 - (-5) - 1 = 19:50$$

Para Madrid, a las 16:00 del 20 de enero (DST = 0 en invierno):

$$H_{OFG} = 16:00 - (1) - 0 = 15:00$$

En años bisiestos, se utiliza 366 en lugar de 365 en el denominador.

Las expresiones de la NOAA para la aproximación de valores de EoT y declinación son:

Ecuación del tiempo (en minutos):

$$EoT = 229{,}18[0{,}000075 + 0{,}001868\cos F_A - 0{,}032077\sin F_A -$$
$$-0{,}014615\cos(2F_A - 0{,}040849\sin(2F_A)]$$

Declinación **en radianes:**

$$\delta_{rad} = 0{,}006918 - 0{,}399912\cos F_A + 0{,}070257\sin F_A -$$
$$-0{,}006758\cos(2F_A) + 0{,}000907\sin(2F_A) -$$
$$-0{,}002697\cos(3F_A) + 0.00148\sin(3F_A)$$

---

[24] *La formulación en radianes facilita la programación en hoja de cálculo.*

[25] *Este extremo no se especifica en las instrucciones de la NOAA, pero queda sobreentendido.*

El método indicado por la NOAA para el resto de los cálculos puede resultarle complicado al lector, por lo que le remitimos al procedimiento de cálculo descrito en el punto anterior una vez obtenida la declinación y la ecuación del tiempo.

Ejemplo:

Como comparación, vamos a realizar los cálculos de declinación y EoT para el mismo caso anterior, es decir, Madrid, 15 de mayo 2020 a las 16:45

$$H_{OFG} = 16{:}45 - 1 - 1 = 14{:}45$$

Tenemos que el 15 de mayo es D = 135, con año bisiesto (denominador 366). Por lo tanto,

$$F_A = \frac{2\pi}{366}\left(135 - 1 + \frac{14{,}75 - 12}{24}\right) = 2{,}302368$$

EoT = 3,928289154 minutos

δ = 0,324855421rad = 18°,6128446

Repitiendo los cálculos del punto anterior para hallar ê y γ_N:

$$\hat{e} = 50°{,}47759931 \qquad \gamma_N = 248°{,}0712525$$

Para el cálculo del mediodía e instantes de orto y ocaso, recomendamos seguir en todo lo indicado en 8.2. Los resultados serían:

Orto 6:59:23   Ocaso 21:22:23   Mediodía 14:10:53

Con diferencias superiores al minuto con respecto a los valores que mostrábamos en 8.2 para el mismo caso en alta precisión.

Como vemos, aunque el procedimiento presenta la ventaja de automatizar el cálculo de la EoT, no podemos afirmar que la precisión sea siempre mayor que el uso de la **Tabla 8-1** y la **Tabla 3-1**. Sin embargo, su programación mediante hoja de cálculo es extremadamente sencilla.

8.3.1   Subrutina para años bisiestos

Para saber si un año es bisiesto y hacer con este método el conteo de días correctamente, es útil el siguiente algoritmo, sencillo de programar, que nos da un valor K = 1 en años bisiestos y K = 0 en los no bisiestos, siendo Y = año.

Lo presentamos en forma de diagrama de flujo.

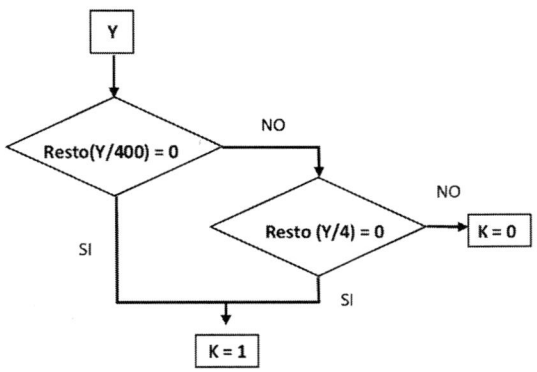

Fig. 8-4. *Subrutina años bisiestos.*

8.4 Otros algoritmos simplificados para el cálculo de EoT en baja precisión

Existen algunos algoritmos que son útiles para cálculos rápidos, basados también en el conteo de días. Citamos los del AOAM [1], que tienen el inconveniente de modificarse ligeramente cada año, aunque tomar uno cualquiera de ellos como referencia para una década próxima no arroja un error excesivo.

La página web Sunearthtools [28] propone desde hace años la siguiente expresión basada también en el conteo de días:

$EoT = 9,873 \, sin(\, 4\pi \, / \, 365,242 \, (\, n - 81 \,)) - 7,655 \, sin(\, 2\pi \, / \, 365,242 \, (\, n - 1 \,))$

Los desarrolladores no indican su precisión, pero el autor de este libro ha chequeado los posibles errores entre los años 2000 y 2050, encontrándose los mismos en el rango de +/- 1 minuto en dicho período (0:00 Greenwich) en relación con algoritmos de alta precisión.

Hay que hacer constar que esta fórmula está desarrollada para ser utilizada directamente en hojas de cálculo Excel, pues las expresiones de los ángulos a los que se aplican las razones trigonométricas en seno están convertidas ya a radianes.

APLICACIONES DE LA $\hat{e}$
Y AL ACIMUT γ

9.1 Incidencia de los rayos solares sobre un plano inclinado

Una aplicación fundamental de las expresiones de acimut y elevación, de gran importancia en operaciones relacionadas con la energía solar, es la del cálculo del ángulo de incidencia del Sol sobre superficies inclinadas, al que en este punto denominaremos $\hat{e}_P$. Para su deducción nos basaremos exclusivamente en el cálculo vectorial (**Fig. 9-1**).

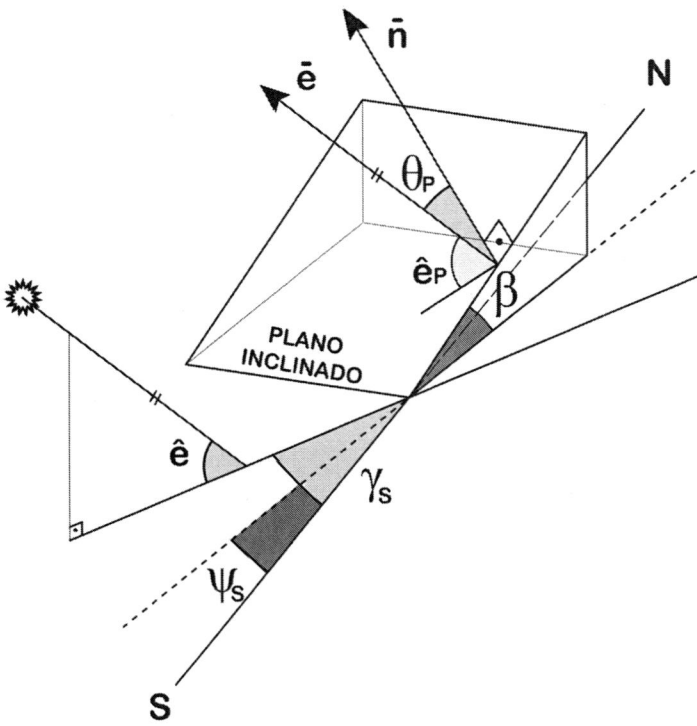

Fig. 9-1. *Incidencia del Sol sobre plano inclinado.*

En un instante determinado, la posición del Sol relativa al plano del observador vendrá fijada por los ángulos $\hat{e}$ y γ_s. Nótese que hemos elegido el acimut medido desde el Sur, lo cual es muy habitual en operaciones relacionadas con la tecnología solar. El plano sobre el que vamos a calcular $\hat{e}$ tendrá una inclinación dada por su ángulo β, siendo su acimut medido con respecto al sur el ángulo ψ_S. Se considera que el acimut del plano viene definido por la perpendicular a la línea de intersección del plano inclinado con el plano horizontal, tal y como aparece en la **Fig. 9-1**. El vector director del plano inclinado será $\vec{n}$, unitario y perpendicular al mismo. El vector Tierra-Sol será el $\vec{e}$, igualmente unitario.

El ángulo que queremos determinar es el $\hat{e}_P$, ángulo formado por la proyección de $\vec{e}$ sobre el plano inclinado y, por tanto, perpendicular a $\vec{n}$.

Para su cálculo, determinaremos el ángulo θ_P, cuya relación con $\hat{e}$ es:

$$\sin \hat{e}_P = \cos \theta_P$$

Por definición de producto vectorial tenemos:

$$\vec{n} \cdot \vec{e} = |\vec{n}||\vec{e}| \cos \theta_P$$

Pero $\vec{n}$ y $\vec{e}$, son vectores unitarios, por lo que

$$\vec{n} \cdot \vec{e} = \cos\theta_P$$

Los vectores $\vec{n}$ y $\vec{e}$ los podemos descomponer sobre los ejes x, y, z, que siguen las direcciones W, S y cenital, respecto al plano horizontal, según la **Fig. 9-2**, y cuyos vectores directores unitarios serán, respectivamente, $\vec{\imath}$, $\vec{\jmath}$, $\vec{k}$. Es decir:

$$\vec{e} = \cos \hat{e} \sin \gamma_S \, \vec{\imath} + \cos \hat{e} \cos \gamma_S \, \vec{\jmath} + \sin \hat{e} \, \vec{k}$$

$$\vec{n} = \sin \beta \sin \psi_S \, \vec{\imath} + \sin \beta \cos \psi_S \, \vec{\jmath} + \cos \beta \, \vec{k}$$

Por lo que el producto escalar de ambos vectores, como hemos visto anteriormente, será precisamente el valor buscado $\cos \theta_P = \sin \hat{e}_P$:

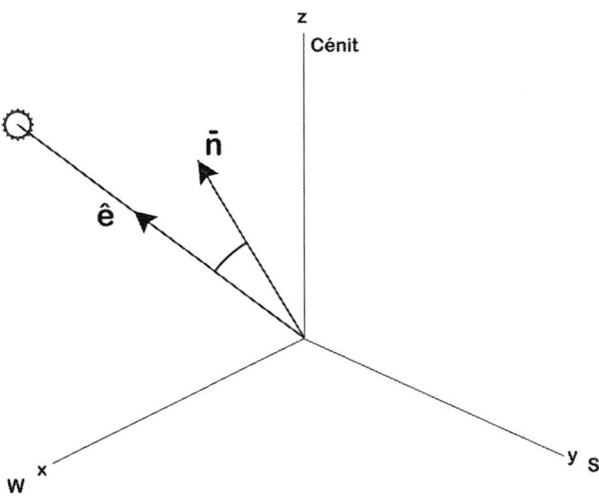

Fig. 9-2. *Sistema de proyección de $\vec{e}$ y $\vec{n}$.*

$$\sin \hat{e}_P = \sin \beta \sin \psi_S \cos \hat{e} \sin \gamma_S +$$
$$+ \sin \beta \cos \psi_S \cos \hat{e} \cos \gamma_S + \cos \beta \; \sin \hat{e} \qquad \textbf{Ec. 9-1}$$

(Para acimut del plano inclinado medido desde el Sur)

Si queremos comprobar los intervalos en los que el Sol incide sobre el plano, bastará con imponer que *sin êₚ* > 0. La ecuación nos dará aquellas combinaciones posibles de acimut y elevación solares que satisfarán la misma. Habitualmente esta comprobación se realizará imponiendo dicha condición a un conjunto de valores obtenidos mediante hoja de cálculo, generalmente para una fecha determinada. La ecuación anterior puede escribirse de forma explícita en función de la declinación δ y del ángulo horario ω. Para ello, en la **Ec. 9-1** sustituiremos las expresiones en ê y γ por los valores obtenidos en las **Ec. 7-1**, **Ec. 7-2**, **Ec. 7-5** y agruparemos expresiones trigonométricas, llegando a la fórmula:

$$\sin \hat{e}_P = \sin \beta \sin \psi_S \cos \delta \sin \omega - \sin \beta \cos \psi_S \sin \delta \cos \varphi +$$
$$+ \sin \beta \cos \psi_S \cos \delta \sin \varphi \cos \omega - \cos \beta \cos \delta \cos \psi_S \cos \omega +$$
$$+ \cos \beta \sin \delta \sin \varphi$$

(Para acimut del plano inclinado medido desde el Sur)   **Ec. 9-2**

Si el acimut del plano inclinado está tomado con respecto al norte, es decir, ψ_N, entonces la ecuación anterior se puede transformar en:

$$\sin \hat{e}_P = - \sin \beta \sin \psi_N \cos \delta \sin \omega + \sin \beta \cos \psi_N \sin \delta \cos \varphi -$$
$$\sin \beta \cos \psi_N \cos \delta \sin \varphi \cos \omega + \cos \beta \cos \delta \cos \psi_N \cos \omega +$$
$$+ \cos \beta \sin \delta \sin \varphi$$

(Para acimut del plano inclinado desde el norte)   **Ec. 9-3**

Esta última expresión es más frecuente en publicaciones de investigación. La nomenclatura para las variables evidencia una total disparidad para los diferentes autores.

9.1.1   Casos notables en función del acimut e inclinación del plano.

- Si en la **Ec. 9-1** hacemos $\psi_S = 0$ tendremos que el plano o placa estará **orientada al sur**. El ángulo de incidencia del Sol será

$$\sin \hat{e}_P = \sin \beta \cos \hat{e} \cos \gamma_S + \cos \beta \; \sin \hat{e}$$

Valor que es máximo para $\gamma_S = 0$, es decir, al mediodía solar, lo cual nos lleva a que en ese instante y en un plano orientado al sur,

$$\hat{e}_P = \beta + \hat{e}$$

- Cuando en una placa imponemos que $\beta = 90°$ (placa vertical),

$$\sin \hat{e}_P = \sin \psi_S \cos \hat{e} \sin \gamma_S + \cos \psi_S \cos \hat{e} \cos \gamma_S$$

por lo que:

$$\sin \hat{e}_P = \cos \hat{e} \cos (\psi_S - \gamma_S)$$

Ecuación de interés en el campo de la Gnomónica[26]. Su valor se maximiza en el instante en que $\psi_S = \gamma_S$, como es lógico. En el caso de paredes verticales orientadas al sur, esta identidad se verifica al mediodía.

● Cuando en una placa imponemos que $\beta = 0°$ (plano horizontal o plano del observador), estamos ante el caso trivial de $\hat{e}_P = \hat{e}$.

9.2 Gráficos de salida y puesta de sol

Los gráficos de salida y puesta de sol son útiles para analizar la evolución del orto y ocaso a lo largo del año. Son diferentes para cada latitud, y su obtención es sencilla con la ayuda de una hoja de cálculo. Basta con marcar en abscisas el día del año y hacerles corresponder en ordenadas las horas de orto o de ocaso. Es habitual encontrar ambas horas en el mismo gráfico.

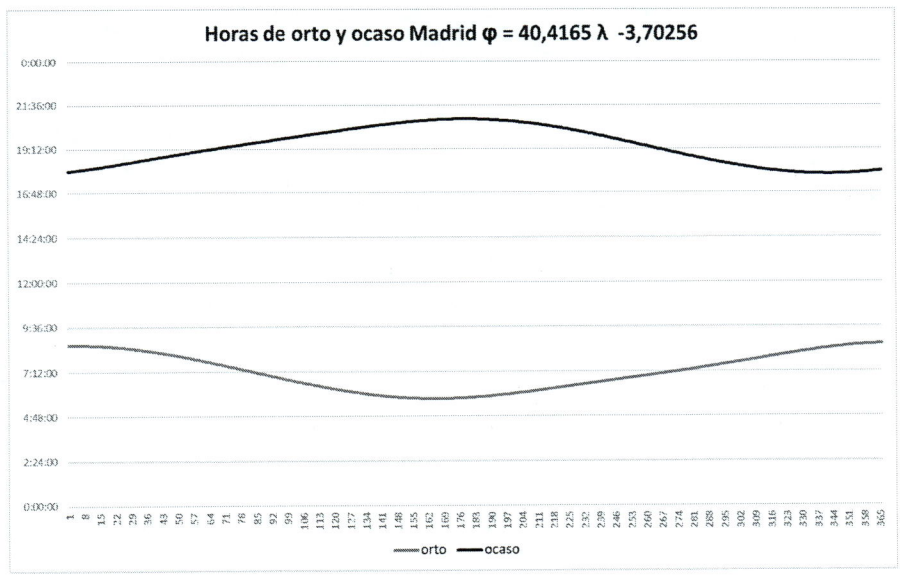

Fig. 9-3. *Gráfico de horas de salida y puesta de sol.*

---

[26] *Gnomónica: ciencia que estudia el movimiento solar aplicado a la construcción de relojes de sol.*

Estos gráficos nos permiten visualizar el impacto de la DST. Tomemos como ejemplo Madrid (España), situada en la latitud φ = 40°,4165. Como se puede ver en los gráficos de la **Fig. 9-4**, la implantación del horario de verano a finales de marzo trae como consecuencia que la hora del orto se aproxime en la medida de lo posible a una línea horizontal. Así, sin hora oficial, el amanecer se produciría a lo largo del año en un intervalo aproximado de 2,9 horas (entre las 5:45 y las 8:39), con una hora media del orto de las 7:09. Con la DST, el intervalo de variación baja a 1,9 horas (entre las 6:45 y las 8:39), con una media para el orto, de las 7:44. Con la DST se da mayor importancia al instante del amanecer, que se intenta homogeneizar a lo largo del año.

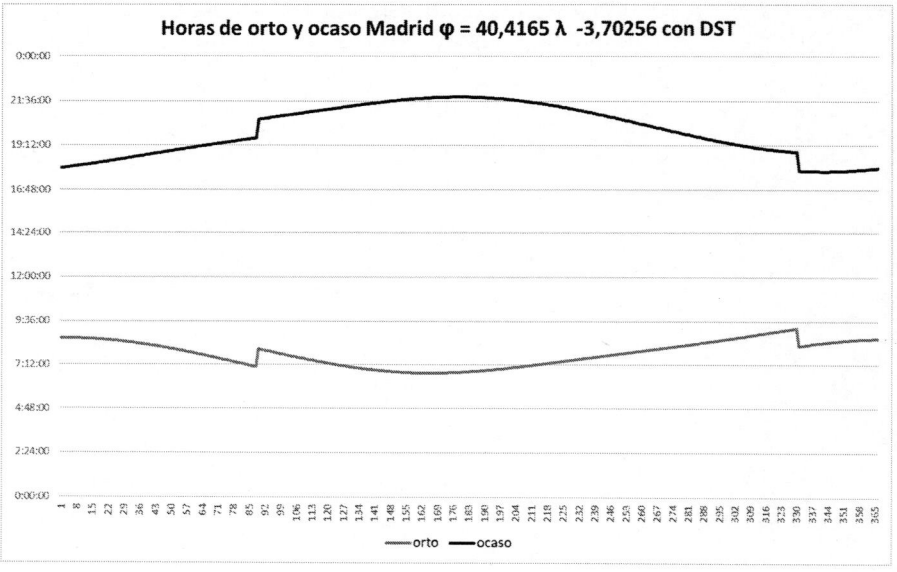

Fig. 9-4. *Repercusión de la DST en amanecer y ocaso (Madrid).*

A cambio, la hora del ocaso se distorsiona en el sentido contrario al indicado para el orto. Sin DST, el intervalo anual para el ocaso en Madrid sería de 3,0 horas, y con DST, de 4 horas. La hora más tardía para el ocaso pasa, en esta latitud, de 20:50 a 21:50. Retrasar el ocaso se traduce en un mayor número de horas de sol a disposición del ciudadano fuera de su horario laboral entre marzo y octubre, aparte de normalizar de forma aproximada su hora de acceso a su centro de trabajo. Hay que resaltar que las ventajas de la aplicación de la DST disminuyen a medida que nos acercamos al ecuador. Así, en Santa Cruz de Tenerife, a 28º,4698, el intervalo máximo de tiempo en el amanecer a lo largo del año sería, sin DST, de 53 minutos, y con DST, de 35 minutos. En países comprendidos en las franjas ecuatoriales no se adopta la DST por no tener sentido práctico ninguno. En latitudes cercanas a los círculos polares, la DST suaviza la modificación de la hora del amanecer, con unas diferencias, sin DST, que superan las 5 horas, pero en estos casos una hora de corrección no es tan significativa como en latitudes medias.

9.3   Cartas solares de γ y ê

El hecho de que la posición del Sol dependa de dos variables, acimut γ y elevación ê, hace que para la visualización de su variación en el tiempo sea útil estudiar la evolución conjunta de las mismas en el tiempo mediante representaciones gráficas en forma de diagramas, que se conocen con el nombre de **cartas solares**. Estos diagramas, sin presentar una gran precisión debido a su tamaño y a su construcción gráfica, así como al hecho de estar basados, generalmente, en declinaciones solares medias, son un complemento muy útil a los cálculos numéricos, y han sido popularizados gracias a su uso habitual en Arquitectura, dentro del dominio del análisis del asoleamiento de construcciones. Para usos didácticos, también podemos citar los ábacos móviles, que constan de dos piezas, y que describiremos en este mismo epígrafe.

9.3.1   Carta solar cartesiana

La cartesiana (**Fig. 9-5**) es, posiblemente, la carta solar más utilizada, por su sencillez conceptual y por su posibilidad de utilizarse fácilmente como base para la superposición del *landscape* del entorno, con el fin de comprobar los intervalos en los que el mismo puede impedir la visualización directa del Sol desde el punto del observador. Su interpretación es muy sencilla: para cada fecha, en abscisas se tiene el acimut solar desde el punto de observación, generalmente medido desde el norte, y con el sur (180º) en el centro del diagrama. En ordenadas se sitúan las elevaciones solares que corresponden a cada acimut, también en grados. Realmente, este sistema de representación es similar al utilizado para la proyección cilíndrica de la bóveda celeste. Los ejemplos que presentamos a continuación muestran las líneas horarias solares.

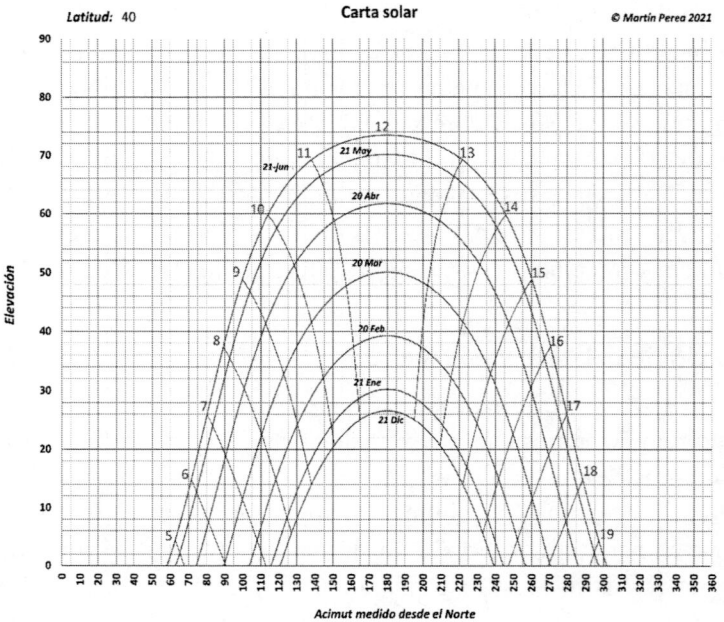

Fig. 9-5. *Carta solar cartesiana (proyección cilíndrica) para latitud 40°.*

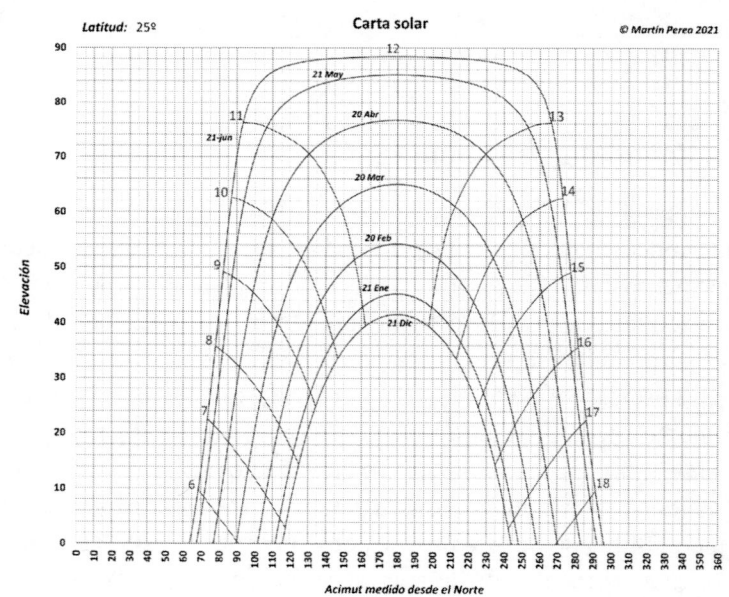

Fig. 9-6. *Carta para latitud de 25°.*

Huelga decir que a cada latitud le corresponde una carta solar diferente, como se puede observar en la **Fig. 9-6** y **Fig. 9-7**. Las curvas extremas son las correspondientes a los equinoccios (21 de junio y 21 de diciembre). Estas fechas son aproximadas, y, como hemos visto anteriormente, pueden variar de un año para el siguiente. Tradicionalmente se representan las curvas para las fechas 21 de enero, 20 de febrero, 20 de marzo, 20 de abril y 21 de mayo, a distancias en el tiempo de los solsticios y equinoccios aproximadamente iguales.

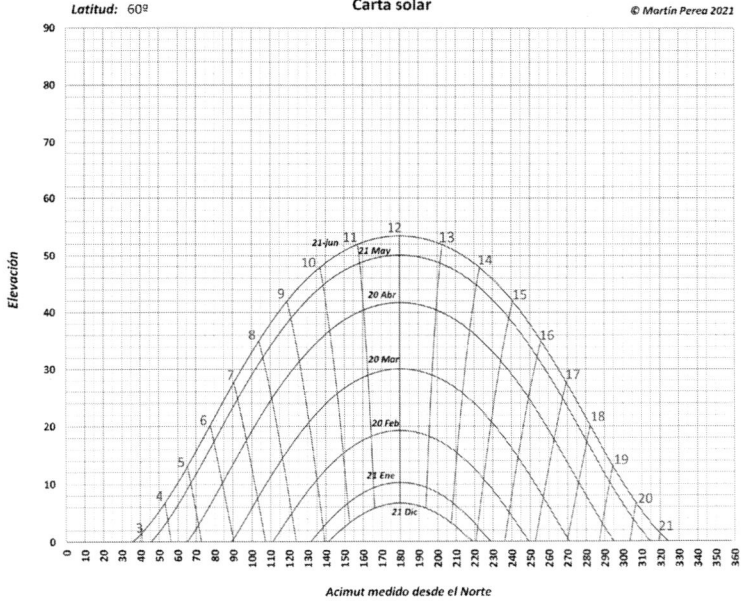

Fig. 9-7. *Carta para latitud de 60°.*

Teniendo en cuenta la distribución simétrica de la curva de declinaciones con respecto a los solsticios, podemos escribir las siguientes equivalencias como guía para el lector. Se trata de pares de fechas en los que la trayectoria del

Sol con respecto al observador es similar[27] (**Tabla 9-1**) por ser simétricas en el tiempo respecto al solsticio.

Para otras fechas diferentes a las anteriores, se podrá interpolar a estima, aunque al estar informatizadas diferentes aplicaciones de uso libre para la creación de estos diagramas, es posible obtener sin dificultad la curva exacta para cualquier día del año. Las líneas transversales corresponden a las horas del día y cortan a las curvas según el acimut y elevación correspondientes a cada una de aquellas.

Tabla 9-1. Pares de fechas notables
con similar declinación.

21 Mayo		22 de Julio
20 Abril		22 Agosto
20 Marzo		22 Septiembre
20 Febrero		21 Octubre
21 Enero		21 de Noviembre

La distribución de curvas horarias es simétrica respecto al mediodía solar en estas gráficas, debido a que las horas indicadas son solares locales. El lector puede encontrar distribuciones con líneas horarias asimétricas. Esto ocurre cuando se tienen en cuenta las correcciones debidas a la ecuación del tiempo y huso horario del observador (horas de reloj), cuestiones que abordaremos más adelante. Las curvas asimétricas que comentamos son las llamadas *curvas analemáticas*, como se verá en el CAPÍTULO 18. Generalmente, en estudios de asoleamiento se utilizan, al igual que aquí y por mayor comodidad, las horas solares. El resultado, en cuanto a horas totales de sol, es idéntico. Como hemos indicado anteriormente, este método de representación favorece el análisis de los elementos del entorno del observador que pueden impedir la incidencia de los rayos solares sobre el mismo durante diferentes períodos horarios a lo largo del año. Para ello, basta con representar el límite superior del entorno visible, convenientemente orientado, sobre la carta solar. En una primera aproximación, o para fines que no requieran elevada precisión (cálculos aproximados, análisis

---

[27] *Como sabemos, la existencia de años bisiestos puede provocar pequeñas variaciones en dichas fechas de año en año. Estas diferencias no son significativas en las representaciones gráficas aproximadas.*

gnomónicos previos a la instalación de relojes de sol), los puntos definitorios del horizonte pueden establecerse, *grosso modo*, sin la ayuda de un taquímetro. Bastaría con una brújula[28] dotada de inclinómetro, mira y nivel de burbuja montada sobre trípode fotográfico. Los puntos principales servirían de apoyo para escalar correctamente una composición fotográfica en panorámica (**Fig. 9-8**), pudiendo servir también como comprobación un plano del lugar.

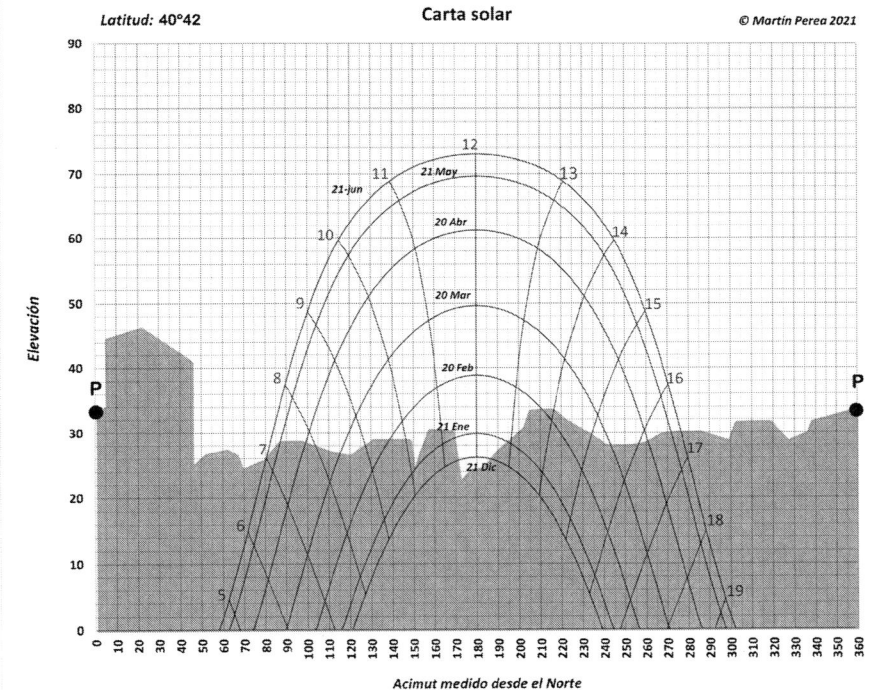

Fig. 9-8. *Superposición del* landscape *del entorno del observador sobre el diagrama solar.*

La composición fotográfica panorámica de la **Fig. 6-13**, que abarcaba un ángulo aproximado de 75° desde el punto de observación, se ha completado hasta cubrir los 360° de la **Fig. 9-8**, sombreada. Se indica en dicha figura el

---

[28] *La brújula, a estos efectos, es un elemento auxiliar de baja precisión, no solo por las inexactitudes en sus inclinómetros cuando están dotadas de ellos, sino por la declinación magnética, o desviación de la dirección de la dirección NS de la aguja con respecto al norte geográfico, y que es variable a lo largo del tiempo.*

punto P de cierre, idéntico a izda. y dcha. Las alturas están adaptadas a los ángulos de elevación, lo cual deforma la fotografía en el eje vertical. Ello nos da una idea de cuáles son las horas en las que el Sol se verá directamente desde el punto de observación. En sentido estricto, en esta gráfica y para esta latitud, bastaría con desarrollar la línea de horizonte entre 55° y 305° de acimut, toda vez que más allá de dicho intervalo el Sol permanecerá oculto durante todo el año, de acuerdo con la figura. Este tipo de gráficos cartesianos se utilizan frecuentemente en cálculos asoleamiento en Arquitectura y tecnología solar, con el fin de evaluar la radiación total anual sobre edificios o instalaciones de placas solares y su minoración por sombras proyectadas desde el entorno. Esta estimación puede evaluarse de forma aproximada mediante recuento de sectores iluminados y oscurecidos entre las curvas horarias y las de elevación para las diferentes fechas, calculando las fraccionadas a estima. Debe tenerse en cuenta que las líneas de elevación corresponden a medio año, coincidiendo, por ejemplo, la del 20 de abril con la del 22 de julio, según veíamos en la **Tabla 9-1**.

9.3.2 Diagramas polares

Otra forma habitual de representación de los pares de acimuts y elevaciones son los diagramas polares.

● **Diagrama polar equidistante (Fig. 9-9)**

Este diagrama parte de la misma base que el anterior: la representación de los pares de acimut y elevación para cada instante, obtenidos mediante cálculos numéricos, sustituyendo los ejes X, Y por una representación polar en la que se sitúan los acimuts mediante radios trazados a diferentes ángulos desde el origen y las elevaciones de igual ángulo mediante círculos concéntricos.

No debe confundirse en modo alguno esta representación convencional con una proyección ortogonal de las diferentes trayectorias del Sol sobre el plano del observador, como puede verse en la **Fig. 9-10** para el caso concreto de la latitud 0° (ecuador), y las mismas fechas, de acuerdo con las posiciones de la trayectoria solar que describíamos en la **Fig. 6-8**.

La **Fig. 9-9** y **Fig. 9-10** (izda.) se han realizado mediante la aplicación on-line [29] del University of Oregon Solar Radiation Monitoring Laboratory.

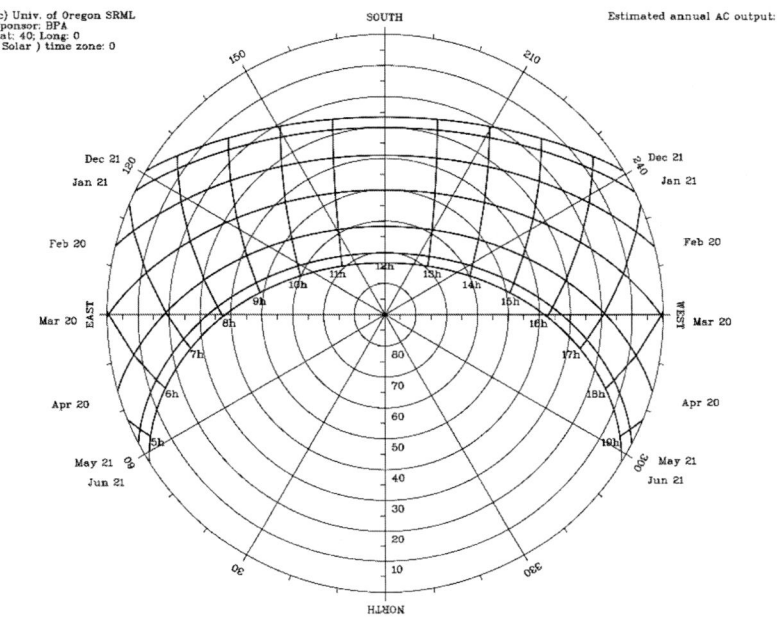

Fig. 9-9. *Diagrama polar equidistante para 40° basado en [29].*

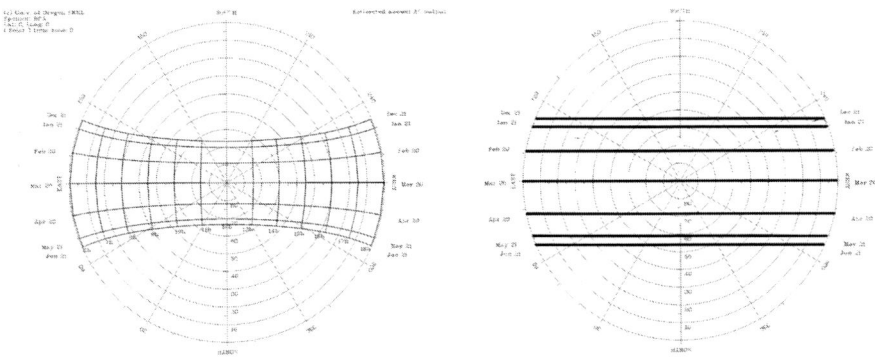

Fig. 9-10. *Diagrama polar equidistante* vs. *proyección ortogonal de trayectorias solares en la latitud 0°. Basados en [29].*

● **Proyección estereográfica**

Procede de la proyección de las trayectorias solares y líneas de igual elevación sobre el plano del observador, tomando como punto proyectivo sobre la esfera celeste el **nadir**, de acuerdo con la **Fig. 9-11**. Es un **método exclusivamente gráfico**. En la figura indicada, la circunferencia definida por sus puntos P y T y por su centro C se proyectan desde el nadir sobre el plano del observador como la nueva circunferencia definida por P', T' y centro, precisamente, el punto O del observador. La circunferencia PCT sobre la esfera celeste está compuesta por puntos a igual elevación respecto al observador: es lo que en Astronomía se conoce como **almicantárada**. Sería equivalente a los paralelos en la esfera terrestre. La proyección de cualquier almicantárada es un círculo de centro O.

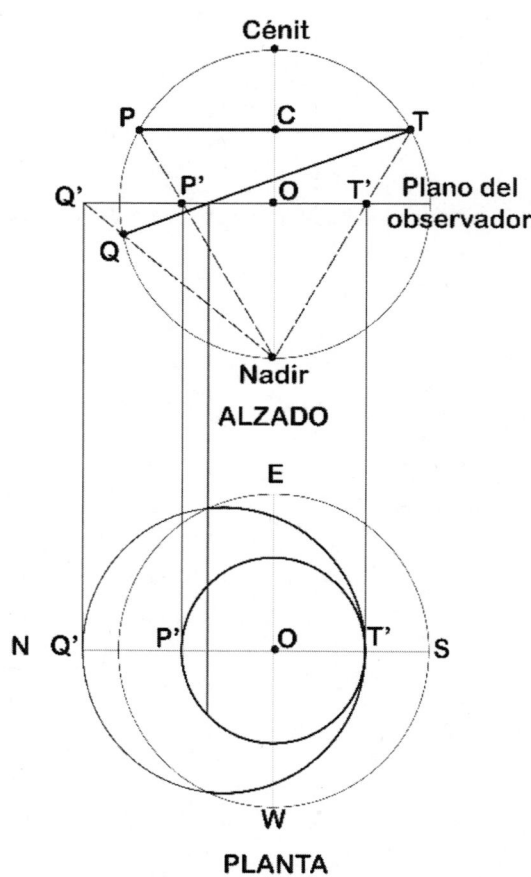

Fig. 9-11. *Principios de la proyección estereográfica.*

Sin embargo, la proyección desde el nadir de cualquier otra circunferencia sobre la bóveda celeste (por ejemplo, las trayectorias diarias aparentes del Sol simbolizadas por la circunferencia que pasa por Q y T) sobre el plano del observador será una circunferencia[29] con centro diferente a O: la que en la figura contiene a los puntos Q' y T'. Representamos un ejemplo para la latitud de 40° en la **Fig. 9-12**, obtenida exclusivamente por métodos gráficos, sin realización de cálculos numéricos, y basada en los principios anteriores. Obsérvese la similitud con la **Fig. 9-9**, basada en el software de la universidad de Oregón, incluyendo cálculos matemáticos previos. Como se ve, pueden distinguirse porque la proyección estereográfica presenta elevaciones angulares no equidistantes de O.

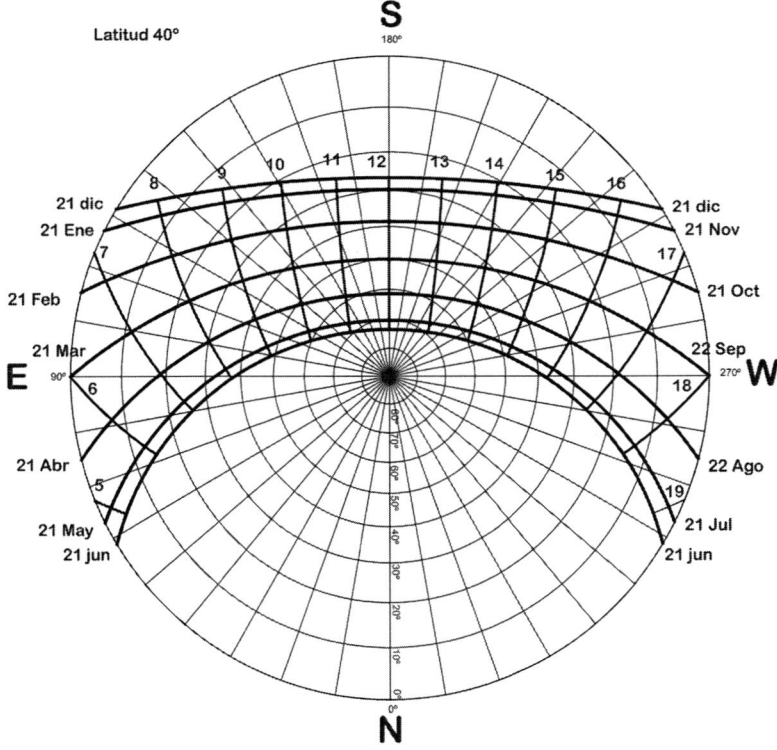

Fig. 9-12. *Proyección estereográfica para latitud 40°.*

---

[29] *Cuestión que enunciamos sin demostración.*

El método estereográfico se popularizó entre los arquitectos en los años 70 del siglo pasado para análisis orientativos, antes del uso masivo de ordenadores personales. Su ventaja consistía en que, conocida la latitud del observador, bastaba con determinar tres puntos para cada curva de trayectoria solar en la fecha deseada: salida, puesta de sol y mediodía. Con dichos puntos representados sobre el plano, era inmediato determinar el círculo circunscrito. La distribución de alturas no equidistantes tiene la desventaja, empero, de una mayor dificultad de obtención de resultados en interpolaciones gráficas.

● **Proyección ortogonal**

Supone la proyección ortogonal de las trayectorias solares sobre el plano del observador, y es denominada en algunos textos *"proyección Fischer"*. En la **Fig. 9-13** se representa el diagrama polar (planta) junto con el alzado auxiliar para su obtención.

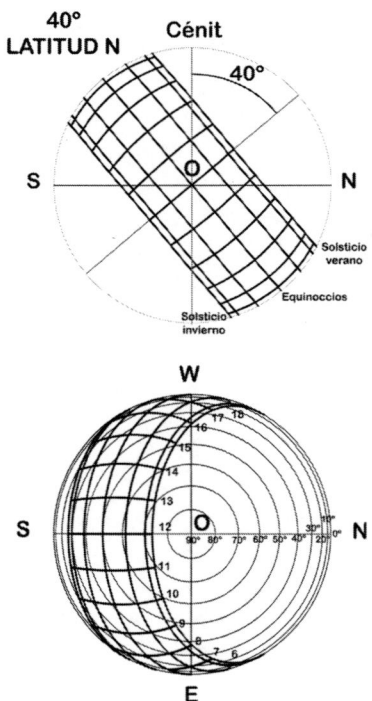

Fig. 9-13. *Proyección ortogonal de las trayectorias solares (planta y alzado).*

A pesar de su valor intuitivo, tiene importantes desventajas. Una de ellas, concentrar excesivamente las proyecciones de las trayectorias cercanas a los solsticios y las de las almicantáradas de menor elevación, haciendo impracticable cualquier superposición del horizonte del observador o *landscape*. Otro inconveniente como método gráfico es que todas las trayectorias solares proyectadas ortogonalmente sobre el plano del observador son elipses, que deben trazarse por puntos. Actualmente se encuentra en desuso salvo como base de gráficos móviles de cierta utilidad didáctica.

9.3.3   Gráficos móviles

De indudable utilidad didáctica, su utilización se reduce al ámbito de la enseñanza, especialmente para su construcción en los talleres de aprendizaje del movimiento solar. Se basan en un dial fijo, que supone la proyección de las almicantáradas y trayectorias solares sobre el plano perpendicular al del observador, conteniendo el eje N-S. Incluyen también un diagrama móvil, sobre acetato transparente o similar, que gira con respecto al anterior hasta situarlo en la latitud requerida. Dotados de suficientes escalas, sirven para calcular el acimut y elevación en cualquier instante del año y en cualquier latitud. Por supuesto, también las alturas al mediodía, horas solares de amanecer y ocaso, etc.

En la **Fig. 9-14** se representa un ejemplo de **diagrama móvil ortogonal**, particularizado para dos latitudes: 20° 40° de latitud norte.

La **Fig. 9-15** muestra un diagrama móvil obtenido mediante **proyección estereográfica** desde el punto W de la espera celeste en su intersección con el plano del observador ya que se basa en la proyección en alzado de las almicantáradas, trayectorias solares y líneas horarias. Por ello, las líneas son diferentes de las obtenidas con el nadir como punto proyectivo. Se ha particularizado, igualmente, para las latitudes 20° y 40° N. Si comparamos los dos gráficos, concluiremos que el estereográfico puede proporcionar precisiones más altas debido a su disposición de líneas de referencia. No son recomendables para estos discos diámetros inferiores a los 30 cm para poder considerarlos operativos.

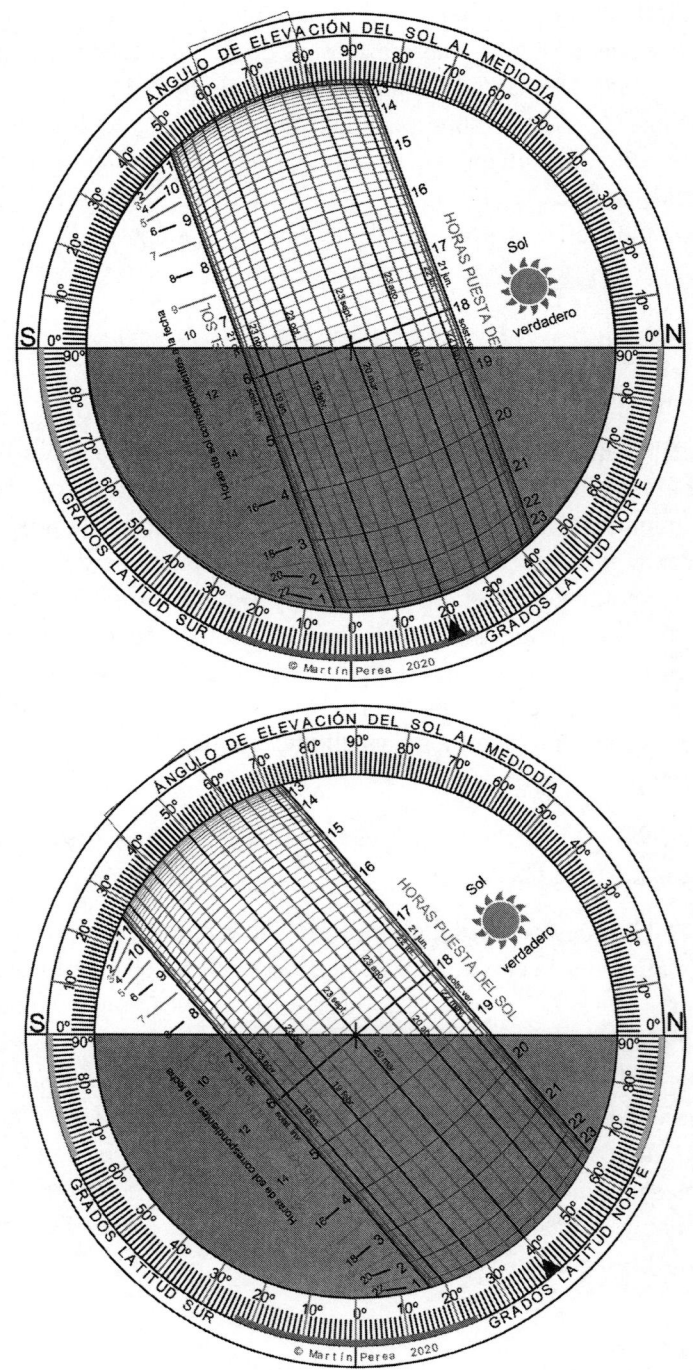

Fig. 9-14. *Diagrama móvil ortogonal. Latitudes 20°N y 40°N.*

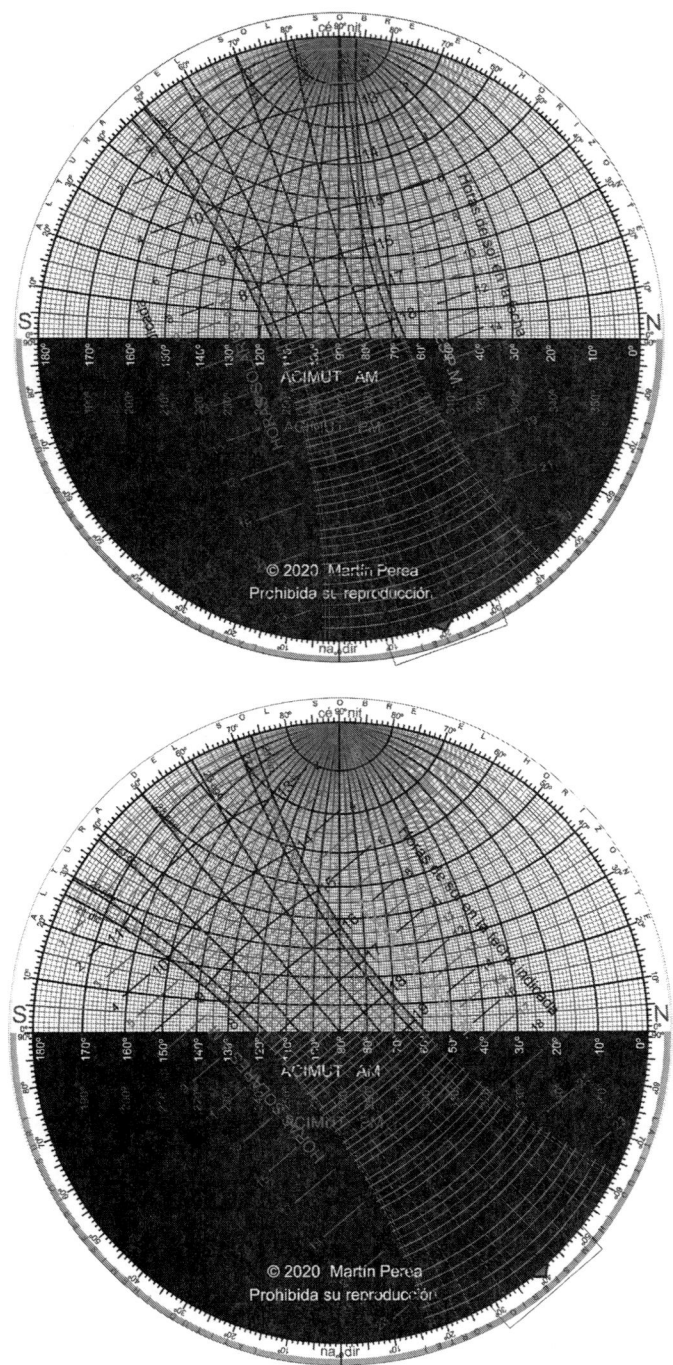

Fig. 9-15. *Diagramas móviles estereográficos. Latitudes 20º N y 40º N.*

En cualquier caso, las aplicaciones informáticas han desbancado a estos gráficos del uso profesional, aunque su utilización permite desarrollar una visión intuitiva inmejorable para la comprensión de la variación de los acimuts y elevaciones en función de la latitud. Visión que suele perderse con la utilización directa de las aplicaciones mencionadas. Un diagrama de este segundo tipo, suficientemente grande y grafiado mediante impresión digital, puede darnos para cualquier latitud y fecha las horas de sol diarias, horas de salida y puesta de sol, acimut y elevación solares en cualquier hora y desviación con respecto a la línea E-W de salidas y puestas solares, todo ello con una aproximación adecuada para tanteos previos o previsiones en viajes a puntos alejados de nuestro entorno. Se marcan siempre en ellos las horas solares, nunca las horas medias (de reloj).

9.4   La percepción del observador

Las representaciones gráficas que hemos utilizado hasta ahora nos permiten hacernos una idea de la variación de γ y ê a lo largo del año y en diferentes latitudes, pero no nos permiten hacernos a la idea de cómo puede percibir el observador el movimiento aparente del Sol cuando mantiene su visual fija en una dirección.

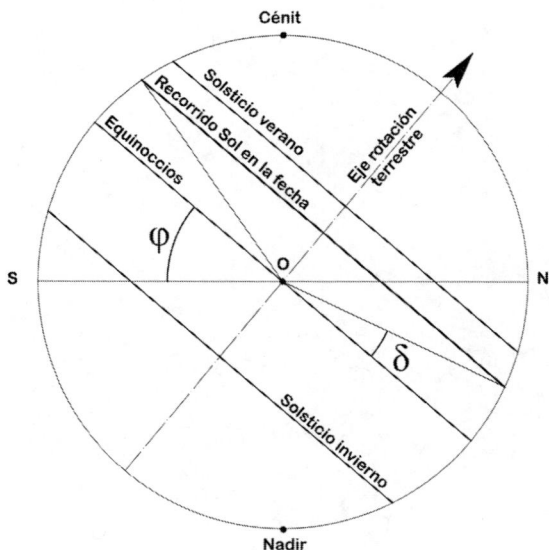

Fig. 9-16. *Recorrido aparente del Sol para el observador situado en el plano perpendicular a la línea Cénit-Nadir que pasa por O. (Alzado).*

O, dicho de otra forma: no nos permiten prever cuál va a ser la curva resultante de una serie de fotografías al sol supuesto que se tomen manteniendo fija la cámara fotográfica en una dirección determinada. Merece la pena analizar el problema.

La trayectoria aparente del Sol, para el observador, viene definida por las generatrices de un cono con vértice en el propio observador y eje, la perpendicular al círculo imaginario del movimiento diario del Sol, pasando por su centro (**Fig. 9-16**). El semiángulo cónico tendrá un valor 90°- δ. Cada día, el cono tendrá una altura diferente, siendo máxima en los solsticios y nula en los equinoccios. Los esquemas indicados en la **Fig. 9-17** nos muestran en representación tridimensional el carácter cónico de la trayectoria aparente del Sol y sus proyecciones o cortes por diferentes planos verticales.

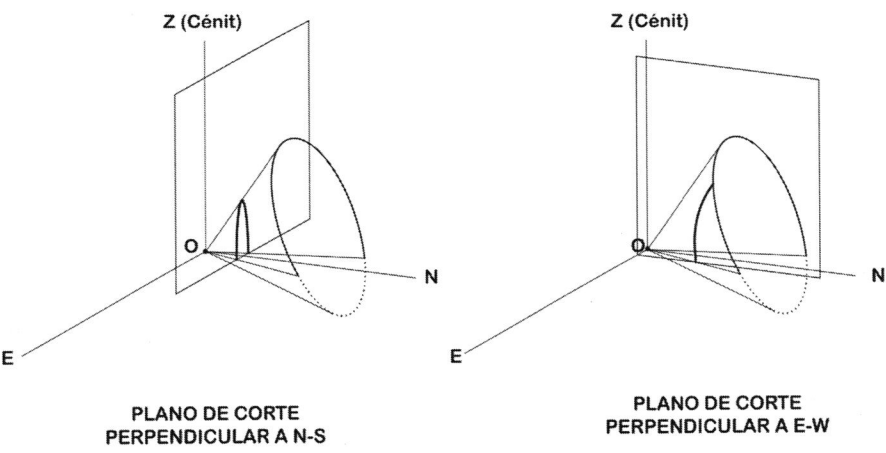

Fig. 9-17. *Visualización de la trayectoria aparente del Sol por proyección sobre planos perpendiculares a N-S (izda.) y E-W (dcha.).*

En las figuras siguientes se han representado las trayectorias aparentes del Sol a lo largo del año, mirando exactamente hacia el W, tal y como las verían tres observadores diferentes situados en la latitud $\varphi = 40°$ N (**Fig. 9-18**), $\varphi=0°$ (**Fig. 9-19**) y $\varphi = 90°$ (**Fig. 9-20**). Nos puede llamar la atención que en los equinoccios las trayectorias del Sol en cualquier latitud son líneas rectas, una horizontal tangente al plano del observador en los polos y una vertical perfecta en el ecuador. Todas las trayectorias en las diferentes latitudes, si obviamos las diferentes escalas entre ejes, son idénticas, a excepción del giro con respecto al observador: la trayectoria en el equinoccio (eje del haz de hipérbolas) forma con la vertical un ángulo igual a φ.

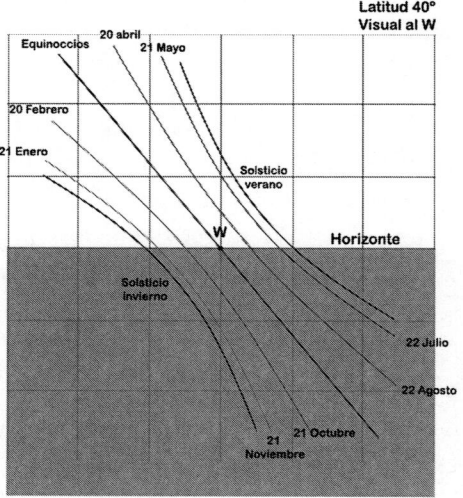

Fig. 9-18. *Visualización de las trayectorias aparentes del Sol en diferentes fechas. Observador en $\varphi=40°$ dirigiendo su visual al W, hacia el horizonte.*

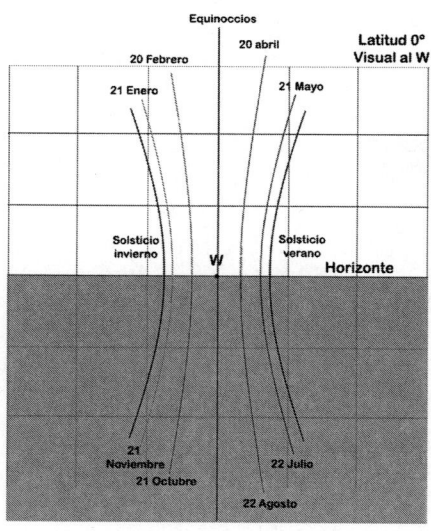

Fig. 9-19. *Visualización de las trayectorias aparentes del Sol en diferentes fechas. Observador en $\varphi=0°$ dirigiendo su visual al W, hacia el horizonte.*

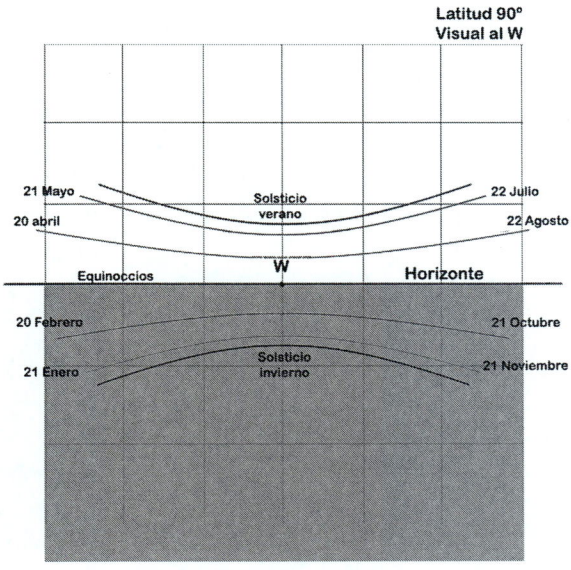

Fig. 9-20. *Visualización de las trayectorias aparentes del Sol en diferentes fechas. Observador en φ=90° dirigiendo su visual al W, hacia el horizonte.*

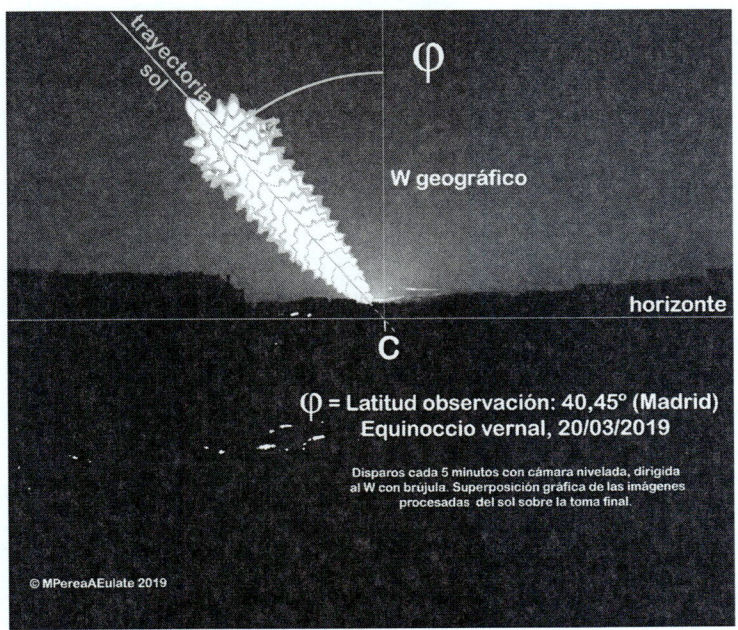

Fig. 9-21. *Composición fotografías al Sol en ocaso. Cámara hacia el W geográfico.*

9.5 Análisis gráfico de sombras

Un uso frecuente del cálculo del acimut y la elevación del Sol en Arquitectura es la representación de las sombras arrojadas de un edificio sobre el suelo o sobre otros edificios. Aunque actualmente existen programas que simplifican estas operaciones, exponemos a continuación los principios básicos. Conocidos para un instante dado ê y γ_N, y disponiendo de la planta y alzado de una determinada edificación (**Fig. 9-23**), bastará con hacer pasar por cada punto A de la misma una recta cuya orientación venga dada definida por ê y γ_N, hasta cortar el plano horizontal (en nuestro caso) o cualquier otro plano en el caso de edificios contiguos. El punto A proyectado en A' definirá uno de los vértices del polígono que conforma la sombra. Para obtener A' pasaremos una paralela al acimut por la proyección de A, y por dicho punto trazaremos la perpendicular a aquella, marcando sobre la misma la longitud *h* igual a la altura del punto A, lo que nos define (A). Trazando desde este una recta que forme un ángulo con *h* igual 90°- ê, esta cortará a la recta acimut en A'. Reiterando el proceso para todos los puntos que sea necesario, obtendremos la **Fig. 9-22**, en la que también se puede ver la representación tridimensional obtenida mediante Autocad.

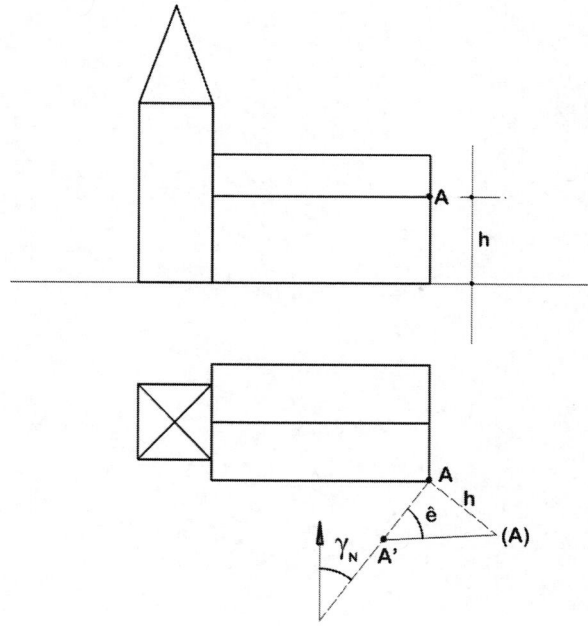

Fig. 9-22. Principios del análisis de sombras en diédrica.

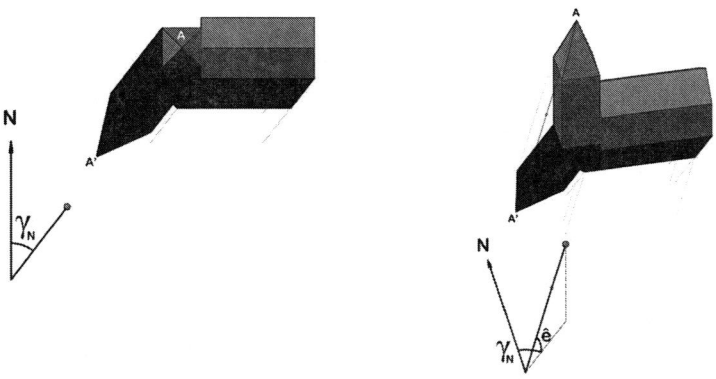

Fig. 9-23. *Sombra completa en planta (izda.) y representación en 3D del resultado (dcha.).*

PARTE II.

Cálculos en alta precisión

10

EL TIEMPO CONTINUO PARA ALTAS PRECISIONES

Hasta ahora hemos realizado diferentes deducciones geométricas, y hemos visualizado la variación de fenómenos utilizando el intervalo de un año medio. Sin embargo, el cómputo de años bisiestos, y las correcciones mediante supresión de estos cada 400 años, unida a la existencia de otros fenómenos que influyen en los movimientos del eje terrestre, hacen que sea necesario utilizar una medida continua de los días a lo largo de los años, y, en definitiva, del tiempo, con el fin de dotar de mayor precisión a los cálculos astronómicos, especialmente los predictivos. No es lo mismo calcular el número aproximado de horas de sol a lo largo del año que determinar con precisión la altura y acimut solares para un instante determinado a veinte años vista. Para ello es conveniente que definamos el concepto o los conceptos de *tiempo*. Digamos, en primer lugar, que el número de definiciones físicas y astronómicas para el tiempo y su medida es tan extenso que en el presente capítulo solamente vamos a limitarnos a exponer las estrictamente necesarias para la resolución práctica del cálculo de la posición aparente del Sol.

10.1   El tiempo universal

La medida del tiempo de uso más habitual guarda una estrecha relación con la rotación terrestre. Así, desde los orígenes de la Humanidad, el día solar fue la referencia temporal universalmente utilizada. Este concepto está en relación directa con el de *tiempo solar verdadero*, que fija el mediodía en la culminación del Sol sobre el meridiano del lugar: es el mediodía que marcan los relojes de sol y coincide con el instante en que nuestro astro se observa a mayor altura sobre el horizonte. Dado que la duración de los días así definidos no es uniforme (uno días duran hasta treinta segundos más que otros, como se expondrá en el CAPÍTULO 18, dedicado a la Ecuación del Tiempo), surge el concepto utilitario de *tiempo medio,* que es el que se corresponde con una división del período de un año de 365,2422 días, obteniendo días de 24 horas iguales, con un resto de aproximadamente 6 horas al cabo del año. Es el tiempo que sirve como base para el ajuste de nuestros relojes en la vida real. Su unidad menor es el ***segundo***, que inicialmente se definió como 1/86400 de día, pasando a partir de 1960 a caracterizarse con mayor exactitud mediante un patrón atómico [30]: actualmente, un segundo es *"la duración de 9.192.631.770 períodos de la radiación correspondiente a la transición entre los dos niveles hiperfinos del estado fundamental del átomo de cesio 133"* ([31], traducción libre). Tiene, por tanto, una definición absoluta, independiente del movimiento aparente del Sol, y es la base del TAI *(tiempo atómico universal)* desde 1972 [30]. En 1979 se aceptó la denominación *TD (terrestrial dynamical time)* para denominar al tiempo basado en las mediciones atómicas TAI [32].

Como referencia convencional para la definición del origen de los días, se toma sobre la superficie terrestre el meridiano 0, de Greenwich.

El *tiempo universal* TU (también UT, en inglés) es el que se rige por el *tiempo medio* referido a Greenwich. Este tiempo acumula a lo largo de los años un error de varios segundos en relación con el tiempo atómico, debido, entre otros fenómenos, a la paulatina ralentización de la rotación terrestre. A su vez, UT1, muy utilizado en Astronomía, hace referencia a UT una vez corregidos los mínimos movimientos de los polos. UTC, *tiempo universal coordinado*, sería UT1 compensado con la parte entera de la diferencia entre UT1 y TAI (despreciando las fracciones de segundo). Las señales horarias emitidas por radiofrecuencia se corresponden con UTC. Los ajustes entre UT1 y UTC se realizan en los meses de junio y diciembre. La ralentización de la rotación terrestre[30] se sitúa actualmente en un orden de magnitud aproximado de 1 s/año [30].

Podríamos extendernos con un número no pequeño de definiciones relativas a los diferentes estándares de tiempo, pero es innecesario desde un punto de vista práctico para el problema que nos ocupa.

---

[30] *En los últimos años se ha observado una ligera aceleración en la rotación terrestre, cuyas causas son objeto de estudio por parte de la comunidad científica.*

10.2   La fecha juliana (JD) como marco temporal

La utilización de los días del año como unidad de tiempo para la determinación de *L (longitud orbital)* y, por tanto, de todas las variables necesarias para el análisis del movimiento aparente del Sol, acarrea graves inconvenientes. Aparte de que el número de días civiles varía de unos años a otros (años bisiestos), el perihelio se desplaza lentamente a lo largo del calendario a través de los años, el eje de rotación de la Tierra modifica de forma lenta pero continua su inclinación con respecto al plano de la eclíptica, etc.

Por ello, y para evitar los problemas mencionados a la hora de contar intervalos temporales desde orígenes arbitrarios y cambiantes, existe un procedimiento muy utilizado en Astronomía que nos permite considerar el transcurso de los días como una sucesión continua cuyo origen se sitúa bastante alejado de nosotros en el tiempo.

Se trata de la *fecha juliana, día juliano o JD (julian date)*, cuyo origen de tiempos, es decir, **JD = 0**, se sitúa a las 12:00 h Greenwich del 1 de enero del año 4713 a. C. Lógicamente, en ese siglo no estaba fijado Greenwich como origen de meridianos ni, por tanto, como referencia temporal a efectos de contabilizar el Tiempo Universal; este convenio es muy posterior. Por otra parte, para los astrónomos, el año 4713 a. C. es el –4712. Cuestión exclusivamente de nomenclatura: el año 1 a. C. es denominado año 0 en Astronomía, debido a que hasta el siglo VI de nuestra era no se utilizaba en Occidente el concepto matemático del cero.

Sobre la elección de una fecha tan concreta para JD = 0 no vamos a extendernos, limitándonos a citar como autor de este cómputo a Joseph Scaliger, en 1582, y aclarando que se trata de una fecha origen totalmente arbitraria basada en criterios que actualmente nos resultarían sorprendentes. La fecha juliana nada tiene que ver con el *calendario juliano* implantado por Julio César dieciséis siglos antes; se trata de una casualidad que induce a confusión. La desafortunada denominación para este continuo de días naturales hace referencia a *Julius*, nombre del padre de J. Scaliger, cuya memoria quiso honrar este último.

Cada instante del día viene dado como una fecha y su correspondiente fracción. La fecha juliana se basa siempre en días naturales y tiempo medio.

Por ejemplo, el 1 de enero de 2000 a las 12:00 (hora Greenwich) sería el JD = 2.451.545,0.

Ese mismo día, a las 0:00 tendríamos JD = 2.451.544,5.

10.2.1 Fecha juliana, días naturales y días solares

Es importante recalcar que la fecha juliana JD se refiere a días naturales y, por tanto, las fracciones de día tienen en cuenta que el punto medio de la fecha dada (valor decimal = 0,5) es el instante de las 12:00 oficiales en Greenwich. Debemos tener en cuenta que, debido a la ecuación del tiempo, que hemos citado en otros capítulos anteriores y que analizaremos más a fondo en el CAPÍTULO 18, las 12:00 en Greenwich (valor entero de la fecha juliana) no coincidirán con el mediodía solar. Los ángulos horarios ω analizados en capítulos anteriores se refieren al tiempo solar verdadero, estrictamente hablando, con origen en el mediodía solar. Por tanto, cuando calculemos ACIMUTS y elevaciones en hora oficial a partir de la fecha juliana, deberán realizarse las oportunas conversiones a hora solar.

Igualmente, debe recalcarse que, aunque la fecha juliana da un valor entero (sin decimales) a las 12:00 Greenwich, en cualquier otra longitud las 12:00 oficiales locales arrojarán valores con decimales, debiéndose realizar las oportunas correcciones de meridiano para obtener el valor exacto.

10.2.2 Calendarios juliano y gregoriano y fecha juliana: confusiones

La denominación "fecha juliana", como dijimos, provoca confusiones con el calendario juliano, introducido por Julio César en el año 46 a. C., y que computaba por primera vez en Occidente los años bisiestos con el fin de adaptar el calendario civil al año trópico (el transcurrido entre dos equinoccios de primavera consecutivos). Este calendario juliano fue sustituido progresivamente en los diferentes estados entre los siglos XVI y XX por el calendario gregoriano, basado en observaciones astronómicas lideradas por la Universidad de Salamanca (España) y promulgado por el Papa Gregorio XIII en 1582, y que eliminaba la consideración de bisiestos para todos los años primeros de cada siglo, salvo aquellos que fuesen múltiplos de 400. El calendario gregoriano es mucho más preciso que el juliano en cuanto a su adaptación a la verdadera duración del año trópico (véase CAPÍTULO 1).

Sea como fuere, la confusión no procede solamente de la denominación, sino del hecho de que en Astronomía no es infrecuente el uso tanto del calendario gregoriano como del juliano a efectos del análisis de fenómenos astronómicos remotos en el tiempo. A ello debe unirse otro problema, como es el de la diferencia en las fechas de implantación del calendario gregoriano según los diferentes países, por lo que resulta prácticamente imposible establecer un único algoritmo que sin salvedades relacione calendarios juliano y gregoriano con fechas julianas. Por ello, para fechas pretéritas debe estudiarse cada caso concreto: no solo el calendario se implantó en diferentes años según los estados, sino que dentro del mismo año existieron adopciones por diferentes estados en diferentes fechas. Como ejemplos extremos podemos citar al Imperio español como pionero para su adopción en todas sus posesiones, que se materializó pasando del 4 de octubre de 1582 al 15 de octubre de 1582 en una sola noche, y a Rusia, que pasó del 31 de enero de 1918 al 14 de febrero de 1918. Las diferencias entre fechas consecutivas tuvieron como motivo fijar los equinoccios en posiciones del calendario similares a las que se encontraban en el primer siglo de la era cristiana. De ahí la diferencia en el salto de días entre España y Rusia, por ejemplo: en el caso ruso, se siguieron acumulando errores desde la temprana implantación por los españoles, verdaderos impulsores de la reforma. En Inglaterra, por ejemplo, el calendario gregoriano se implantó en 1752, no sin gran oposición por parte de la ciudadanía[31].

10.3   Conversión entre calendario gregoriano y JD

Salvando los inconvenientes anteriores, que el lector deberá analizar en cada caso concreto, existen multitud de algoritmos de uso general para la conversión de fecha del calendario gregoriano (el actualmente reconocido en todos los estados) y JD. Obviamos cualquier disquisición relativa a fechas

---

[31] *En palabras atribuidas a Voltaire: "Estos ingleses prefieren que su calendario esté en desacuerdo con el Sol antes de darle la razón al Papa". Como se ve, la adopción del calendario gregoriano tuvo que sortear durante siglos prejuicios políticos y religiosos de toda índole.*

anteriores a sus diferentes adopciones. Podemos citar como autores de los algoritmos sencillos más conocidos, que son la base de multitud de programas para uso en ordenadores o calculadoras programables, a Van Flandern y Pulkkinen [33], Peter Duffett-Smith [34]... Algunos están vertidos en la web por organismos oficiales y traducidos a lenguajes de programación concretos, como el del United States Naval Observatory (USNO) [35].

10.3.1 *Conversión entre fecha gregoriana y día juliano*

De entre todos los algoritmos de transformación, citamos a continuación el presentado por Jean Meeus [22] . Este algoritmo es válido incluso para fechas anteriores a la implantación más temprana del calendario gregoriano, en 1582, aunque de acuerdo con el punto anterior, para fechas tan antiguas deberían tomarse las oportunas reservas y efectuarse las pertinentes consultas históricas.

Las variables de entrada son:

Y = *año*

M = *mes*

D = *día del mes*

con sus correspondientes decimales, teniendo en cuenta que los días naturales en el calendario gregoriano, a diferencia de los correspondientes a JD, dan comienzo a las 0:00, por lo que, por ejemplo, las 6:00 del día 8 se indicarán en la entrada de datos como D = 8,25.

El diagrama de flujo del método sería el que se recoge en la **Fig. 10-1**.

La expresión INT no es otra que la parte entera de la cifra en cuestión.

Este algoritmo permite también calcular JD partiendo del calendario juliano sin más que imponer B=0. Esto sería especialmente útil para fechas anteriores a 1582[32]. En general, para nuestros cálculos utilizaremos habitualmente el calendario gregoriano.

---

[32] *Este año es el más antiguo del proceso de sustitución del calendario juliano. Como se ha indicado, para cálculos históricos es imprescindible consultar la fecha exacta de implantación del calendario gregoriano para el estado en el que se realice el cálculo.*

El algoritmo ha sido chequeado por el autor entre los años 1900 y 9999, en bloques de 1.000 años, siendo los resultados obtenidos satisfactorios. No obstante la validez de este método, recomendamos encarecidamente a los usuarios de hojas de cálculo Excel que lean detenidamente el apartado 10.4 de este mismo capítulo.

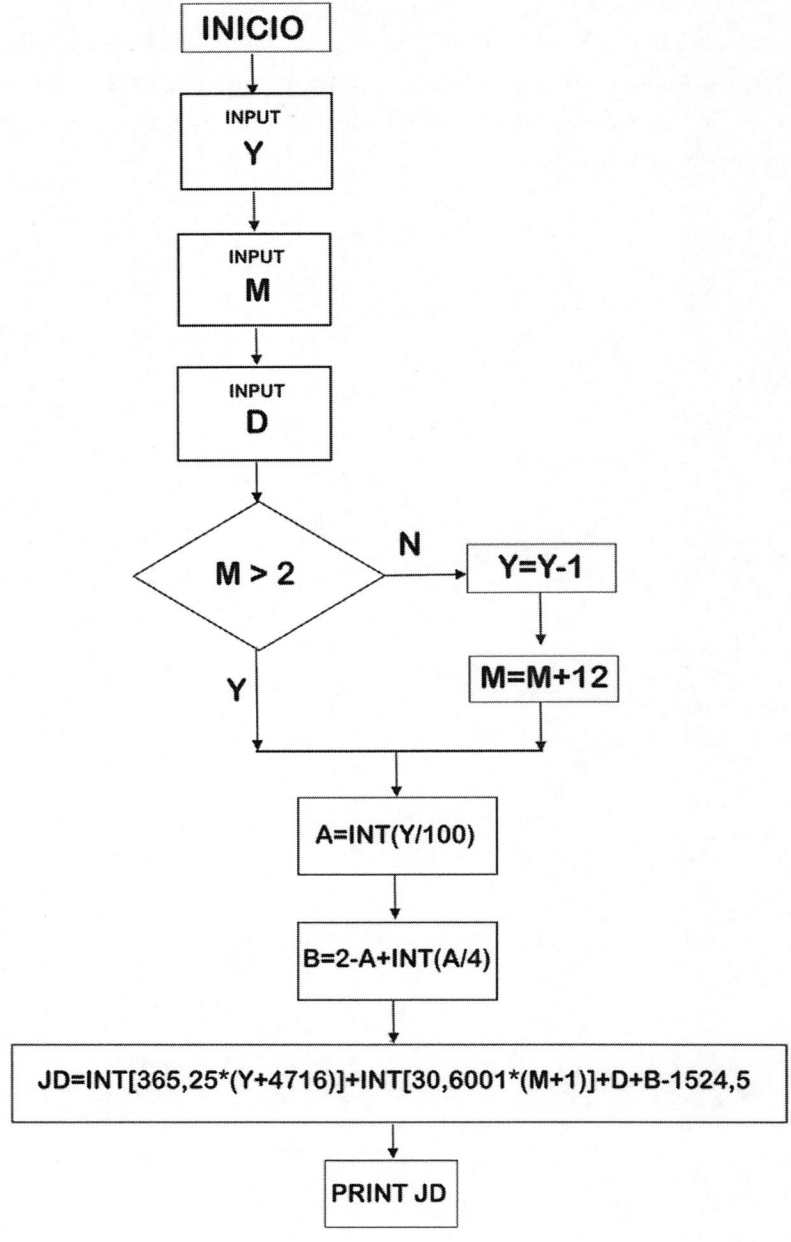

Fig. 10-1. *Algoritmo general para el cálculo del día juliano en función de la fecha gregoriana.*

10.3.2   Conversión de fecha juliana a fecha gregoriana

La conversión de JD a calendario gregoriano se puede realizar a través del algoritmo recogido en la obra [22] del mismo autor, J.Meeus. Se representa en la **Fig. 10-2**.

No es válido para JD negativos.

Este algoritmo también ha sido chequeado por el autor de la presente obra entre los años 1900 y 9999, en bloques de 1.000 años, siendo los resultados obtenidos satisfactorios.

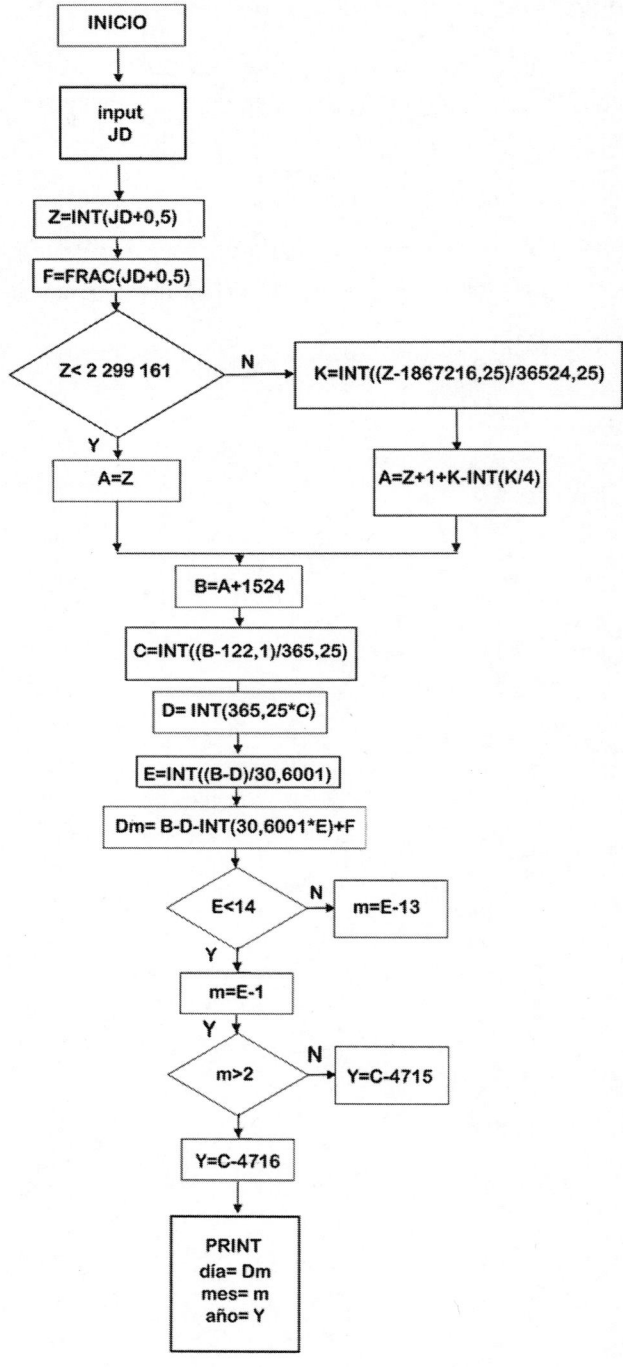

Fig. 10-2. *Conversión de día juliano a fecha.*

10.3.3 Otros algoritmos simplificados

Existen otros muchos algoritmos más sencillos en función de las limitaciones de fecha adoptadas, relación con instantes dados, etc. A modo de ejemplo, recogemos por su sencillez un algoritmo citado por multitud de autores, como J.D. Fernie [36], para la transformación de fecha del calendario gregoriano a JD. El mismo fue propuesto por J.D. de Van Flandern y Pulkkinen [33] en 1979, en su variante simplificada **para fechas posteriores a marzo de 1900.**

$$JD = 367Y - \frac{7\left[Y + \frac{M+9}{12}\right]}{4} + \left(\frac{275M}{9}\right) + D + 1701014$$

(JD, Y, M, D tienen los mismos significados que en los algoritmos anteriores).

La fecha juliana, con este algoritmo, presupone que a una entrada de D como número entero le corresponde un resultado JD al mediodía.

Este conocido procedimiento, enunciado de una forma tan compacta, fue formulado en principio como un *algoritmo de una sola línea* de programación, en concreto para el lenguaje Fortran. Por esta razón, es importante tener en cuenta que dicho lenguaje de programación truncaba automáticamente las divisiones por enteros a su parte entera. Observemos que se trata de un algoritmo desarrollado durante los años 70 del pasado siglo. Su utilización directa en otros lenguajes de programación, calculadoras programables, etc., puede llevar a errores si no se corrige esa particularidad. Por ejemplo, sería más adecuada esta expresión, recordando las limitaciones temporales indicadas más arriba:

$$JD = 367Y - \text{int}\left[\frac{7\left[Y + \text{int}\left[\frac{M+9}{12}\right]\right]}{4}\right] + \text{int}\left(275\frac{M}{9}\right) + D + 1721013{,}5$$

Esta expresión admite valores no enteros de D homogéneos con origen horario a las 00:00 h, cuestión accesoria que contempla J.D. Fernie [36] en el desarrollo de su expresión matemática. Este algoritmo, a pesar de su sencillez, pierde su potencial de simplificación de operaciones cuando se trabaja con hojas de cálculo Excel, por los motivos que se analizarán en el apartado 10.4.

Por otra parte, hemos comprobado la **existencia de errores en este algoritmo a partir del 28 de febrero de 2100**, toda vez que el mismo, a tenor de los resultados, considera bisiestos todos los años múltiplos de 100. Por ello, el límite superior de validez del algoritmo sería precisamente el 28/02/2100. Habitualmente se obvia aludir a esta limitación, lo cual puede llevar a errores de cálculo más allá de la fecha indicada.

Existe otra versión para cualquier otra fecha expuesta por el mismo autor, aunque con una complejidad mayor. La presentamos a continuación en formato matemático (es habitual encontrarla en lenguaje FORTRAN, que en su momento supuso un gran avance para los procesos de cálculo).

$$JD = 367 \cdot Y -$$

$$\operatorname{int}\left\{\frac{7\left[Y + \operatorname{INT}\left[\frac{M+9}{12}\right]\right]}{4}\right\} + + \operatorname{int}\left\{\frac{3\left[\operatorname{int}\left[\frac{Y + \operatorname{int}\left(\frac{M-9}{7}\right)}{100}\right] + 1\right]}{4}\right\} +$$

$$+ \operatorname{int}\left[\frac{275M}{9}\right] + D + 1721028,5$$

El algoritmo está adaptado para los valores de salida de JD de la misma forma que en la versión reducida anterior. Su ventaja radica también, como indica su autor, en ser un algoritmo "de una sola línea de programación", sin filtros de valores en el proceso de cálculo. Este algoritmo ha sido chequeado por el autor de la presente obra entre 1900 y 9999, en bloques de 1.000 años, siendo los resultados obtenidos satisfactorios.

Por otro lado, J.D. Fernie [36] no presenta en su trabajo ninguna propuesta para el cálculo inverso, esto es, el cálculo de la fecha gregoriana a partir de JD.

10.4   Simplificaciones para hojas de cálculo. El error del año 1900

Los algoritmos anteriormente mencionados han sido desarrollados a medida que las calculadoras programables y los ordenadores iban evolucionando desde la década de los 70 del siglo XX. Hoy en día, la utilización de ordenadores personales asequibles, mucho más potentes que los utilizados por astrónomos y profesionales en los albores de la era espacial, está generalizada para el gran público. Igualmente, se ha impuesto un tipo de *software*, de uso universal, que permite la realización de cálculos masivos. Se trata de las hojas de cálculo.

Todo el que haya utilizado una hoja Excel en entorno Windows sabe que a una fecha en formato dd/mm/aaaa le corresponde un valor matemático en formato-número. Así, el 19/09/1977 se transforma en 28387 sin más que variar el formato de celda. De esta forma, es muy sencillo obtener el número de días transcurridos entre dos fechas dadas. El principio es el mismo que el de la fecha juliana, con las únicas diferencias de que en Excel el origen de tiempos es el 01/01/1900, abarcando su campo de validez hasta el 31/12/9999 A.D. (limitaciones comprobadas en la versión Excel Microsoft Office 2007), y que en dicha hoja no se opera con fracciones de día.

Sin embargo, **Excel presenta un grave error** en el cómputo continuo de las fechas: **supone bisiesto el año 1900**, cuando realmente no lo fue.

El 01/01/1900 a las 00:00 es JD= 2415020,5. El valor numérico para la fecha dada en Excel es $D_{excel} = 1$, por lo que entonces deducimos que JD = $D_{excel}+2415019,5$. Pero retrocediendo desde el 01/03/1900, cuyo valor numérico asignado por Excel sería 61, eliminando el falso 29/02/1900 llegaríamos a que el valor correcto del continuo Excel para el 01/01/1900 debería ser entonces $D_{excel} = 2$ y no $D_{excel} = 1$, como indica el programa. Por esa razón, la fórmula de paso correcta debe ser:

$$JD = D_{excel} + 2415018,5$$

para todas las fechas desde el 01/03/1900.

Por ello, algunas aplicaciones que utilizan Excel como base, por ejemplo, la de la NOAA [10], especifican que sus tablas de año completo son válidas a partir de 1901.

En cualquier caso, la expresión anterior nos permite, con la salvedad expuesta, obviar los algoritmos anteriores para predicciones futuras en fechas posteriores a 29/02/1900 y hasta el 31/12/9999.

10.5   Fenómenos asociados a largos intervalos de tiempo

La fecha juliana no es útil solamente para fijar un continuo en la sucesión de días naturales. Algunos fenómenos astronómicos, fundamentales para nuestros cálculos, experimentan variaciones anuales tan pequeñas que sus valores se analizan en función de los siglos o milenios transcurridos desde un instante determinado. Hoy en día es frecuente la evaluación numérica aproximada de estos fenómenos mediante expresiones matemáticas en forma de series polinómicas, e invariablemente se suelen utilizar la JD o expresiones derivadas de la misma para la cuantificación de su evolución temporal.

El inconveniente es que diferentes aproximaciones suelen utilizar orígenes de tiempos distintos en función de la fecha en que ha sido lanzado el modelo o de otras consideraciones, como la de tener en cuenta múltiplos de JD para fenómenos con variaciones anuales infinitesimales. Pongamos un ejemplo:

- La expresión de la excentricidad de la órbita terrestre, e, recogida de Duffett-Smith en [34], cap. 45 *"Calculating the position of the Sun"*, es:

$$e = 0,01675104 - 0,0000418T - 0,000000126T^2$$

donde T es el número de *siglos julianos* transcurridos desde el 0,5 de enero de 1900 (31 de diciembre de 1899 a las 12:00 del mediodía), es decir, desde las   JD = 2415020,0, entendiéndose como siglo juliano un período de 36525 días naturales.

O sea:

$$T = \frac{JD - 2415020,0}{36525}$$

Sin embargo, de acuerdo con Jean Meeus [22], pág. 163, tenemos que:

$$e = 0,016708634 - 0,000042037\,T - 0,0000001267\,T^2$$

Siendo *T* los siglos julianos transcurridos desde el 1 de enero de 2000 a las 12:00 del mediodía, instante que se denomina por convenio J2000. El instante en cuestión tiene una JD= 2451545,0, por lo que, en este caso:

$$T = \frac{JD - 2451545,0}{36525}$$

El ejemplo anterior nos sirve para ilustrar la necesidad de que con cada expresión numérica para elementos orbitales que dependa directa o indirectamente de la fecha juliana, es imprescindible indicar de forma clara el origen de tiempos. Este criterio aclaratorio se seguirá en todos los apartados de la presente obra, aun a costa de resultar a veces reiterativos.

10.6   Fracciones de día y cómputo astronómico

El lector puede encontrarse en almanaques o aplicaciones astronómicas una caracterización de los días del año aparentemente en contradicción con lo explicado en este capítulo. Se trata del "día 0".

Es habitual que el primero de enero a las 0:00 Greenwich se considere en Astronomía, en los ámbitos indicados, el día 1,0 del año. El mediodía solar en esa fecha es el día 1,5 y la medianoche del 1 al 2 de enero es en Astronomía el día 2,0. Hasta aquí todo transcurre de acuerdo con nuestra lógica habitual. Sin embargo, si el 01/01/1975 a las 0:00 es el día 1,0 de dicho año, ¿qué fecha es el 31/12 del año anterior a las 12:00? Realmente, será una fecha de valor < 1,0, por lo que, habiendo transcurrido 0,5 días hacia atrás, tendremos que la fecha correspondiente a ese instante es el 0,5 del nuevo año 1975. Otros ejemplos ilustrativos:

El 31 de diciembre de 1974 a las 0:00 será el 0,0 de enero de 1975. (JD 2442412,5)

El 30 de dic. de 1974 a las 12:00 será el 30,5 de diciembre de 1974. (JD 2442411,5)

El 1 de enero de 1975 a las 12:00 será el 1,5 de enero de 1975. (JD 2442414,0)

Esta es una cuestión de nomenclatura que se utiliza fundamentalmente para caracterizar efemérides astronómicas. Los cálculos que hemos expuesto previamente permiten pasar de fecha natural (la de nuestros calendarios) a fecha juliana, y viceversa.

VARIACIÓN DE LA EXCENTRICIDAD DE LA ÓRBITA e

11.1 La excentricidad e de la órbita y su variación en el tiempo.

La forma de la órbita terrestre varía a lo largo del tiempo. Su excentricidad mínima se estima en, aproximadamente, $e = 0,005$ (órbita casi circular), y la máxima en $e = 0,058$. En la actualidad, este valor se sitúa en el entorno de $e = 0,016700007$ (valor medio para 2021, según [1]). Estas variaciones se producen a lo largo de períodos muy dilatados de tiempo, como puede verse en la **Fig. 11-1**, que representa un período de análisis de 2 millones de años, con centro en 1850 A.D., extraída de [37], y basada en las expresiones polinómicas de P. Bretagnon presentadas en [38], y que no serán utilizadas en esta obra, por extenderse a dominios temporales excesivamente alejados de los que tienen interés para nosotros y que contienen un cierto componente especulativo.

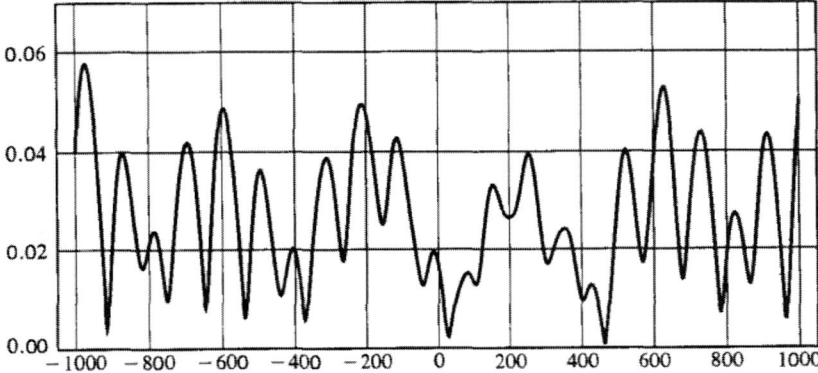

Fig. 11-1. *Variación de la excentricidad de la órbita terrestre en un intervalo de 2.000.000 años. Miles en abscisas, con origen en 1850 A.D. J.Meeus,* More Mathematical Morsels. *Willman-Bell, Inc., 2002 [37].*

Podemos representar la variación de la excentricidad en el intervalo 1800-2050 (valores cada 5 años, calculados mediante el MICA [5]) según la **Fig. 11-2**.

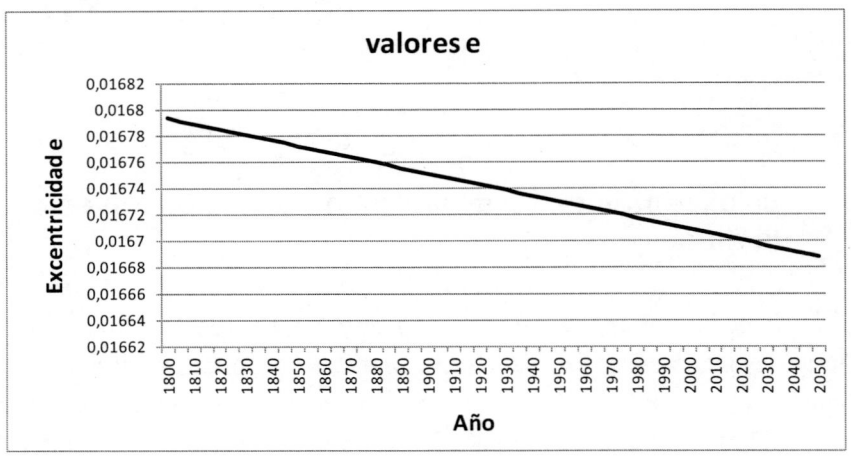

Fig. 11-2. *Evolución de la excentricidad orbital con el tiempo a corto plazo.*

Es lógico plantearse si la variación de la excentricidad conlleva o no una modificación de las dimensiones de ambos ejes de la elipse o de uno solamente. Si analizamos el apartado 5.8.3. de la mencionada publicación de Simon *et alt.* [39], observaremos que para el eje mayor o distancia media al Sol en el caso de la Tierra se da el valor constante $a = 1,0000010178$, por lo que solamente se modificaría a largo plazo el eje menor, variación causante de la evolución del valor de la excentricidad orbital *e*. Esta particularidad se produce también en los casos de las órbitas de Mercurio y Venus. En todos los planetas exteriores, sin embargo, el valor del eje mayor sí es variable.

11.2 Cálculo de la variación de la excentricidad orbital

Para períodos más cercanos a nuestra era, J. Meeus presenta en *More Mathematical Morsels* [37], basándose a su vez en los procedimientos de Simon, Bretagnon *et alt.* (coautores de los sistemas VSOP84 y VSOP87), recogidos en [39], un algoritmo reducido, válido entre 4000 a.C. y el 8000 a.D.

El algoritmo mencionado es el siguiente:

$$e= 0{,}016708634\,2 - 0{,}0004203654\,t - 0{,}0000126734\,t^2 +$$
$$0{,}000000144\,4\,t^3 - 0{,}0000000002\,t^4 + 0{,}0000000003\,t^5$$

donde *t* es el número de **milenios julianos** desde J2000 (véase CAPÍTULO 10), por lo que:

$$t = \frac{JD - 2451545{,}0}{365250}$$

Esta fórmula se recoge dentro de las tablas de parámetros orbitales para los diferentes planetas en la obra [22] de Meeus, en forma de listado de constantes (cubriendo hasta el correspondiente a la tercera potencia) y en su capítulo 25 ("Solar Coordinates"), donde, en el contexto del cálculo con precisiones en la órbita iguales o inferiores a 0,01°, utiliza la serie solamente hasta la segunda potencia de *t*. Igualmente, Meeus adapta este algoritmo a su utilización con siglos o *centurias* julianas, es decir, T, también contadas desde J2000, truncando además la expresión anterior como sigue:

$$e= 0{,}0167086342 - 0{,}000042037T - 0{,}0000001267T^2$$

$$T = \frac{JD - 2451545{,}0}{36525}$$

Este truncamiento es suficiente para cálculos en media o alta precisión.

CÁLCULO ANALÍTICO DE LA ÓRBITA TERRESTRE

12.1 Descripción del problema

Hasta ahora, en todas las expresiones geométricas deducidas aparece el ángulo *L,* que definíamos como el ángulo de traslación aparente girado por el Sol desde el equinoccio de primavera en sistema geocéntrico. En lo que sigue, vamos a presentar una comparativa entre varios procedimientos para su cálculo, analizando los pros y contras de estos. Se trata de dotar al lector de una serie de herramientas sencillas para el cálculo puntual de acimuts y elevaciones, o para la obtención de datos de forma masiva mediante la utilización de hojas de cálculo.

12.2 Hipótesis de órbita plana

Kepler estableció que la órbita terrestre es plana. Sin embargo, las perturbaciones a la trayectoria terrestre alrededor del Sol, causadas por la atracción gravitatoria del resto de los planetas, en especial de los mayores, implican pequeños alabeos en la elipse orbital, haciendo que el recorrido de la Tierra sea realmente tridimensional. A efectos prácticos, no obstante, estas oscilaciones son tan pequeñas que, **salvo para cálculos de gran precisión**, suelen despreciarse: J Meeus (pág.164 de [22]) estima que la *latitud solar* (ángulo formado por la línea que une los centros del Sol y la Tierra y su proyección sobre el plano medio de la eclíptica, como vimos en el 27) es, como máximo, de 1,2 segundos de arco, es decir, 0,00033°. Y, en efecto, los valores correspondientes a la latitud eclíptica de la Tierra obtenidos mediante el MICA [5] para el período 1950-2050, se encuentran comprendidos en el intervalo (-0,00030°, 0,00033°), como podemos observar en la **Fig. 12-1**, donde se representan las latitudes astronómicas de nuestro planeta para los años 1987, 2017 y 2047, a partir de los datos obtenidos a través de la fuente mencionada.

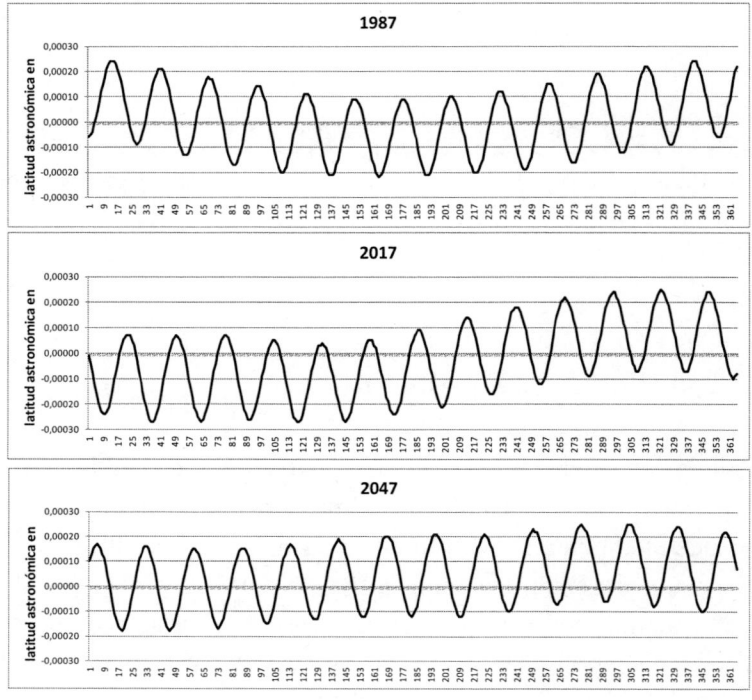

Fig. 12-1. *Variación de la latitud astronómica de la Tierra en grados en los años completos 1987, 2017, 2047.*

Así pues, para precisiones medias-altas en la determinación de la posición solar aparente, seguirá siendo válida la hipótesis de órbita elíptica plana en nuestros cálculos.

12.3   La ecuación de Kepler: ángulos principales y deducciones.

Para determinar el ángulo recorrido por la Tierra en un instante determinado desde una referencia fija, tal como, por ejemplo, el perihelio, nos basaremos en las universalmente conocidas leyes de Kepler, que se enunciaron en 1.5.1.

Partiendo de estas leyes, especialmente de la primera y la segunda, podemos deducir la expresión matemática que nos relacione el ángulo recorrido por la

Tierra desde un punto de referencia (generalmente el perihelio o el equinoccio) tomado sobre su trayectoria elíptica.

12.3.1 Anomalías y angulos notables. Definiciones

En Astronomía clásica se definen como **anomalías** tres ángulos que definiremos basándonos en la **Fig. 12-2**. En ella observamos una órbita materializada por una elipse de semiejes a y b. La masa central (en nuestro caso, el Sol) en torno a la cual orbita el planeta (en nuestro caso, la Tierra) se sitúa, de acuerdo con la primera ley de Kepler, en uno de los focos de la elipse, F. Se utiliza habitualmente como elemento auxiliar para los cálculos astronómicos la circunferencia circunscrita a dicha elipse, y de radio a. Por supuesto el esquema es válido si se utiliza un modelo orbital geocéntrico: Tierra en el foco y Sol orbitando a su alrededor. Es el método que emplearemos, por comodidad y por tomar como referencia visual astronómica el punto Aries en el equinoccio de primavera alineado con el Sol visto desde la Tierra. En ese sentido, remitimos a lector al apartado 1.11 sobre sistemas geocéntrico y heliocéntrico.

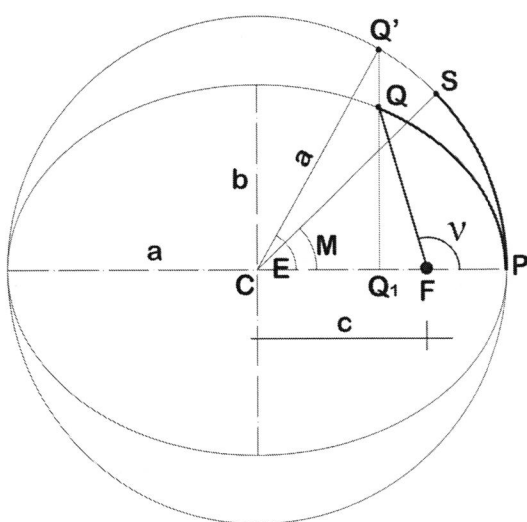

Fig. 12-2. *Anomalías media (M), excéntrica (E) y verdadera (v).*

Si el planeta (el Sol, en nuestro sistema geocéntrico) recorre la elipse completa en un período T, un Sol ficticio recorrerá la circunferencia completa en el mismo tiempo. Tomando como referencia inicial del movimiento orbital del planeta real el punto P (perihelio), en un instante *t* determinado el Sol habrá recorrido una trayectoria sobre la elipse hasta situarse en S, punto que queda definido por el ángulo *v* = PFQ. Este ángulo se conoce como ***anomalía verdadera***. En ese tiempo *t*, el Sol ficticio habrá recorrido un arco de circunferencia, con movimiento uniforme, hasta situarse en S. Dicho punto queda definido, a su vez, por el ángulo *M* = *PCS*. Este ángulo se conoce como ***anomalía media.*** Si desde S trazamos una recta vertical, cortará a la circunferencia en el punto Q' y al semieje mayor CP en el punto Q_1. El ángulo E = PCQ' es el que se conoce como ***anomalía excéntrica***[33].

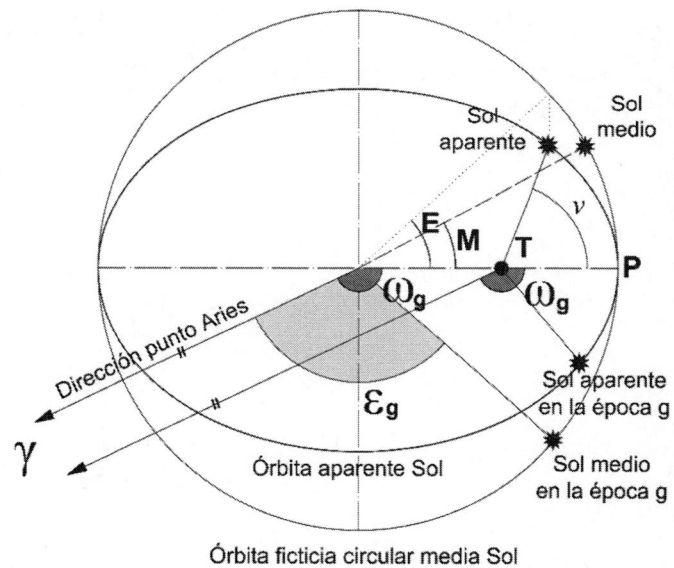

Fig. 12-3. *Argumento del perihelio ϖ_g y longitud media ε_g en la época g.*

---

[33] *En textos anglosajones, no es infrecuente denominar T a la anomalía verdadera* (true anomaly). *La anomalía media M se conoce como* mean anomaly *y la excéntrica E como* eccentric anomaly.

El cálculo de este ángulo será fundamental para la determinación de v. Nótese que el Sol real y el ficticio coincidirán en el afelio y perihelio. Igualmente, estarán alineados en las prolongaciones del semieje menor. Definimos a continuación dos ángulos de gran importancia en Astronomía, por cuanto aparecen frecuentemente en los anuarios o almanaques. Para ello, observemos la **Fig. 12-3**.

El ángulo ϖ_g, **argumento del perihelio,** mide el ángulo que forma el perigeo con la dirección del punto Aries para un instante o época g de referencia considerada.

El ángulo ε_g, **longitud media en la época g,** va referido al Sol ficticio, y se mide desde la dirección del punto Aries que, a efectos orbitales, se sitúa en el infinito. ε_g es, pues, el ángulo[34] que habría recorrido el Sol ficticio a velocidad uniforme desde la dirección del punto Aries hasta el instante de referencia g.

Podemos definir un tercer ángulo L_m, conocido como **longitud media**, que es la del Sol medio, es decir, el que recorre la circunferencia circunscrita a velocidad constante, en un instante genérico diferente de g. De acuerdo con esta definición, se verifica que:

$$L_m = \varpi_g + M$$

Es de suma importancia tener siempre presentes las relaciones entre estos ángulos, por servir de base para los cálculos astronómicos tendentes a la obtención de la longitud L. Asimismo, será de gran utilidad el conocimiento de la *ecuación de Kepler*, que relaciona M y E, y cuya deducción acometemos a continuación. Digamos, de paso, que los ángulos ϖ_g, ε_g, L_m, referidos todos ellos al punto Aries, estarían desfasados o no 180° en función de si el sistema fuera geocéntrico o heliocéntrico, según veíamos en el apartado 1.11.1, pág.60. Ello no ocurrirá, sin embargo, con las anomalías, por medirse desde el perigeo.

---

[34] *No hay ninguna relación entre ε_g y la oblicuidad de la eclíptica ε más allá de la utilización de una nomenclatura parecida.*

12.3.2 Demostración de la ecuación de Kepler

La demostración de la conocida como *ecuación de Kepler* tiene por objeto deducir una expresión matemática que nos relacione la anomalía media, *M*, de cálculo sencillo debido a la velocidad uniforme de su variación, con la anomalía excéntrica, *E*. Basaremos nuestra deducción en el método recogido en [3] por su simplicidad. En lo que sigue, nos apoyaremos en la **Fig. 12-2**. Considerando el perihelio, *P*, como punto de partida del movimiento elíptico de nuestro planeta, el área barrida en el instante *t* será la superficie delimitada por PFQ. Vamos a relacionar esta área con la barrida desde F por el Sol ficticio de referencia, partiendo de *P* en su movimiento circular uniforme. Dicha área será la limitada por PCS. Ahora bien, tenemos, de acuerdo con la proporcionalidad de áreas entre una elipse y su circunferencia circunscrita (punto A2.2 del Anexo 2), que la superficie PQ_1Q es proporcional a PQ_1Q' de acuerdo con:

$$PQ_1Q' = PQ_1Q\,\frac{a}{b}$$

Además, los triángulos FQ_1Q y FQ_1Q' son igualmente proporcionales con la misma razón de proporcionalidad:

$$FQ_1Q' = FQ_1Q\,\frac{a}{b}$$

Entonces:

$$PQ_1Q' - FQ_1Q' = (PQ_1Q - FQ_1Q)\,\frac{a}{b}$$

Es decir,

$$PFQ' = PFQ\,\frac{a}{b}$$

Si el tiempo de recorrido total de la órbita en los dos casos circular y elíptico es T, en un tiempo t el área barrida en la elipse será:

$$PFQ = \frac{t}{T}\pi ab$$

por lo que:

$$PFQ' = \frac{t}{T}\pi a^2 \qquad\qquad (1)$$

Pero, por otra parte,

$$PFQ' = PCQ' - FCQ'$$

y, además,

$$PCQ' = \frac{E}{2\pi}\pi a^2 = \frac{E}{2}a^2 \qquad \text{(E en radianes)}$$

También,

$$FCQ' = \frac{1}{2}ac \sin E$$

Pero en una elipse, el valor de la excentricidad e se define como

$$e = \frac{c}{a}$$

por lo que:

$$FCQ' = \frac{1}{2}a^2 e \sin E$$

Así que:

$$PFQ' = \frac{E}{2}a^2 - \frac{1}{2}a^2 e \sin E \qquad\qquad \textbf{(2)}$$

Igualando las ecuaciones **(1)** y **(2)** anteriores:

$$\frac{t}{T}2\pi = E - e \sin E$$

Pero, precisamente,

$$\frac{t}{T}2\pi = M$$

siendo el ángulo M la anomalía media, por lo que, finalmente, llegamos a la conocida expresión:

$$M = E - e \sin E$$

(Ecuación de Kepler)

Estando M y E **en radianes**. La excentricidad es adimensional. Habitualmente los valores conocidos de partida son **M** y **e**, por lo que, en este caso, la ecuación anterior solamente puede resolverse por procedimientos numéricos. También, en función del valor de la excentricidad, se pueden realizar aproximaciones de tipo senoidal que describiremos más adelante.

Para la resolución numérica de la misma mediante el cálculo iterativo de E conocidos e y M, reescribiremos la ecuación anterior como:

$$E = M + e \sin E$$

A tal efecto, bastará con tomar como término de partida del cálculo

$$E_0 = M$$

y a continuación realizar las iteraciones consecutivas:

$$E_i = M + e \sin E_{i-1}$$

hasta que la diferencia entre Ei y E_{i-1} sea menor que el valor que hayamos prefijado para la precisión deseada.

Se trata de una función que converge muy rápidamente. El proceso de cálculo se representa en el diagrama de flujo de la **Fig. 12-4**, que sirve de base para cualquier procedimiento de cálculo manual, programado en calculadoras o en pc mediante hojas de cálculo. Obsérvese que, si el valor de M está en grados, este deberá corregirse a radianes en todos los pasos en los que se opere con la ecuación de Kepler, como se indica en el diagrama de la figura mencionada. Igualmente, si se trabaja con una calculadora (caso previsto en el diagrama), o bien se opera en modo radianes, o bien se transforman en cada cálculo trigonométrico los radianes a grados, y así sucesivamente.

Basándonos en el mismo, si se programa el procedimiento mediante hoja de cálculo, el proceso puede obtenerse dejando la celda donde esté definida E en función de sí misma, habiendo previamente habilitado en la hoja el cálculo iterativo. En Excel, por ejemplo, se consigue mediante el menú:

Botón Office > Opciones de Excel > fórmulas > habilitar cálculo iterativo.

Llegados a este punto, pueden elegirse el número de iteraciones y la diferencia numérica máxima deseada entre iteraciones consecutivas.

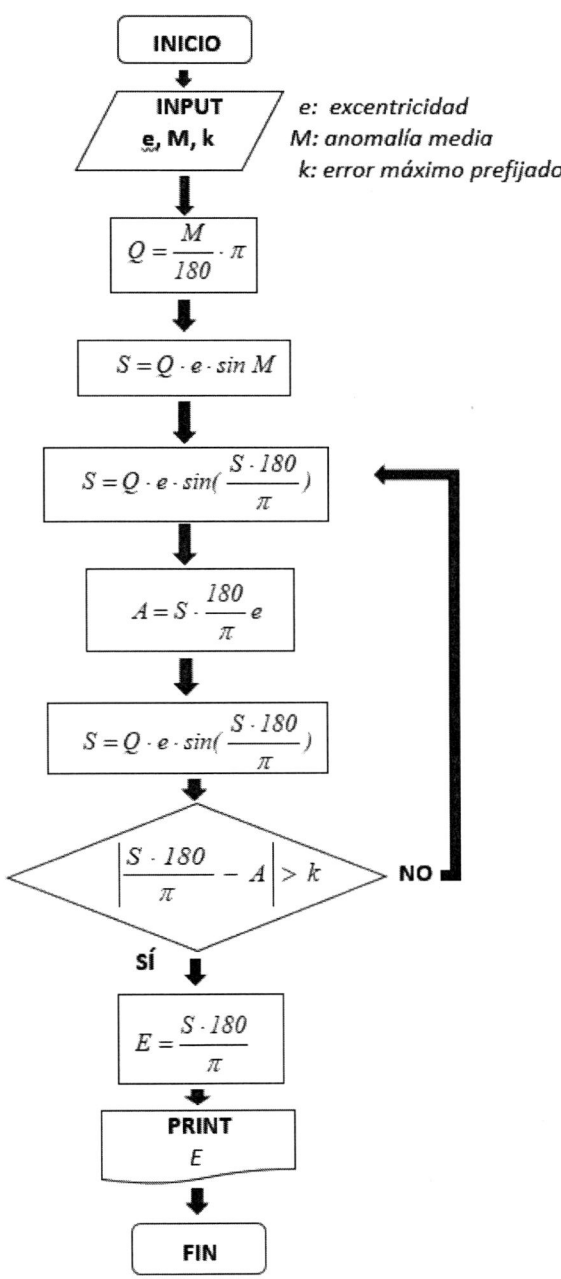

Fig. 12-4. *Diagrama de flujo para la obtención de E mediante cálculo iterativo (calculadora programable operando en grados sexagesimales).*

Un ejemplo de programa sencillo en BASIC acorde con en el diagrama anterior, susceptible de ser utilizado también en calculadoras programables, sería el siguiente:

```
10 INPUT "excentricidad"; E, "error max"; K
20 INPUT "M"; M: Q=M/180*PI
30 S=Q+E*SINM
40 S=Q+E*SIN(S*180/PI): A=S*180/PI
50 S=Q+E*SIN(S*180/PI)
60 IF ABS(S*180/PI-A)>K THEN GOTO 40
70 PRINT "E="; S*180/PI
100 END
```

Se supone la calculadora operando en modo grados; recordemos que la ecuación de Kepler está formulada para operaciones en radianes. Los datos se introducirían también en grados. Igualmente, el error máximo se indicará en fracciones de grado en este programa. Se trata de una versión muy sencilla de BASIC que, como vemos, puede adaptarse fácilmente a cualquier otro lenguaje de programación.

Citamos, por su interés, la propuesta incluida en la obra de Orús Navarro *et al.* [4], (cap. 3.7.), como alternativa directa al cálculo de E partiendo de un desarrollo en serie, cuyos primeros términos reproducimos:

$$E = M + e \sin M + \frac{e^2}{2} \sin 2M + \frac{e^3}{8} (3 \sin M - \sin 3M) + \ldots$$

Sea cual fuere el procedimiento elegido, el siguiente paso para la realización del cálculo de la posición orbital de la Tierra consistirá en obtener v (anomalía verdadera) a partir de E.

12.3.3 Cálculo de la anomalía verdadera en función de la excéntrica.

Tomemos de forma auxiliar dos ejes de coordenadas x e y con origen en el foco F en el que se sitúa el Sol en sistema heliocéntrico o la Tierra en sistema geocéntrico (**Fig. 12-5**).

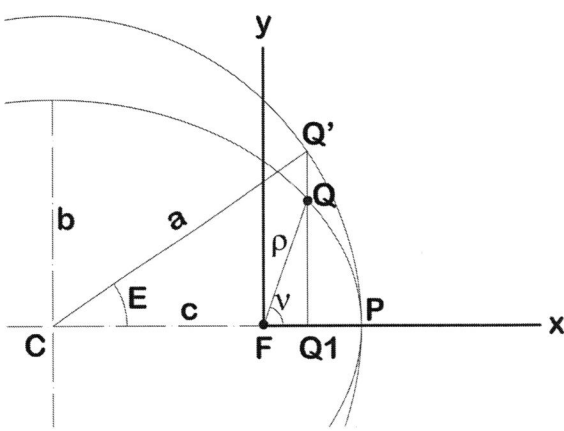

Fig. 12-5. *Relación entre E y v. Sistema de coordenadas con origen en F.*

Entonces tenemos que:

$$\left.\begin{array}{l} x = \rho \cos v = a \cos E - a\,e = a(\cos E - e) \\[2mm] y = \rho \sin v = b \sin E = a\sqrt{1 - e^2}\,\sin E \end{array}\right\}$$

Por lo tanto,

$$\begin{aligned} x^2 + y^2 = \rho^2 = \\ = a^2 \cos^2 E + a^2 e^2 - 2a^2 e \cos E + a^2 \sin^2 E - a^2 e^2 \sin^2 E = \\ = a^2 (1 + e^2 - 2e \cos E - e^2 \sin^2 E) = \\ = a^2 (1 + e^2 - 2e \cos E - e^2 + e^2 \cos^2 E) \end{aligned}$$

por lo que, finalmente,

$$\rho^2 = a^2(1 - e\cos E)^2$$

Teniendo en cuenta que $a > 1$ y que la excentricidad en una elipse es $e > 1$ podemos extraer la raíz cuadrada, quedando:

$$\rho = a(1 - e\cos E)$$

Esta ecuación nos da directamente el radio vector en función de la anomalía excéntrica. Si ahora combinamos la ecuación anterior con el valor de x:

$$\left.\begin{array}{l} \rho\cos v = a(\cos E - e) \\ \rho = a(1 - e\cos E) \end{array}\right\}$$

tendremos:

$$\frac{a(\cos E - e)}{\cos v} = a(1 - e\cos E)$$

Obteniendo al final la igualdad que relaciona E y v:

$$\boxed{\cos v = \frac{\cos E - e}{1 - e\cos E}}$$

Es habitual también expresar esta igualdad bajo la forma de relaciones entre tangentes. Partiendo del valor de x y de la expresión del radio vector ρ obtenida anteriormente, restando miembro a miembro:

$$\rho(1 - \cos v) = a(1 - e\cos E - \cos E + e) =$$
$$= a(1+e)(1 - \cos E)$$

Pero, por el valor trigonométrico del ángulo mitad, tenemos que:

$$\rho(1 - \cos v) = 2\rho\sin^2\left(\frac{v}{2}\right)$$

Y, análogamente,

$$1 - \cos E = 2\sin^2\left(\frac{E}{2}\right)$$

por lo que podemos escribir:

$$2\rho \sin^2\left(\frac{v}{2}\right) = 2a(1+e)\sin^2\left(\frac{E}{2}\right) \tag{1}$$

Si partimos nuevamente de la expresión del radio vector y del valor de x, sumando esta vez ambas miembro a miembro, tendremos:

$$\rho(1+\cos v)=a(1 - e\cos E + \cos E - e)$$

Que podemos transformar en

$$2\rho \cos^2\left(\frac{v}{2}\right) = 2a(1-e)\cos^2\left(\frac{E}{2}\right) \tag{2}$$

Si, finalmente, dividimos (1) entre (2) tendremos:

$$\tan^2\left(\frac{v}{2}\right) = \frac{1+e}{1-e}\tan^2\left(\frac{E}{2}\right)$$

Es decir:

$$\tan\left(\frac{v}{2}\right) = \sqrt{\frac{1+e}{1-e}}\tan\left(\frac{E}{2}\right)$$

Expresión más habitual en Astronomía que la relación en cosenos deducida más arriba.

Conviene analizar matemáticamente la expresión anterior, de cara a su resolución numérica, pues para ello es necesario utilizar funciones trigonométricas inversas. En efecto,

$$v=2\arctan\left[\sqrt{\frac{1+e}{1-e}}\tan\left(\frac{E}{2}\right)\right]$$

Por lo que los resultados de esta función recíproca deben corregirse de la siguiente forma:

$$v = 2\arctan\left[\sqrt{\frac{1+e}{1-e}}\tan(\frac{E}{2})\right] \qquad \text{si} \qquad \sqrt{\frac{1+e}{1-e}}\tan(\frac{E}{2}) > 0$$

$$v = 2\arctan\left[\sqrt{\frac{1+e}{1-e}}\tan(\frac{E}{2})\right] + 360° \qquad \text{si} \qquad \sqrt{\frac{1+e}{1-e}}\tan(\frac{E}{2}) < 0$$

El cálculo del valor de v es fundamental para la obtención de **L** cuando conocemos el argumento (a través de un almanaque, por ejemplo):

$$L = v + \varpi_g$$

Hay que resaltar que todas las deducciones anteriores **son válidas, como hemos venido indicando, considerando el movimiento aparente del Sol** en traslación anual si tomamos como origen de ángulos el equinoccio de primavera (sistema geocéntrico). En lo que sigue, y en relación con los procedimientos clásicos de cálculo que exponemos a continuación, consideraremos también el **modelo geocéntrico,** con la Tierra en el foco principal[35] y origen de *L* situado en el equinoccio de primavera.

12.3.4   La ecuación de centro C

Llegados a este punto, y una vez conocidas las relaciones entre los diferentes ángulos fundamentales para el cálculo de *L*, podemos abordar otras alternativas al cálculo numérico de *E* mediante expresiones simplificadas, que conocemos como ecuaciones de centro, y que permiten obtener *v* evitando el cálculo previo de la anomalía excéntrica.

Se define la ecuación de centro como la diferencia entre la anomalía verdadera y la media[36]:

---

[35] *Es habitual en obras astronómicas que el valor **M** en órbitas geocéntricas se escriba como **M⊙**, simbolizando la posición media del Sol en su órbita ficticia circular. En esta obra no añadiremos el subíndice indicado, pero advertiremos al lector de los casos en que nos encontremos en órbita geocéntrica o heliocéntrica.*

[36] *En su obra [67], cap.(1.7.3), M. Capderou nos recuerda el concepto de ecuación utilizada por Kepler en este sentido, como "la cantidad variable, determinada*

$$C = v - M$$

Por lo que:

$$L = v + \varpi_g = v + L_m - M = L_m + C$$

En resumen:

$$v = C + M$$

$$L = C + L_m$$

Aquí entra en juego la aproximación matemática de C, que puede presentarse bajo diversas expresiones, unas de mayor precisión que otras en función de su complejidad.

● Duffett-Smith [24] propone la sencilla y conocida fórmula, válida para planetas de baja excentricidad, entre los que se encuentra, lógicamente, la Tierra en la actualidad:

$$C = \frac{360°}{\pi} e \sin M$$

(con M y C en grados sexagesimales)

con lo que, igualmente con v en grados sexagesimales:

$$v = M + \frac{360°}{\pi} e \sin M$$

● J. Meeus [22] presenta una ecuación de centro simplificada para bajas excentricidades (es nuestro caso) más completa que la anterior, en forma de desarrollos en serie de potencias de e dentro del análisis del movimiento elíptico de cuerpos celestes (cap. 33, *op. cit.*):

$$C = \left(2e - \frac{e^3}{4} + \frac{5}{96} e^5 \right) \sin M + \left(\frac{5}{4} e^2 - \frac{11}{24} e^4 \right) \sin 2M +$$

$$+ \left(\frac{13}{12} e^3 - \frac{43}{64} e^5 \right) \sin 3M + \frac{103}{96} e^4 \sin 4M + \frac{1097}{960} e^5 \sin 5M + \ldots$$

(datos de M y C en radianes)

───────────

mediante cálculos, que debe ser añadida o sustraída del movimiento medio para obtener el movimiento real".

La diferencia de precisión entre un procedimiento y otro es notable, como podemos comprobar con el siguiente ejemplo.

Ejemplo:

Para JD = 2464524,25 se tiene una excentricidad e = 0,016694155 y un valor de M = 189,877565 (en grados). Calcular la ecuación de centro de acuerdo con las propuestas anteriores y comparar los resultados con el valor obtenido mediante el cálculo numérico de e por aproximaciones sucesivas.

• De acuerdo con la expresión recogida por Duffett-Smith, el valor que obteníamos anteriormente con la ecuación simplificada era:

C = - 0°,328164026

• De acuerdo con J.Meeus tendremos:

M = 3,313988685 rad, por lo que, sustituyendo este valor en la expresión citada, utilizando los cinco términos indicados:

C= *- 0°,321546183*

El quinto término está en el orden de 10^{-9}, por lo que su inclusión en el cómputo es coherente con los decimales calculados en el resto de las opciones.

• Si realizamos el cálculo numérico de E por iteraciones aplicado a la expresión $M = E - e\,sinE$ tendremos, transformando M a radianes:

E = 3,311171263 rad (error menor de 10^{-9} a la tercera iteración) =

= 189°,7161386

Obtenemos v de la expresión:

$$v = 2 \arctan\left[\sqrt{\frac{1+e}{1-e}}\,\tan\left(\frac{E}{2}\right)\right]$$

Con lo que v = *-170,443982*, por lo que tomamos

v = *360-170,443982 = 189°,556018*

C= *v − M =189,556018 − 189,877565 = - 0°,321546521*

12.3.5 Cálculo de la anomalía verdadera v a partir de la media M

Orús *et al.* recogen en ([4], cap. 3.7.) un útil desarrollo en serie para el cálculo directo de v en función directa de M y e, que recogemos por su interés en cuanto a la simplificación del método general de cálculo:

$$v = M + 2e \sin M + \frac{5}{4} e^2 \sin 2 M + \frac{e^3}{12} (13 \sin 3 M - 3 \sin M) + \dots$$

Remitimos al lector a la deducción de dicha fórmula en la obra citada en caso de necesitar un número mayor de términos.

12.4 Procedimientos clásicos de cálculo

Exponemos, a continuación, varios procedimientos de cálculo basados en la ecuación de Kepler y las relaciones angulares estudiadas antes, aunque actualmente existen procedimientos alternativos de mayor precisión que se expondrán más adelante.

12.4.1 Cálculo de L a partir de ε_g, ϖ_g y e conocidos

Es el método de cálculo clásico por antonomasia, pero poco preciso. Este sistema, que en el pasado gozó de gran aceptación antes de la generalización del uso de ordenadores personales, fue recogido por Peter Duffett-Smith en diferentes ediciones de su obra más popular ([24], [40], [34]). Si conocemos ε_g, ϖ_g y la excentricidad orbital e para un instante determinado (época), como es el caso cuando utilizamos almanaques o anuarios no interactivos donde estos valores están siempre presentes para unas determinadas fechas, podremos calcular de forma aproximada el ángulo aparente girado por el Sol hasta la fecha problema, contando el número de días transcurridos y hallando el ángulo medio girado por proporción respecto a la duración del año trópico.

Por tanto, al cabo de un número de días D_g desde la época conocida g, para la que conocemos ε_g y ϖ_g y e, y de acuerdo con la **Fig. 12-3**, se tendría (en grados):

$$M = \frac{360}{365,242191} D_g + \varepsilon_g - \varpi_g$$

Obsérvese que el denominador no es otro que la duración del año trópico en días naturales. Para el cálculo de días, pueden utilizarse los métodos estudiados en el CAPÍTULO 10 para obtener las fechas julianas de la época y del instante problema y proceder por diferencia entre ambas. Para fechas posteriores al 29/02/1900, la diferencia se simplifica si estamos utilizando una hoja de cálculo Excel, como se indicó en dicho capítulo.

Una vez conocido M, podemos proceder al cálculo de E mediante cualquiera de los procedimientos analizados anteriormente:

a) utilizando directamente la simplificación de la ecuación de centro, cuyas expresiones hemos estudiado anteriormente. Es decir,

$$L = L_m + C = \varpi_g + M + C$$

b) mediante la ecuación de Kepler por cálculo iterativo. Una vez conocida E, se procede al cálculo directo de v mediante la fórmula indicada anteriormente

$$v = 2 \arctan\left[\sqrt{\frac{1+e}{1-e}} \tan\left(\frac{E}{2}\right) \right]$$

Llegados a este punto, basta con sumar:

$$L = v + \varpi_g$$

Esta opción (b) ofrece resultados más precisos que la (a). Sea como fuere, mediante este método, se cometen errores tanto mayores cuanto más alejados de la época conocida estén los instantes objeto de cálculo, aunque siempre muy inferiores en orden de magnitud a los que induce la simplificación de órbita circular en cálculos de baja precisión de la primera parte de esta obra. Tengamos en cuenta el movimiento del eje de ápsides: en un instante posterior a la época, el ángulo ϖ_g entre el punto Aries y el perigeo será diferente del correspondiente al instante de la época recogido en nuestro almanaque (recordemos la rotación del eje de ápsides), por lo que esta simplificación, además, puede llevar al estudioso a importantes errores de concepto. Hay otro factor digno de mención en dicho método aproximado, y es el hecho de que hemos indicado que en el denominador de la ecuación anterior debe figurar la duración del año trópico en días, que se toma en [24] como 365,242191, y que en largos períodos de tiempo presenta pequeñas variaciones. Si nos fijamos en los valores en días del año trópico según diferentes ediciones del *Anuario del Observatorio Astronómico de Madrid*: [1], [41], [42].

año	duración en días
1999	365,242190
2012	365,242189
2021	365,242188

Entre años consecutivos, la diferencia es apenas perceptible, pero en períodos de tiempo superiores a 10 años podemos ya observar una desviación, bien que mínima. Esta variación de la duración del año trópico a lo largo del tiempo puede ser fuente de errores cuando se realizan cálculos muy alejados en el tiempo de la época de referencia.

12.4.2   Cálculo de L con εg, ϖg y e desconocidos

Las ecuaciones de partida, cuando no conocemos los valores de ε_g, ϖ_g y e para ninguna época, y que nos permiten conocer dichos valores, fueron propuestas por Newcomb [8], y son, actualizadas y con valores en grados sexagesimales, las siguientes[37]:

---

[37] *La ecuación para el cálculo de* ε_g, *aparece en el cap. 4 de la obra de Oliver Montenbruck [66], donde se recoge dentro del contexto del resumen de la* Theory of the solar motion, *de Newcomb. En concreto, la obra de Newcomb en la que se incluye dicha teoría es [8]. Las ecuaciones expuestas son también utilizadas por Duffett-Smith et al., como queda indicado.*

$$\varepsilon_g = 279{,}6966778 + 36000{,}76892T + 0{,}0003025T^2$$

$$\varpi_g = 281{,}2208444 + 1{,}719175T + 0{,}000452778T^2$$

$$e = 0{,}01675104 - 0{,}0000418T - 0{,}000000126T^2$$

$$T = \frac{(JD - 2415020{,}0)}{36525}$$

La fecha de referencia que corresponde al valor juliano JD 2415020,0 es, en este caso concreto, el 31/12/1899 a las 12:00, es decir, *1900January0.5*. Como vemos, además, el valor T hace referencia a centurias julianas. Observemos que la expresión para e es similar a la fórmula simplificada de J. Meeus recogida en el CAPÍTULO 11, pero adaptada a otra fecha juliana de partida diferente.

Autores como Duffett-Smith *et al.* [34] utilizan estas fórmulas para crear una época y a partir de aquí calcular M como en 10.4.1. Es más operativo y preciso, sin embargo, hacer coincidir la época con el instante objeto de estudio, especialmente si se están realizando los cálculos mediante un ordenador personal. Entre otras cuestiones, eliminamos el proceso del cómputo de días y el error asociado al giro del eje de ápsides en fechas problema alejadas de la época.

Es decir, en este caso optaremos por:

$$L_m = \varepsilon_g$$

Por lo que podemos escribir, en este caso concreto:

$$M = \varepsilon_g - \varpi_g$$

Una vez obtenida M, podremos optar para el cálculo de L por cualquiera de los procedimientos (a) o (b) recogidos en el punto 10.4.1.

Tras obtener v, bastará con tener en cuenta que la longitud verdadera del Sol, L, será:

$$L = v + \varpi_g$$

12.5 Métodos directos de cálculo de L

Hoy en día, en la práctica, se utilizan métodos polinómicos para el cálculo directo de M y L, y está admitido que con ellos se obtienen mayores precisiones que con los anteriores. Estos polinomios, cuyo conocimiento en el mundo de la Astronomía es universal, deben su popularidad al hecho de haber sido divulgados por J. Meeus a través de su famosa obra [22], pero tienen su origen en un método mucho más complejo y completo, concretamente el VSOP82[38] y sus diferentes actualizaciones (VSOP87, etc.)[39], sobre los que ampliaremos información más adelante. De hecho, las expresiones que veremos en este punto suponen un truncamiento de las interminables series procedentes del VSOP, para mantenerse dentro de unas precisiones de la centésima de grado en las determinaciones angulares. La utilización de polinomios para la determinación de L en órbita plana propuesta por Meeus supone, pues, una simplificación importante con respecto al VSOP original, previsto, como veremos, para el cálculo de órbitas con componentes tridimensionales. Igualmente cabe destacar que, si bien los resultados mediante las series completas de los métodos VSOP se han desarrollado para modelos heliocéntricos, Meeus los adapta a la visión geocéntrica del movimiento aparente solar mediante la conocida adición de 180°. J. Meeus [22] propone, **en sistema geocéntrico**, para el cálculo de la longitud media L_m, anomalía media **M**, excentricidad **e** y ecuación de centro **C**:

$$L_m = 280º,46646 + 36000º,76983\ T + 0º,0003032 T2$$

$$M = 357º,52911 + 35999º,05029\ T - 0º,0001537\ T2$$

$$e = 0,0167086342 - 0,000042037\ T - 0,0000001267\ T2$$

$$C = (1,914602 - 0,004817\ T - 0,000014 T2)\sin M +$$

$$+(0,019993 - 0,000101\ T)\sin 2M + 0,000289 \sin 3M$$

---

[38] *VSOP:* Variations Séculaires des Orbites Planétaires.

[39] *Como se ha anticipado anteriormente, estos potentes sistemas de cálculo tienen en cuenta las perturbaciones orbitales debidas a la influencia gravitatoria de planetas mayores, de la propia Luna, etc.*

$$T = JC = \frac{JD - 2451545,0}{36525}$$

Obsérvese que el valor de T es diferente que el adoptado en las fórmulas de Newcomb.

Por lo que para el cálculo de L ya solamente necesitamos, una vez obtenidos los valores anteriores, aplicar la equivalencia que veíamos en 12.3.4:

$$Longitud\ verdadera = L = L_m + C$$

Como vemos, la longitud verdadera L puede ser obtenida sin necesidad del cálculo de v; no obstante, será imprescindible cuando en cálculos astronómicos necesitemos el valor de ρ (distancia de la Tierra al Sol o radio vector). En estos casos,

$$Anomalía\ verdadera = v = M + C$$

Igualmente, la expresión anterior será de gran utilidad a la hora de analizar el problema de la *ecuación del tiempo* en capítulos posteriores.

Es fácil comprender que este sencillo procedimiento está especialmente indicado para operaciones masivas a través de hojas de cálculo.

12.6 Ejemplos prácticos

Con el fin de presentar al alumno las posibilidades de los diferentes procedimientos de cálculo que se han expuesto en este tema, se presentan a continuación unos ejemplos que le servirán como resumen y guía para los procedimientos de cálculo.

En el último punto de este capítulo, se compararán estos resultados con los obtenidos mediante métodos más complejos y almanaques interactivos de muy alta precisión.

Ejemplo 1:

Obtener L para el 15/07/2035 a las 18:00 Greenwich mediante la aplicación de las fórmulas de Newcomb a Duffet-Smith y a la aplicación directa de Kepler.

Calcularemos previamente JD de acuerdo con 10.3.1.

D = 15 + 18/24 = 15,75

M = 7 > 2 , luego

A = INT(2035/100) = 20

B = 2 – 20 + INT (20/4) = –13

JD = INT(365,25·(2035+4716))+INT(30,6001·(7+1)) + 15,75 – 13 – 1524,5

Luego   **JD = 2464524,25**

A continuación, calculamos M mediante expresiones de Newcomb:

Como vamos a utilizar como referencia el equinoccio de primavera como origen de L, estaremos en todo momento en sistema geocéntrico.

Partimos de las ecuaciones de Newcomb para el cálculo de ε_g, e, ϖ_g indicadas más arriba en este punto, y tomamos como época la propia fecha del problema, convirtiendo los ángulos obtenidos al intervalo (-360°, 360°), y, operando:

$T =$ $1,355352498$

$\varepsilon_g =$ $49073°,42933 = 113°,4293295$

$\varpi_g =$ $283°,5517643$

$e=$ $0,016694155$

El valor M lo obtenemos directamente, al haber considerado fecha = época, lo que implica $L_m = \varepsilon_g$, por lo que podemos escribir:

$$M = \varepsilon_g - \varpi_g = -170°,122435 = 189°,877565$$

A continuación, utilizamos diferentes variantes de cálculo:

a)   Cálculo de v mediante la ecuación de centro (Duffett-Smith, 12.3.4):

$$C = \frac{360°}{\pi} e \sin M = -0,328164026$$

Tendremos, operando en radianes:

$$v = C + M = 189°,5494012$$

Finalmente, sumando y reduciendo a módulo 360°:

$$L = \varpi_g + v = 473°,1011655 = 113°,1011655$$

b) Cálculo de v mediante la ecuación de Kepler:

$$E = M + e \sin E$$

Partiremos del valor inicial Eo, igualándolo al valor de M obtenido más arriba:

$$E_0 = M = 189°,877565$$

y mediante el proceso iterativo indicado en la **Fig. 12-4** (pág. 231), en el que podemos prefijar el error máximo:

		RAD
e	0,01669415	
E0	189,877565	3,313988689
		3,311124918
		3,311172029
		3,311171254
		3,311171267
		3,311171267
		3,311171267
E=		3,311171267 **189,716139**

A continuación, aplicando

$$v = 2 \arctan\left[\sqrt{\frac{1+e}{1-e}}\tan(\frac{E}{2})\right] = -170°,4439813$$

como el valor del arctan es < 0, sumamos 360°, con lo que:

$$v = 189°,556019$$

Y, finalmente,

$$L = v_g + \varpi_g = \mathbf{113°,1077833}$$

Cifras aproximadas a las anteriores, que compararemos con las obtenidas más adelante mediante diferentes procedimientos.

Ejemplo 2:

Realizar el mismo cálculo del ejemplo anterior mediante aplicación del cálculo polinómico directo (Meeus).

Como en el caso anterior, sea JD = 2464524,25 (fecha que corresponde al 15/07/2035 a las 18:00 Greenwich).

De acuerdo con las expresiones del apartado 12.5, directamente:

$$T = \frac{JD - 2451545,0}{36525} = 0,3553524983$$

Sustituyendo JD y T en las ecuaciones indicadas, tendremos:

E = 0,01669368

L_m= 13073,43

M = 13149,88159 = 189,881586

C = - 0,321670349

Y teniendo en cuenta:

$$L = L_m + C = 13073,1083316$$

Es decir: **L= 113°,1083316**

Este método, el más práctico de todos los vistos hasta ahora, está en la base de los cálculos para altas precisiones utilizados por la aplicación de la NOAA. Las diferencias se deberán al truncamiento de los polinomios.

Ejemplo 3:

Realizar el mismo cálculo del ejemplo anterior partiendo de las efemérides del Anuario Astronómico del Observatorio de Madrid para 2021 [1] del 31/12/2020 a las 00h UT (pág. 124). Datos:

---

124   *SOL*

Datos solares

Elementos medios de la órbita para 2021

Longitud media	$L_\odot = 279°889\,321 + 0°985\,647\,36\,d$
Anomalía media	$M_\odot = 356°589\,889 + 0°985\,600\,28\,d$
Longitud media del perigeo	$\varpi_\odot = 283°299\,432 + 0°000\,047\,08\,d$
Excentricidad promedio	$e_\odot = 0,016\,700\,07$
Oblicuidad media de la eclíptica	$\varepsilon = 23°436\,560 - 0°000\,000\,36\,d$

(En estas fórmulas *d* es el día del año, en la escala de TU.)

Estas expresiones del anuario sirven para el cálculo aproximado de las variables dadas para todos los días d de 2021. <u>No son extrapolables más allá del 31/12/2021 *(d=365)*</u>. Por tanto, si imponemos *d = 0*, tendremos los datos correspondientes a las 00:00:00 del 31/12/2020, que utilizaremos como *época*.

Con la terminología utilizada hasta ahora para datos en la época (origen de tiempos):

$\varepsilon_g = L_0 = 356°,588889$

$\varpi_g = 283°,299432$

$e = 0,01670007$

El número de días transcurridos desde el 31/12/2020 será, teniendo en cuenta que entre 2020 y 2034 hay 3 bisiestos intercalados:

$D_g = 365 \times (2034 - 2020) + 3 + 31 + 28 + 31 + 30 + 31 + 30 + 15,75 = 5309,75$ *días*

Como conocemos ε_g (anomalía media en el punto de partida o época), la anomalía media en el instante dado será (ver expresiones de Duffett Smith, 12.3.4 y 12.4.1:

$$M = \frac{360}{365,242191} D_g + \varepsilon_g - \varpi_g$$

$$= 5233.541051 + 279°,889321 - 283°,299432 = 190°,13094$$

$$C = \frac{360°}{\pi} e \sin M = -0°,3366143709$$

$L_m = \varpi_g + M = 283°,299432 + 190°,13094 = 473°,430372 = 113°,430372$

$L = L_m + C = 113°,430372 - 0°,3366143709 = \mathbf{113°,0937576}$

Este procedimiento presenta el problema de tener que contar días, aunque si estamos realizando cálculos programados masivos mediante hoja de cálculo, no es tan engorroso. Sin embargo, hay que tener en cuenta que, desde el punto de vista metodológico, el procedimiento presenta el inconveniente de considerar constantes en el tiempo no solamente la excentricidad orbital que es variable, sino el ángulo entre el punto Aries y el perihelio que, como vimos, también es variable. Por eso, debe evitarse este método cuando la distancia en el tiempo entre la época inicial de referencia y el instante considerado sea mayor de una o a lo sumo dos decenas de años.

12.6.1 Otras referencias de resultados

La aplicación simplificada de la NOAA [10][40], que desarrollaremos más adelante, arroja para el mismo instante analizado en los ejemplos anteriores los valores

$$v = 189°,5598781 \qquad\qquad \mathbf{L= 113°,1083286}$$

El *Multiyear Interactive Computer Almanac*, MICA [5], nos da:

```
                              Sun

                  Apparent Geocentric Positions
                  True Equinox and Ecliptic of Date

     Date         Time      Longitude        Latitude         Distance
            (UT1)
                 h  m   s        °                °               AU
2035 Jul 15 18:00:00.0      113.10507      +  0.00008        1.016457646
```

Como vemos, en cualquiera de los casos, el error cometido ha sido inferior a la décima de grado en relación con el MICA [5]. Los errores arrastrados a acimut y elevación con esta indeterminación en posición orbital no deben, en general, esperarse mayores, en valor absoluto, a la mitad de estos.

---

[40] *La aplicación citada es solamente una aproximación, suficientemente precisa para cálculos dirigidos al gran público.*

OBLICUIDAD MEDIA DE LA
ECLÍPTICA ε_0

En el CAPÍTULO 1 describíamos la oblicuidad de la eclíptica, ε y su naturaleza variable con el tiempo. En este punto vamos a cuantificar dicha variación, de acuerdo con los modelos presentados por diferentes autores. Dado que en cálculos de precisión el valor de ε va a ser a su vez corregido por componentes tales como la **nutación,** denominaremos ε_0 (*oblicuidad media*) al valor matemático obtenido **sin estas correcciones**.

La evolución de la oblicuidad media puede modelizarse de acuerdo con varias expresiones que enumeramos a continuación.

13.1 Propuesta de Lieske *et & al.* (1977)

Su expresión es:

$$\varepsilon_0 = 23°26'21'',448 - 46,8150'' T - 0,00059'' T2 + 0,001813'' T3$$

Siendo:

$$T = \frac{JD - 2451545,0}{36525}$$

Como vemos, la expresión está referida a J2000.0. En este caso, *T = siglos julianos.*

Dicha expresión, utilizada por Meeus [22], fue publicada por Lieske *et al.* [43] en 1977 y se recoge en el informe [44] "1980 IAU Theory of nutation: the final report of the IAU". El término 23°26'21,448" de partida aparece como ε_{J2000} en el listado de constantes de la resolución [45] de la XVIth General Assembly de la IUA, celebrada en Grenoble (Francia) en 1976.

Resulta más cómoda la expresión anterior homogeneizada en grados sexagesimales:

$$\varepsilon_0=23°+\frac{26'}{60}+\frac{21,448"-46,8150"T-0,00059"T^2+0,001813"T^3}{3600}$$
$$T=\frac{JD-2451545,0}{36525}$$

Esta es la fórmula utilizada por el U.S. Naval Observatory para la confección del MICA [5][41], que goza actualmente de gran prestigio y difusión.

Este algoritmo de cálculo ha sido criticado por algunos autores, entre ellos Jean Meeus, debido a su imprecisión en períodos muy dilatados de tiempo a contar desde JD2000.0. Lo cierto es que la imprecisión alegada, según el propio Meeus, es de 1" de arco para un período de 2.000 años a contar desde JD2000.0 y 10" para 4.000 años, lo cual dudamos que constituya un obstáculo serio para cualquier cálculo al que pueda enfrentarse el lector.

En cualquier caso, el conocido MICA [5], referencia mundial para cálculos astronómicos y que en la edición actual abarca el período 1800-2050, se decanta por la utilización de la expresión indicada.

13.2 Propuesta de Laskar

En relación con las críticas referidas en el punto anterior, J. Laskar [46] propuso en 1986 la expresión alternativa:

$$\varepsilon_0=23°26'21,448"-4680",93U-1",55U^2+1999",25U^3-$$
$$-51",38U^4-249",67U^5-39",05U^6+7",12U^7+27",87U^8+$$
$$+5,79U^9+2,45U^{10}$$

---

[41] *El MICA [5] alude explícitamente a la expresión citada dentro del apartado Calculate/Compute Menu.*

$$U = \frac{T}{100} = \frac{JD - 2451545,0}{3652500}$$

Como vemos, al igual que Lieske, parte del valor de ε_0 en la fecha JD2000. Esta fórmula se utiliza hoy en día en cálculos que requieran una muy elevada precisión, tanta que se considera un error máximo en los valores obtenidos de 0",01 en 1.000 años a contar desde JD2000.0 y de varios segundos de arco en 10.000 años. Forma parte, por ejemplo, del procedimiento de la NREL, de I. Reda *et al.* [23] que analizaremos en otro capítulo.

Es congruente con la hipótesis de que la inclinación media del eje terrestre alcanzó un máximo de valor 24°14'07" hacia el año 7530 a. C. y alcanzará un mínimo hacia el 12030 d. C., de valor 22°36'41".

Podemos ver su evolución en el tiempo en la **Fig. 13-1**:

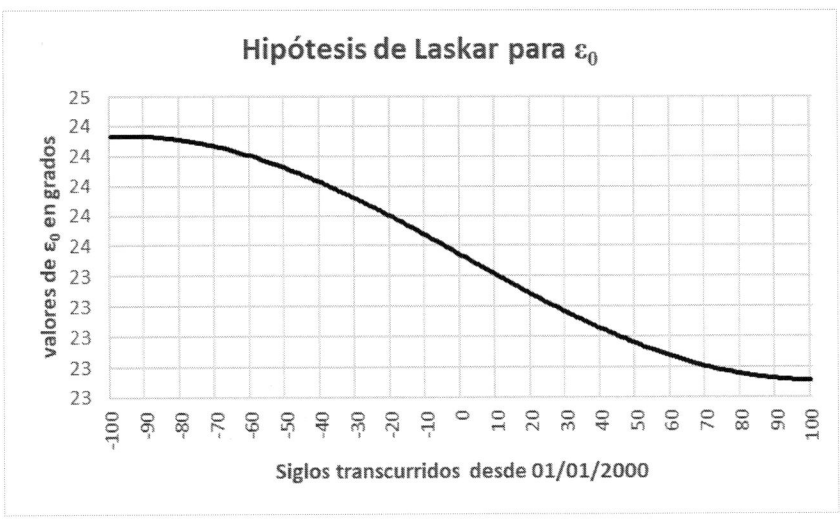

Fig. 13-1. *Evolución de ε_0 a lo largo de 20.000 años, con centro en 01/01/2000.*

La hipótesis de Laskar no debe ser aplicada fuera del intervalo indicado en la figura anterior.

13.3   Propuesta de Bretagnon y Chapront

Una opción intermedia era la de los astrónomos Bretagnon y Chapront en 1981, citados por Laskar en [46], con coeficientes similares a los suyos para los primeros términos, pero truncados a la tercera potencia:

$$\varepsilon_0 = 23º26'21'',448 - 4680'',93U-1'',5U^2 - 2001'' U^3$$

Siendo:

$$U = \frac{T}{100} = \frac{JD - 2451545,0}{3652500}$$

Con el mismo significado de U recogido en el punto anterior.

Sin embargo, los autores franceses citados ya en 1994 adoptan en [39] para J20000 el valor de partida de 23º26'21'',412 en lugar de 23º26'448'' recogido en DE200/LE200, es decir, una diferencia de 3,6 centésimas de segundos como diferencia mínima en todos los cálculos. Como vemos, las actualizaciones en Astronomía son relativamente frecuentes, al utilizarse medios cada vez más sofisticados en las observaciones y en los modelos.

13.4   Conclusiones

Todo lo anterior nos lleva a recomendar para **precisiones estándar o altas** la expresión de **Lieske**, a pesar de su fecha de publicación más antigua, totalmente adecuada. Para **precisiones muy elevadas**, debería utilizarse la propuesta de **Laskar**, tal y como recomienda la NREL.

ANÁLISIS DE LA NUTACIÓN

El fenómeno de la nutación se debe fundamentalmente a la acción gravitatoria de la Luna sobre nuestro planeta. Hoy en día es habitual calcular numéricamente la nutación como sumatorio de términos periódicos. En este capítulo vamos a analizar su cuantificación, no sin antes familiarizar al lector con la descomposición geométrica de la nutación en función de su proyección sobre direcciones determinadas como base de los métodos de cálculo.

14.1 Componentes geométricas de la nutación

Desde el punto de vista geométrico, el giro del eje de rotación constituido por la nutación, cuyas características básicas se vieron en el CAPÍTULO 1, punto 0, puede descomponerse en una componente perpendicular al eje de rotación, denominada *nutación en oblicuidad* y simbolizada por $\Delta\varepsilon$, y en otra componente perpendicular al radio vector de nuestro planeta y contenida en el plano de la eclíptica, denominada *nutación en longitud*, y simbolizada por $\Delta\psi$ (**Fig. 14-1**).

Como vemos, $\Delta\varepsilon$ aumenta o disminuye el valor de ε_0 y, análogamente, $\Delta\psi$ modifica, con valores positivos o negativos, el ángulo avanzado a lo largo de la traslación. Debido a la precesión, descrita anteriormente, combinada con la nutación, un extremo ficticio del eje de giro terrestre formaría a lo largo del tiempo una línea en el espacio como la que se representa en la **Fig. 14-2**. Obsérvese el sentido retrógrado u horario de la precesión. Esta figura no deja de ser a su vez una simplificación, puesto que, además, la inclinación media de la eclíptica, ε_0, varía también a lo largo del tiempo. Hemos representado de esta forma la combinación entre precesión y nutación por su fácil comprensión intuitiva, aunque las amplitudes de ambas perturbaciones están fuera de escala desde el punto de vista temporal y dimensional.

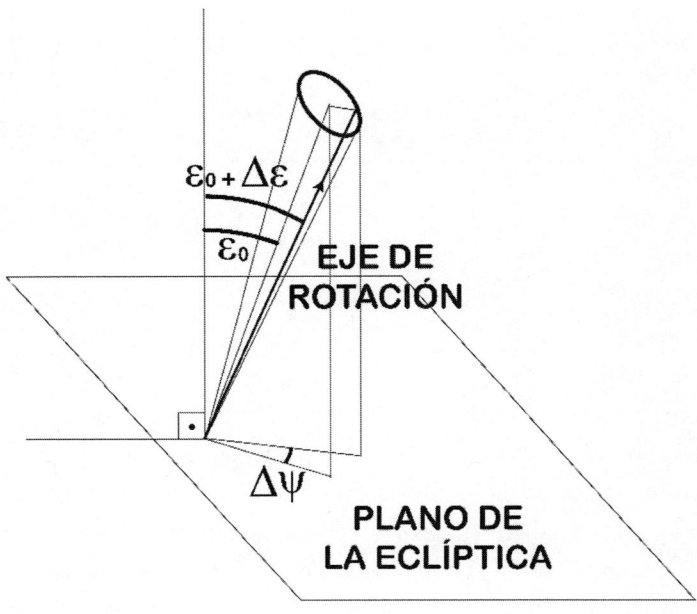

Fig. 14-1. *Representación gráfica de los componentes de la nutación.*

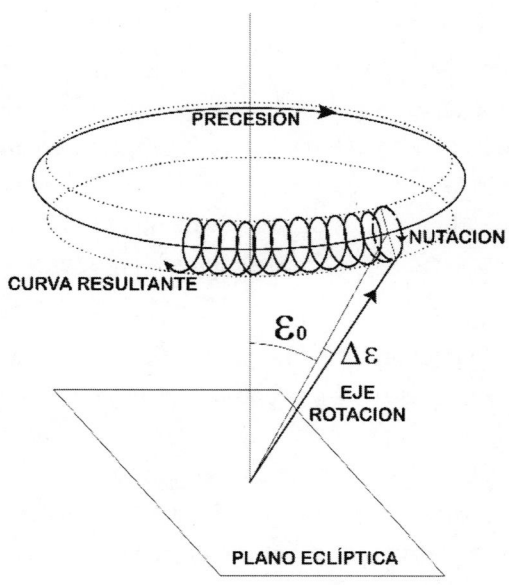

Fig. 14-2. *Composición de la nutación y la precesión.*

Tengamos en cuenta, por ejemplo, que el período de nutación (giro elíptico completo) es de aproximadamente 18,2 años, mientras que el período de la precesión es de unos 25.800 años. Aun conscientes de estos inconvenientes, preferimos este gráfico al habitualmente encontrado tanto en la red como en textos especializados, de los que presentamos a modo orientativo varios ejemplos. Representaciones como *Caliver, Wikimedia Commons* [47], **Fig. 14-3**, izda., o *"Proyecto Biosfera"*, del Ministerio de Educación, España [48], **Fig. 14-3**, dcha., aparecen frecuentemente en páginas web de divulgación.

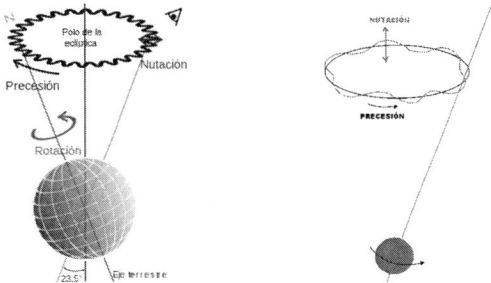

Fig. 14-3. Combinación precesión + nutación. Errores conceptuales.

Podemos observar que cualquiera de las dos ilustraciones anteriores se correspondería con un movimiento oscilante puro del eje de rotación con componente única en la dirección perpendicular al mismo, sin implicar avances o retrocesos con respecto al giro teórico en precesión como consecuencia de la trayectoria elíptica recorrida por el extremo ideal del eje de rotación terrestre. Por ello consideramos más acertada para explicar la conjunción de los dos fenómenos la **Fig. 14-2** propuesta por nosotros, a pesar de los inconvenientes señalados.

14.2 Ángulos característicos en la nutación

Dado que el fenómeno de la nutación se debe a la atracción gravitatoria de la Luna, es conveniente representar gráficamente la traslación de esta alrededor de la Tierra y caracterizar los ángulos principales que se utilizan en el modelo matemático completo de la nutación[42] (**Fig. 14-4**). Basándonos en esta figura, vamos a describir brevemente los principales elementos de la órbita lunar en relación con la Tierra y el plano de la eclíptica.

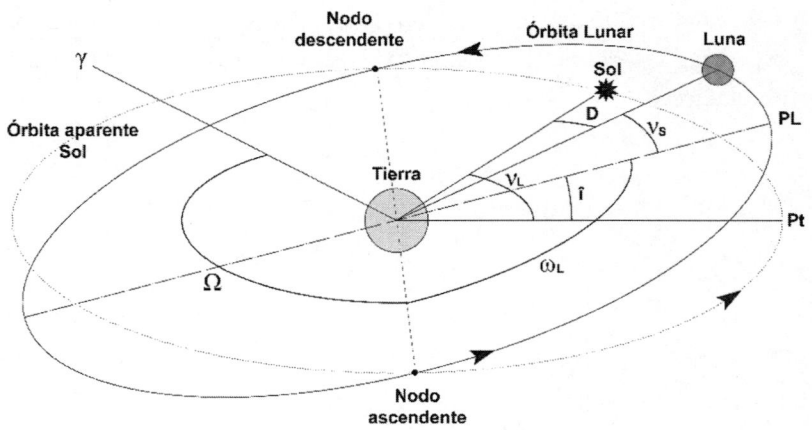

Fig. 14-4. Ángulos considerados en la nutación.

La órbita lunar no se sitúa en el plano de la eclíptica, sino que está contenida en un plano que forma un ángulo $\hat{\imath}$ con aquel. Ese ángulo es variable, situándose en el intervalo aproximado de $(4°,97, 5°,32)$. La intersección de la órbita lunar con el plano de la eclíptica se conoce como *línea de nodos*. En el *nodo ascendente*, la Luna pasa desde el hemisferio sur celeste al hemisferio norte (el que contiene el polo norte celeste). En el nodo descendente, pasa del hemisferio norte celeste al sur. La línea de nodos retrograda en la eclíptica en un período completo de aproximadamente 18,6 años. Pasamos a describir los ángulos incluidos en la **Fig. 14-4**.

v_L: anomalía verdadera de la Luna (desde su perigeo orbital).

v_S: anomalía verdadera del Sol (desde su perigeo orbital aparente).

---

[42] *La teoría completa de la nutación se expondrá de forma más extensa en el CAPÍTULO 20.*

ϖ_L: argumento del periapsis, medido desde el nodo ascendente hasta el eje de ápsides lunar.

D: elongación media de la Luna desde el Sol, medido entre la línea Tierra-Sol y la línea Luna-Tierra.

Ω: longitud del nodo ascendente de la luna desde γ.

F: argumento de la latitud lunar, definido como la suma $F = \varpi_L + v_L$

En la **Fig. 14-4** no se han representado las órbitas ficticias circulares del Sol (aparente) y la Luna, por lo que no aparecen dos importantes ángulos con los que estamos familiarizados por su relación con la anomalía verdadera:

M: anomalía media del Sol en su órbita aparente, medida desde el perigeo (no representada en la figura).

M': anomalía media de la Luna en su órbita, medida desde el perigeo lunar (no representada en la figura).

Para todos estos ángulos hemos adoptado la terminología de J. Meeus, que es diferente de la utilizada por otras fuentes que describiremos más adelante. De ellos, los que conforman los cálculos de la nutación son:

D, M, M', F, Ω, como veremos en otros capítulos más avanzados.

A su vez, los métodos simplificados que expondremos en este capítulo utilizan Ω y, en algunos casos, L_m (longitud media del Sol (órbita aparente) y L_m' (longitud verdadera de la Luna), estando ligadas estas magnitudes, como sabemos, a los argumentos de sus perigeos respectivos. No incidimos más en la caracterización de estos ángulos, toda vez que los cálculos aproximados presentan formulaciones compactas que no requieren de operaciones auxiliares como las analizadas en el capítulo dedicado al cálculo de la longitud solar aparente.

14.3   Cálculo numérico de la nutación

Actualmente existen varios procedimientos de diferente precisión para el cálculo de la nutación, aunque podemos considerar que los más conocidos parten, con diversas simplificaciones, de la *"1980 IAU Theory of Nutation"* [44]. En este capítulo analizaremos solo la formulación más sencilla para precisiones medias o altas, dejando para capítulos posteriores el desarrollo completo de la teoría de la nutación, en la parte dedicada a muy elevadas precisiones. Serán suficientes cuando utilicemos la hipótesis de órbita plana, sin considerar la latitud astronómica, en el caso del cálculo de la posición aparente del Sol.

14.3.1 Propuesta NOAA

La NOAA, en su aplicación [10] se basa en la *1980 IAU Theory of Nutation* [44], desarrollada por Seidelmann, simplificándola para las precisiones requeridas. Corrige la longitud y la oblicuidad de la eclíptica teniendo exclusivamente en cuenta la influencia del nodo ascendente de la órbita lunar. De esta forma, la NOAA utiliza implícitamente en su hoja Excel las expresiones:

$$\Delta\psi = -\,0{,}00478 \sin(\,125°{,}04 - 1934°{,}136\,JC)$$

$$\Delta\varepsilon = 0{,}00256 \cos(\,125°{,}04 - 1934°{,}136\,JC)$$

$$JC = \frac{JD - 2451545{,}0}{36525}$$

En la **Fig. 14-5** podemos comprobar el carácter cíclico de la corrección de la longitud L por nutación $\Delta\Psi$ y de la corrección de la inclinación del eje ε, $\Delta\varepsilon$, aplicando el algoritmo de la NOAA. Obsérvense las leyes de tipo senoidal, que arrojan valores tanto positivos como negativos para ambas correcciones, lo cual concuerda con la representación gráfica elegida anteriormente, **Fig. 14-5**, para ilustrar la composición de la nutación con la precesión. Es evidente que las composiciones de las representaciones de la **Fig. 14-3** no darían nunca lugar a valores negativos, dado que representan curvas continuas sin regresiones.

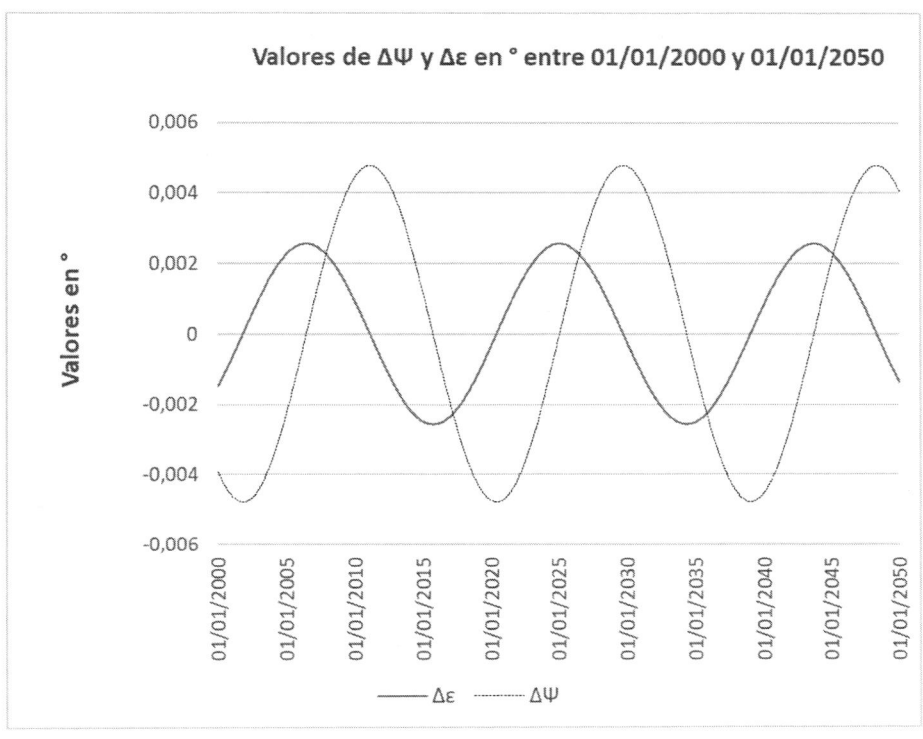

Fig. 14-5. *Carácter cíclico de la correción de la longitud L por nutación*
ΔΨ y de la inclinación del eje ε, Δε.

14.3.2 Propuesta de Jean Meeus

Jean Meeus [22] propone, para precisiones de 0",5 seg. de arco en $\Delta\psi$ y de 0",1 seg. en $\Delta\varepsilon$, las siguientes expresiones alternativas simplificadas:

$$\Delta\psi = -17,20 \sin\Omega - 1,32 \sin 2\,L_m - 0,23 \sin 2\,L'_m + 0,21 \sin 2\,\Omega$$

$$\Delta\varepsilon = 9,20 \cos\Omega + 057 \cos 2\,L_m - 0,10 \cos 2\,L'_m - 0,09 \cos 2\,\Omega$$

$$\Omega = 125,04452 - 1934,136261T - 0,002078T^2 - \frac{T^3}{450000}$$

$$L_m = 280°,4665 + 36000°,7698\ JDE$$

$$L'_m = 218°,3165 + 481267°,8813\ JDE$$

Siendo:

$$JDE=JD+\frac{\Delta T}{86400} \qquad\qquad T=\frac{JDE-2451545}{36525}$$

Las expresiones de $\Delta\psi$ y $\Delta\varepsilon$ están dadas en *arcseg*, por lo que su conversión a grados se realiza dividiendo por 3600. *ΔT está en segundos-tiempo.*

Esta expresión de Ω, que requiere el conocimiento de ΔT (véase 1.4.3), está extraída de la teoría de la nutación, cuyo desarrollo completo queda para capítulos posteriores (Parte III); de ahí su elevada precisión. Tiene el inconveniente de requerir el valor de ΔT en el instante de observación, cuestión que hemos reservado para la tercera parte de esta obra (cálculos para muy elevadas precisiones). Para cálculos en el entorno de los años 2010-2030 bastará con imponer $\Delta T{\sim}70$ seg. Entre los años 1800 y 2050 pueden tomarse los datos de las tablas contenidas en 20.1.1.

En cuanto a L_m y L_m', longitudes geocéntricas medias del Sol y la Luna, respectivamente, J. Meeus utiliza las expresiones:

La expresión para L_m no es otra que la indicada en 12.5, pág. 243, con la misma base de tiempos.

14.4 Elección de las expresiones más aconsejables

Para los cálculos más habituales en precisiones medias/altas bastará con las simplificaciones de la NOAA. Gozan de gran aceptación entre los usuarios especializados y permiten una aplicación muy sencilla mediante hojas de cálculo. La expresión simplificada de Meeus requiere la utilización de ΔT, lo cual siempre resulta engorroso y no muy práctico en cálculos programados, especialmente en esta Parte II. Para muy altas precisiones, como veremos en el CAPÍTULO 20, deberemos utilizar los desarrollos completos enunciados en el mismo, no la expresión simplificada.

LA ABERRACIÓN DE LA LUZ

El valor finito de la velocidad de la luz ha de ser tenido en cuenta a la hora de realizar las correspondientes correcciones a la posición teórica de la Tierra con respecto al Sol (o viceversa, en función del sistema heliocéntrico o geocéntrico de traslación elegido). En efecto, el Sol, en cada instante, no se percibe desde la Tierra en su posición real dada por las ecuaciones analizadas en el CAPÍTULO 12 para la determinación exacta de *L,* sino en una posición aparente anterior, derivada, entre otras cuestiones, del tiempo que tardan en alcanzar nuestro planeta los rayos solares. Es lo que se denomina *aberración de la luz,* fenómeno válido para todas las estrellas observadas desde la Tierra, debido al movimiento de traslación terrestre *(aberración anua o anual)*, y que en este capítulo particularizaremos para el Sol. Cualquier otro movimiento de la Tierra también induce la correspondiente incertidumbre en la percepción del Sol: rotación *(aberración diurna)*, variación de la latitud orbital, etc. Para el caso que nos ocupa, el de la posición solar aparente, los diferentes métodos de cálculo propuestos por diferentes autores coinciden en considerar solamente la aberración anua para obtener unas precisiones suficientemente elevadas.

El efecto de la aberración de la luz en la observación astronómica fue estudiado y formulado por Bradley ya en el siglo XVIII. Ello le permitió obtener la velocidad de la luz de forma muy aproximada. Su perfeccionamiento en siglos posteriores permitió añadir correcciones relativistas, que están fuera del alcance de esta obra por su casi nula influencia en la posición solar aparente, debido a la pequeña distancia Tierra-Sol en términos astronómicos.

15.1   La constante de aberración *k*

Bradley calculó el valor de la llamada *constante de aberración*, *k*, válida para obtener la corrección de la posición de cualquier astro. Realizando "ingeniería inversa", podemos realizar una deducción aproximada de *k* de forma elemental, habida cuenta de que conocemos previamente el valor de la velocidad de la luz y la distancia Tierra-Sol. Esta deducción servirá al lector para comprender más fácilmente el concepto de aberración. Y, como veremos, nuestros cálculos no diferirán demasiado del valor aceptado en Astronomía para k.

En la **Fig. 15-1** podemos observar, en esquema geocéntrico, el desplazamiento del Sol en su traslación aparente con respecto a la Tierra.

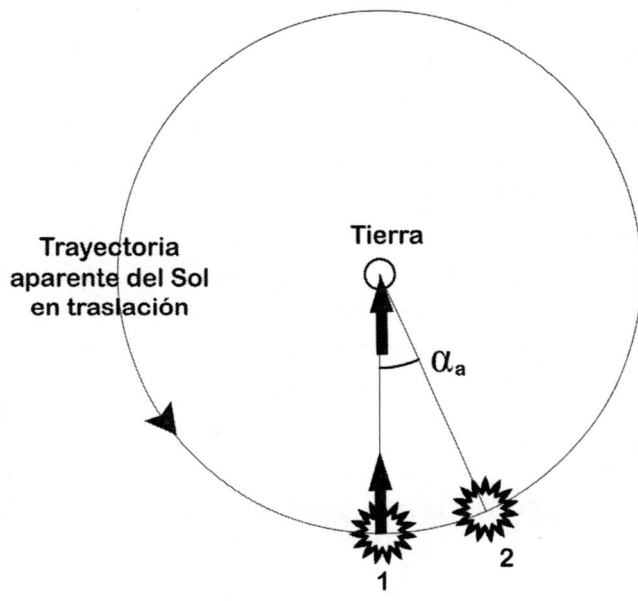

Fig. 15-1. *Aberración de la luz: el caso del Sol.*

Supongamos que un rayo de luz sale del Sol en un instante 1. Cuando llegue a la Tierra, el Sol se habrá desplazado aparentemente un determinado ángulo α_a. Por lo tanto, a efectos de cálculo, aunque el instante 2 es el que determina la posición real del Sol, esta deberá ser corregida por el ángulo $-\alpha_a$ para reflejar la posición relativa aparente del Sol respecto a la Tierra en dicho instante.

La constante de aberración, **k**, nos da, precisamente, el valor máximo que puede adoptar ese ángulo. Nosotros vamos a calcular un valor medio aproximado.

La distancia media entre el Sol y la Tierra es de $149,6 \cdot 10^6$ km, siendo la velocidad de la luz de aproximadamente 300.000 km/seg. Por tanto, el tiempo que tarda el rayo de sol en recorrer la distancia anterior es de 496,7 segundos (unos 8,3 minutos). Por otra parte, la velocidad angular media de la Tierra es de 360°/año, por lo que el ángulo recorrido entre los instantes 1 y 2 será de:

$$\alpha_a = \frac{149 \cdot 10^6}{300000} \frac{360}{365,25 \cdot 24 \cdot 3600} = 0°,00567 \cong 20'',4$$

A modo de curiosidad, la distancia recorrida por la Tierra en ese tiempo a lo largo de la órbita sería de

$$\frac{2\pi 149 \cdot 10^6}{360°} 0°,00567 \cong 14745 \text{ km}$$

Como se ve, hemos realizado una serie de simplificaciones: considerar la distancia media igual al valor UA truncado, redondear la velocidad de la luz, utilizar la duración del año medio, órbita circular, etc. No obstante, si comparamos el valor α_a con el adoptado en Astronomía para la constante **k** [22], veremos que la diferencia no es muy grande:

$$k = 20'',49552$$

Cabe indicar que, con los valores aportados por Kartunnen en [49], estaríamos en una magnitud para la aberración diurna máxima del entorno del 1,5% de la correspondiente a la aberración anua, o sea, unos 0,3" de arco, que a su vez quedaría minorada por el término $cos\varphi$ (Smart, [9]), siendo φ la latitud terrestre del observador, lo que hace innecesaria en la práctica su inclusión en los cálculos de la posición aparente del Sol.

15.2   Utilización de k en los cálculos

Si la distancia al Sol fuera constante, la aberración sería siempre la misma. Pero la distancia es variable. Lo que procede, pues, es calcular la variación en la posición real de la Tierra sobre su órbita frente a la observada, inducida por dichas variaciones.

Llamaremos a esa variación $\Delta\tau$.

Sabemos que el radio terrestre real ρ viene dado, de acuerdo con las ecuaciones de Kepler (CAPÍTULO 12), por la expresión

$$\rho = \frac{a\ (1 - e^2)}{1 + e\ cos\ v}$$

ρ = distancia Tierra-Sol, que expresada en UA se expresa como R.

a = semieje mayor de la órbita terrestre, con a = 1,000 001 018 UA [30].

e = excentricidad de la órbita = de 0,0167 034 4 (valor para 2013, [30]).

v = longitud desde el perigeo (órbita aparente del Sol).

La propuesta de J. Meeus para el cálculo de la aberración parte de la proporción entre un valor orbital medio de R y el valor instantáneo de R aplicado a la constante de aberración. En efecto, como el valor medio de R para nuestra órbita, habida cuenta de la mínima variación de e en el intervalo comprendido entre los años 0 y 4000, está muy próximo al que adopta para v = 90° [43], tendremos de forma aproximada que el radio medio será:

$$\rho_m = a\ (1 - e^2)$$

Ahora, para la variación $\Delta\tau$ bastará con establecer la proporción entre radio medio y radio instantáneo R aplicada a la constante k, y con signo negativo:

$$\Delta\tau = -\frac{k\ a\ (1 - e^2)}{R}$$

---

[43] *Para e=0,01670344, valor medio correspondiente a 2013, el valor numérico medio del radio orbital terrestre en UA se alcanzaría realmente con v = 90,9571°.*

Obsérvese que la proporción se establece con el valor medio en el numerador y el valor instantáneo R en el denominador: a menor R le corresponde, como sabemos por Kepler, una mayor velocidad tangencial de la Tierra (o aparente del Sol), es decir, una mayor aberración lumínica.

Sustituyendo valores, podemos escribir la fórmula anterior como:

$$\Delta\tau = -\frac{20"49552 \cdot 1,000001018(1 - e^2)}{R}$$

La lenta variación de e a lo largo del tiempo propicia que, de acuerdo con J. Meeus [22], el numerador de la expresión anterior variaría entre un valor de $\Delta\tau = 20"49552$ para el año 0 y $20"4904$ para el año 4000. Por esta razón, para predicciones en nuestro entorno temporal, dicho autor recomienda la ecuación:

$$\Delta\tau = -\frac{20"4898}{R}$$

(Ec.15-1)

Al estar R en unidades astronómicas, lógicamente $\Delta\tau$ viene dado en segundos de arco.

La fórmula anterior, en grados, queda como:

$$\Delta\tau° = -\frac{0,00569161}{R}$$

En algunas aplicaciones, como la de la NOAA, habida cuenta de la pequeña variación de R en términos de unidades astronómicas para la actual órbita terrestre de baja excentricidad, se utiliza como constante el valor de corrección:

$$\Delta\tau° = -0°,00569$$

que en la aplicación mencionada aparece como primer término independiente junto a la nutación dentro del apartado del paso de longitud real a aparente, como veremos en el siguiente capítulo. Sin embargo, para muy elevadas precisiones, Reda *et al.*, en el *Technical Report* del NREL, basado en [23], preconizan el uso de la fórmula *(Ec.15-1)* para precisiones globales en el cálculo de altura y acimut solares con errores menores de ± 0°,0003, por lo que queda fuera de lugar recomendar métodos de cálculo de mayor precisión o integrar nuevos términos de aberración lumínica.

Finalmente, cabe indicar que las complejas expresiones de Ron-Vondrak [50] para cálculos referidos a posiciones estelares, y citadas en [22], no son necesarias en esta obra dedicada exclusivamente al análisis del movimiento del Sol, la más cercana a la Tierra de todas las estrellas del firmamento.

16

CORRECCIONES A *L* Y ε_0

16.1 Correcciones a *L*

Los procedimientos de cálculo de *L* tienen por objeto calcular la posición real de nuestro planeta a lo largo de su recorrido orbital.

Sin embargo, de cara a la percepción del Sol desde la Tierra, deben hacerse varias correcciones, puesto que lo que nos interesa es conocer la posición aparente del Sol. A esta posición le denominaremos L_t en esta obra. El plano de sombra, mencionado en capítulos anteriores, va referido a la posición aparente del Sol con respecto a nuestro planeta, no con la posición real en el instante determinado. Igualmente, por ejemplo, los instantes de los equinoccios. Todo ello viene condicionado por dos factores que hemos analizado anteriormente: **la aberración de la luz** y la **nutación en oblicuidad**.

16.1.1 La aberración y la longitud

La principal consecuencia de la aberración lumínica es la modificación de la longitud solar a efectos de los cálculos de la trayectoria aparente del Sol. O lo que es lo mismo, el ángulo recorrido por la Tierra en su movimiento de traslación debe ser corregido en la magnitud resultante de la aberración con el fin de que nuestros cálculos sean coherentes.

En la **Fig. 16-1** podemos ver que cuando la Tierra está en 2, recibe los rayos de Sol que salieron del mismo en el instante 1.

Por lo tanto, a efectos de cálculo, aunque la Tierra esté en 2, debe ser realizada la correspondiente corrección en longitud de valor $\Delta\tau$, es decir, la debida a la aberración (CAPÍTULO 15). Su signo es siempre negativo, debido a que los rayos llegan a la Tierra con el mencionado desfase en el tiempo.

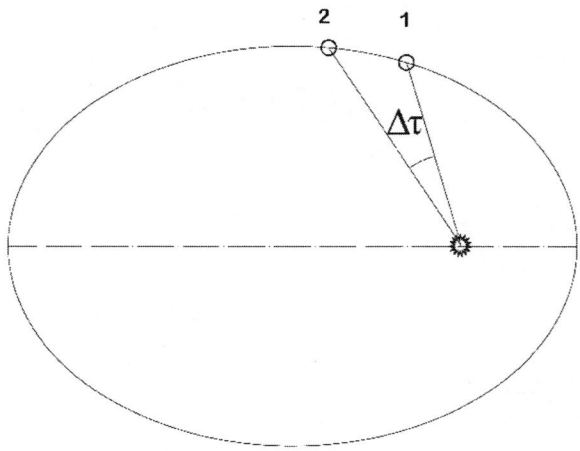

Fig. 16-1. *Representación geométrica de Δτ.*

Pero esta corrección a L no es la única, como veremos a continuación.

16.1.2   Nutación en longitud y L

El efecto de la nutación en longitud es también sencillo desde un punto de vista intuitivo. En este caso, la nutación en longitud o $\Delta\psi$ (CAPÍTULO 14), al provocar un giro en el eje de rotación terrestre, modifica igualmente la posición relativa del plano de sombra con respecto a este: aunque L no varíe en relación con el centro de la Tierra, la consecuencia de esta perturbación cíclica sobre el eje de giro provoca que, en el instante dado, la orientación del mismo cambie también, induciendo un efecto similar al de un mayor avance de la precesión o un retroceso de la misma según el signo de $\Delta\psi$. En la **Fig. 16-2** podemos observar la Tierra en una posición determinada, y su eje de rotación proyectado sobre la eclíptica forma un ángulo η[44] con el radio vector Tierra-Sol. En dicha figura no se ha considerado el efecto de la nutación sobre la componente horizontal con respecto al plano de la eclíptica del eje de giro terrestre.

---

[44] *Denominación auxiliar adoptada solamente para este apartado.*

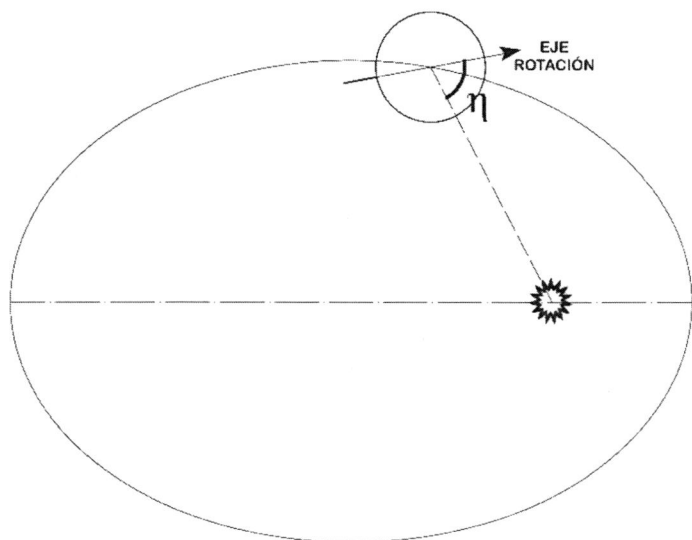

Fig. 16-2. *Posición genérica de la Tierra. Ángulo η.*

En la **Fig. 16-3**, en la posición A se representa la Tierra con dos direcciones de ejes proyectados sobre la eclíptica: la dirección 1, correspondiente al eje sin nutación; y la dirección 2, con la corrección $\Delta\psi$.

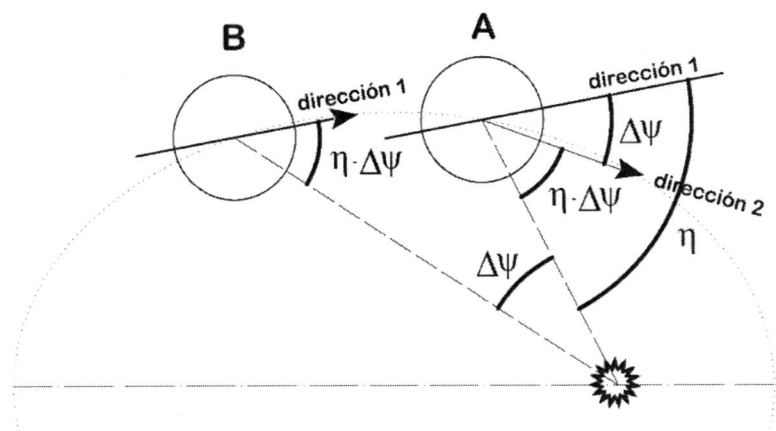

Fig. 16-3. *Comparación de orientaciones del eje de rotación y su relación con el radio Tierra-Sol. Consecuencia de $\Delta\psi$.*

Como puede verse, el cambio de dirección inducido en A por $\Delta\psi$ sobre el eje hace que la posición relativa del mismo con respecto al radio vector sea idéntica a la que tendría sin corregir cuando la Tierra está en B, siendo la diferencia angular en la traslación entre B y A precisamente el ángulo $\Delta\psi$. En otras palabras, produce a efectos de cálculo de posiciones relativas de la Tierra respecto del Sol (y viceversa) el mismo efecto que un incremento angular en traslación de valor ψ.

16.1.3   Longitud aparente: L_t

La longitud aparente L_t será, pues, la longitud L corregida por los dos términos anteriores.

A partir de ahora, denominaremos L_t a esta longitud; no tiene sentido a efectos prácticos utilizar L en los cálculos de acimut, elevación, horas de luz, etc., cuando trabajamos con cierto nivel de precisión, puesto que el Sol que se percibe desde nuestro planeta es el aparente y no el real. Las correcciones que vamos a introducir no dependen de que el modelo sea heliocéntrico o geocéntrico, por cuanto no dependen de la posición del punto Aries.

En todos los apartados del CAPÍTULO 12 las longitudes calculadas para la Tierra eran reales, en el sentido astronómico del término.

Por tanto,

$$L_t = L + \Delta\tau + \Delta\psi$$

Todas las magnitudes angulares calculadas en los capítulos, para las que se utilizó L en sus deducciones, van referidas ahora a la longitud aparente.

16.2   Corrección de la oblicuidad de la eclíptica

Igualmente, la oblicuidad media de la eclíptica ε_0 (analizada en el CAPÍTULO 13) se debe también corregir mediante el término asociado a la nutación proyectado sobre la perpendicular a la eclíptica, cuyo valor se calcula de acuerdo con los métodos propuestos en el CAPÍTULO 14, y que se denominaba $\Delta\varepsilon$. Por lo tanto, a partir de ahora, en cualquier cálculo donde encontremos ε, deberemos entender que nos referimos a:

$$\varepsilon = \varepsilon_0 + \Delta\varepsilon$$

Tal y como remarcamos en el punto anterior, las expresiones angulares deducidas en los primeros capítulos y que incluyen ε, δ irían ahora, en cálculos de precisión, referidas, lógicamente, a esta oblicuidad corregida.

17

REFRACCIÓN ATMOSFÉRICA

La existencia de atmósfera terrestre implica la desviación de los rayos solares que la atraviesan, debido al paso de la luz a través de capas de aire con diferentes densidades.

La curvatura de los rayos provoca que la altura aparente del Sol, estrellas, etc., sea siempre mayor que la real, según puede observarse en la **Fig. 17-1**.

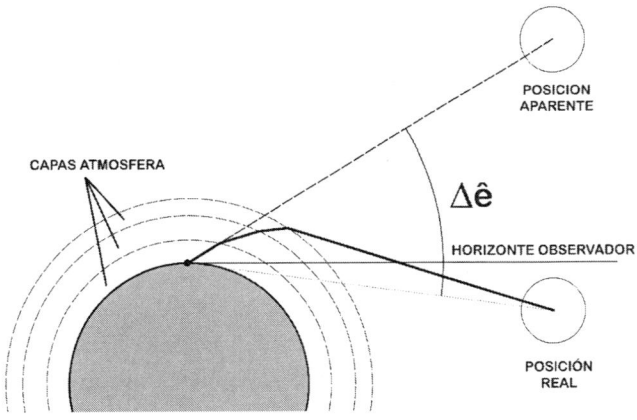

Fig. 17-1. *Esquema de la reflexión de la luz en la atmósfera.*

Las expresiones que cuantifican esta desviación son todas empíricas, y han sido analizadas por diferentes autores e instituciones y ajustadas tras largas observaciones experimentales. Es importante recalcar que la densidad de las capas atmosféricas guarda relación con la temperatura de estas. De hecho, se constatan enormes desviaciones de la trayectoria de los rayos solares en las zonas polares, debido a las bajas temperaturas reinantes en ellas.

La influencia de la refracción atmosférica en las observaciones puede analizarse desde dos puntos de vista: las correcciones a alturas aparentes observadas (correcciones directas) y las correcciones a posiciones teóricas para obtener alturas aparentes en cálculos predictivos (correcciones inversas). Aunque el objeto de esta obra está más en consonancia con las segundas, expondremos primero, dentro de las aproximaciones empíricas, los métodos directos, por poder ser útiles al lector en el caso de realizar observaciones de alturas del Sol para comprobaciones *in situ* sobre los procedimientos utilizados, y porque algunos de los métodos inversos se desarrollaron a partir de los directos.

17.1   Métodos directos (corrección de observaciones)

Estos métodos, como queda dicho, se utilizan para obtener el posicionamiento real del Sol partiendo de observaciones realizadas en campo. Por tanto, no son los adecuados para nuestros cálculos, pero también debemos indicar que las diferencias por aplicación de los métodos directos a los cálculos son casi despreciables en la mayoría de los casos.

17.1.1   Fórmula de Bennett

G. G. Bennett [51] analizó la influencia de la atmósfera, en las observaciones de los astros, y propuso una expresión sencilla para corregir las alturas observadas de los mismos y estimar su posición real respecto al observador. Aunque la fórmula de Bennett puede también utilizarse de forma aproximada para corregir alturas teóricas, metodológicamente no es correcto, por cuanto lo que necesitamos para nuestros cálculos es predecir la altura aparente basándonos en la teórica. No obstante, los errores no son importantes, como veremos[45]. Hemos creído oportuno incluir las fórmulas de Bennett como base de las expresiones inversas de Saemundsson, que veremos en este mismo capítulo.

Denominando $\Delta\hat{e}$ a la corrección por refracción de la elevación observada, $\hat{e}_o$, su expresión matemática es:

---

[45] *A efectos prácticos, es muy similar sumar el resultado de una corrección de altura aparente, por ejemplo, de 36° (negativo) tomando su valor absoluto, que obtener el resultado de la aplicación de la refracción obre una altura teórica de 36° (positivo). Las diferencias están en el orden de las centésimas de grado, como se verá.*

$$\Delta\ \hat{e}=\cfrac{1}{\tan\left[\hat{e}_o+\cfrac{7,31}{\hat{e}_o+4,4}\right]}$$

($\Delta\hat{e}$ en minutos de arco, $\hat{e}_o$ en grados)

Las condiciones estándar para la aplicación de esta fórmula son:

- Observación a nivel del mar

- Presión atmosférica de 1010 milibares

- Temperatura del aire de 10° Celsius

En caso de poderse determinar otras condiciones de presión y temperatura, la expresión anterior quedaría como:

$$\Delta\ \hat{e}=\cfrac{1}{\tan\left[\hat{e}_o+\cfrac{7,31}{\hat{e}_o+4,4}\right]}\cdot\frac{P}{1010}\cdot\frac{283}{273+T}$$

($\Delta\hat{e}$ en minutos de arco, $\hat{e}_0$ en grados), con P en milibares (medida en la altura topográfica de observación, sin reducir al nivel del mar) y T en grados Celsius.

J. Meeus [22] indica que esta fórmula aproximada es válida para la longitud de onda de la luz amarilla, para la que el ojo humano tiene mayor sensibilidad. No recoge modificaciones para otras longitudes de onda. El hecho de que la fórmula anterior arroje error matemático para $\hat{e} = -4°,4$ no debe preocuparnos, pues a esa altura el avistamiento solar es imposible, y, en consecuencia, su corrección innecesaria.

17.1.2 *Anuario del Observatorio Astronómico de Madrid*

Quienes estén familiarizados con el AOAM [1], verán que el mismo analiza la refracción atmosférica en sus capítulos "*Efemérides del sol*" y "*Corrección de refracción atmosférica*". Presenta una serie de tablas para su cálculo, que reproducimos (**Tabla 17-1 y Tabla 17-2).** Se trata también de **correcciones sobre alturas aparentes observadas**, y que reproducimos aquí por su interés, con las mismas reservas que indicábamos para las fórmulas de Bennett.

Las condiciones estándar que considera el AOAM, para el uso de dichas tablas, y que incluyen la longitud de onda de la luz, son:

- Longitud de onda $\lambda_0 = 0{,}575$ μm

- Presión atmosférica $P_0 = 1000$ mbar

- Temperatura ambiente $T_0 = 10°$ C

La longitud de onda para las condiciones normales estaría igualmente, como en la propuesta de J. Meeus, dentro de la banda de la luz amarilla. El *Anuario* considera una longitud de onda estándar $\lambda = 0{,}575$ μm[46], aunque aporta una expresión matemática para la corrección de los resultados en caso de considerar otra luz diferente.

Tabla 17-1. Corrección de la refracción atmosférica, entradas por grados para alturas entre 20° y 90°. Extraída del Anuario Astronómico 2021. Instituto Geográfico Nacional [1].

Corrección de la refracción atmosférica media, R_0
con entradas cada grado para alturas entre 20° y 90°
$(\lambda = 0{,}575\,\text{μm},\ P=1000\ \text{mbar},\ T=10°C)$

alt. obs.	0° (″)	1° (″)	2° (″)	3° (″)	4° (″)	5° (″)	6° (″)	7° (″)	8° (″)	9° (″)
80°	10,1	9,1	8,1	7,0	6,0	5,0	4,0	3,0	2,0	1,0
70°	20,9	19,8	18,6	17,5	16,5	15,4	14,3	13,3	12,2	11,2
60°	33,1	31,8	30,5	29,2	28,0	26,8	25,5	24,4	23,2	22,0
50°	48,1	46,4	44,8	43,2	41,7	40,2	38,7	37,3	35,8	34,5
40°	68,3	65,9	63,7	61,5	59,4	57,3	55,4	53,5	51,6	49,9
30°	99,1	95,2	91,6	88,1	84,9	81,8	78,8	76,0	73,3	70,8
20°	156,3	148,4	141,1	134,4	128,2	122,4	117,1	112,2	107,5	103,2

Para condiciones diferentes a las estándar, el AOAM propone las siguientes correcciones:

- Corrección en λ (longitud de onda de la luz considerada): multiplicar los resultados de la tabla por

$$0{,}983 + \left[\frac{0{,}075}{\lambda}\right]^2$$

---

[46] *Aunque en esta obra hemos utilizado diferente simbología para variables distintas, conservamos el uso universal de λ para la longitud de onda de la luz. El lector sabrá distinguir perfectamente por el contexto cuándo nos referimos a dicha variable o a la longitud geográfica λ.*

- Corrección por presión: multiplicar los resultados de la tabla por

$$\frac{P}{1000}$$

(P en mbar medida en la altura topográfica de observación, sin reducir al nivel del mar)

- Corrección por temperatura: multiplicar los resultados de la tabla por

$$\frac{283}{273 + T}$$

Tabla 17-2. *Corrección de la refracción para ê entre 0° y 20°. Extraída del Anuario Astronómico 2021. Instituto Geográfico Nacional [1].*

Corrección de la refracción atmosférica media, R_0
con entradas cada 10′ para alturas entre 0° y 20°
($\lambda = 0,575\,\mu m$, P=1000 mbar, T=10°C)

altura observada	0′ (′ ″)	10′ (′ ″)	20′ (′ ″)	30′ (′ ″)	40′ (′ ″)	50′ (′ ″)
19°	2 45	2 44	2 42	2 41	2 39	2 38
18°	2 55	2 53	2 51	2 50	2 48	2 47
17°	3 05	3 04	3 02	3 00	2 58	2 56
16°	3 17	3 15	3 13	3 11	3 09	3 07
15°	3 31	3 29	3 26	3 24	3 22	3 20
14°	3 46	3 43	3 41	3 38	3 36	3 33
13°	4 03	4 00	3 57	3 54	3 51	3 48
12°	4 23	4 19	4 16	4 12	4 09	4 06
11°	4 46	4 42	4 38	4 34	4 30	4 26
10°	5 13	5 08	5 04	4 59	4 54	4 50
9°	5 46	5 40	5 35	5 29	5 24	5 18
8°	6 26	6 19	6 12	6 05	5 59	5 52
7°	7 16	7 07	6 58	6 50	6 42	6 34
6°	8 19	8 08	7 57	7 46	7 36	7 26
5°	9 42	9 26	9 12	8 58	8 44	8 32
4°	11 33	11 12	10 52	10 33	10 15	9 58
3°	14 08	13 38	13 10	12 44	12 19	11 55
2°	17 56	17 11	16 30	15 51	15 14	14 40
1°	23 53	22 41	21 35	20 34	19 37	18 45
0°	33 48	31 45	29 52	28 10	26 37	25 11

Por otra parte, el AOAM recomienda, con indicación de que se puede utilizar para trabajos que no requieran una elevada precisión, el uso de la fórmula de Bennett en la forma:

$$\Delta \, \hat{e} = \frac{60}{\tan\left[\hat{e}_o + \dfrac{7,31}{\hat{e}_o + 4,4}\right]} \cdot \frac{0,28P}{273+T}$$

($\Delta\hat{e}$ en **segundos de arco**, $\hat{e}_o$ en grados)

Expresión que resultaría idéntica a la utilizada por Bennett en minutos, salvo en la diferencia de 10 mbar en la presión atmosférica estándar.

En caso de no conocerse la presión ni la temperatura, se recomienda, igual que en el caso anterior (J. Meeus), imponer la condición

$$\frac{0,28P}{273+T} = 1$$

A pesar de la preferencia por las tablas que parece indicar el AOAM, resulta más práctico el uso de la fórmula de Bennett para cálculos masivos a través de hojas de cálculo.

17.2   Métodos inversos (correcciones para cálculos)

Estos métodos son los que utilizaremos preferentemente cuando estemos realizando cálculos de posición solar aparente.

17.2.1   Aplicación NOAA (inversa)

La aplicación informática de la NOAA describe en su página web *Solar Calculations Details* [10] el procedimiento de cálculo de la posición solar que utiliza en su *"Solar position calculator"*. En la misma, describe el algoritmo de cálculo de la refracción solar[47]. Se trata de una corrección a la altura teórica $\hat{e}$, por lo que podemos considerarla inversa, y, por tanto, desde un punto de vista metodológico, más acertada que las anteriores para el cálculo predictivo de la altura aparente del Sol. Según las elevaciones teóricas, $\hat{e}$ (valores en grados), obtenemos los valores $\Delta\hat{e}$ según las diferentes expresiones que se relacionan a continuación. En las mismas, ***$\Delta\hat{e}$ se obtiene***

---

[47] *No se han encontrado referencias a las fuentes primarias de las expresiones utilizadas por la NOAA, lo cual parece avalar que se trate de aproximaciones empíricas de la propia NOAA.*

en grados, para su aplicación directa en cálculos de elevación, como deducirá el lector por el denominador 3600 que aparece en todas ellas.

Si 85° < ê ≤ 90°

$\Delta\hat{e} = 0°$

Si 5° < ê ≤ 85°

$$\Delta\hat{e} = \frac{1}{3600}\left(\frac{58,1}{tan\,\hat{e}} - \frac{0,07}{tan^3\,\hat{e}} + \frac{0,000086}{tan^5\,\hat{e}}\right)$$

Si -0,575 < ê ≤ 5°

$$\Delta\hat{e} = \frac{1}{3600}\left(1735 - 5182\hat{e} + 103,4\hat{e}^2 - 12,79\hat{e}^3 + 0,711\hat{e}^4\right)$$

Si ê < -0,575

$$\Delta\hat{e} = \frac{1}{3600}\left(\frac{-20,774}{tan\,\hat{e}}\right)$$

(Δê en grados sexagesimales en todos los casos)

Para los instantes de salida y puesta del Sol, calculados directamente y no a través de las fórmulas de acimut y elevación, la NOAA asigna directamente el valor $\Delta\hat{e} = 0,833°$, que se analizará más adelante. No se indican condiciones estándar ni posibles **correcciones por temperatura o presión** diferentes a las mismas, dado que **la aplicación de la NOAA no presenta entradas para estas variables**, por lo que su uso se restringe a cálculos en precisiones medias-altas. Otra cuestión es la aceptación de valores negativos sin aparente limitación, lo cual no tiene sentido práctico por debajo de ciertas cifras.

17.2.2 Fórmula inversa de Saemundsson

Determinados procedimientos, entre los que citamos el de la NREL para altas precisiones en *referencia topocéntrica*, y elaborado por Reda *et al.* [23]

utilizan el algoritmo propuesto por Saemundsson [52][48], citado anteriormente. Saemundsson adaptó mediante un procedimiento sencillo (considerado de media-baja precisión por expertos en análisis de refracción atmosférica) las expresiones de Bennett que se utilizan en correcciones de alturas observadas para obtener posiciones reales del Sol. Así, propuso un método en 1984, que servía, al contrario que el de Bennett, y en la línea de la NOAA, para estimar las correcciones que permiten predecir la observación de la altura aparente del Sol conocida su posición teórica. De ahí su denominación de "inverso". Se basó en ajustes numéricos sencillos de la ecuación de Bennett. La expresión de Saemundsson en condiciones normales de presión y temperatura (10 ºC y 1010 mbar) es:

$$\Delta \hat{e}_N = \frac{1,02}{60 \cdot \tan\left(\hat{e} + \frac{10,3}{\hat{e}+5,11}\right)}$$

Al igual que las ecuaciones de la NOAA, los valores resultantes de $\Delta\hat{e}$ se obtienen en grados.

Que, generalizando para cualesquiera otras condiciones de P y T, se convierte en:

$$\Delta \hat{e} = \frac{P}{1010} \cdot \frac{283}{273+T} \cdot \frac{1,02}{60 \cdot \tan\left(\hat{e} + \frac{10,3}{\hat{e}+5,11}\right)}$$

(Como siempre, P en mbar medida en la altura topográfica de observación, sin reducir al nivel del mar y T en grados centígrados)

Es importante tener en cuenta que valores próximos a -5º,11 llevan a resultados cambiantes rápidamente e impredecibles, así como que dicho valor provoca un error matemático en la fórmula anterior. Fuentes como Reda *et al.* [23], autores de la compilación base del SPA para NREL, aconsejan no utilizar esta corrección para alturas del Sol bajo el horizonte. Nosotros interpretamos esta recomendación con el límite inferior para la elevación $\hat{e}$ = -0º,833 indicado anteriormente. El porqué de esta cifra se analiza en este mismo capítulo.

---

[48] *Se optó por este método frente al de la NOAA al incluir en los cálculos elementos variables como la presión y temperatura.*

17.3 Análisis comparativo

Aunque, como hemos dicho, no resulta correcto utilizar fórmulas directas para la estimación de la modificación de ê, presentamos una comparativa de valores $\Delta\hat{e}$ para diferentes valores de la elevación teórica. Es interesante observar que la aplicación directa de la fórmula de Bennett nos lleva al absurdo de presentar una cifra negativa para la desviación por refracción en el cénit, donde, al no existir componente horizontal en la elevación, no se produce desviación de los rayos. Igualmente con Saemundsson. Es habitual añadir constantes a los valores obtenidos con el fin de que todos los resultados sean = 0° para ê = 90° (tal y como lo corrige Meeus en [22]). La diferencia no es apreciable.

A la vista de los resultados homogeneizados a minutos de arco que se presentan en la **Tabla 17-3**, no se aprecian diferencias significativas entre los cuatro métodos utilizados (Meeus-Bennett, tablas del AOAM, Algoritmo de la NOAA, Saemudsson) salvo en tramos próximos al grado de elevación (la refracción es máxima en alturas próximas al horizonte). Es de resaltar que los valores extraídos de las tablas del AOAM, que son válidos para condiciones de presión de 1000 mb, han sido corregidos por nosotros a 1010 mb para homogeneizarlos con el resto de los algoritmos. Resulta interesante, a la vista de la tabla, que, para algunas alturas teóricas ê, los valores calculados mediante el algoritmo NOAA se aproximan más a los obtenidos por procedimientos directos (Bennett, tablas AOAM) que a los obtenidos por aplicación del método inverso de Saemudsson. En condiciones normales de presión y temperatura, puede utilizarse, mediante interpolación, la **Tabla 17-3** para cálculos rápidos. Recomendamos nuevamente los métodos inversos.

Los resultados de la tabla se han trasladado a la **Fig. 17-2**, donde queda de manifiesto la escasa trascendencia de utilizar unos u otros métodos. Se han eliminado para mayor claridad los valores correspondientes a altitudes negativas. Obsérvese la visible coincidencia de todas las curvas, con ligeras dispersiones para los valores asociados a elevaciones próximas a 0° (con el Sol en el horizonte del observador).

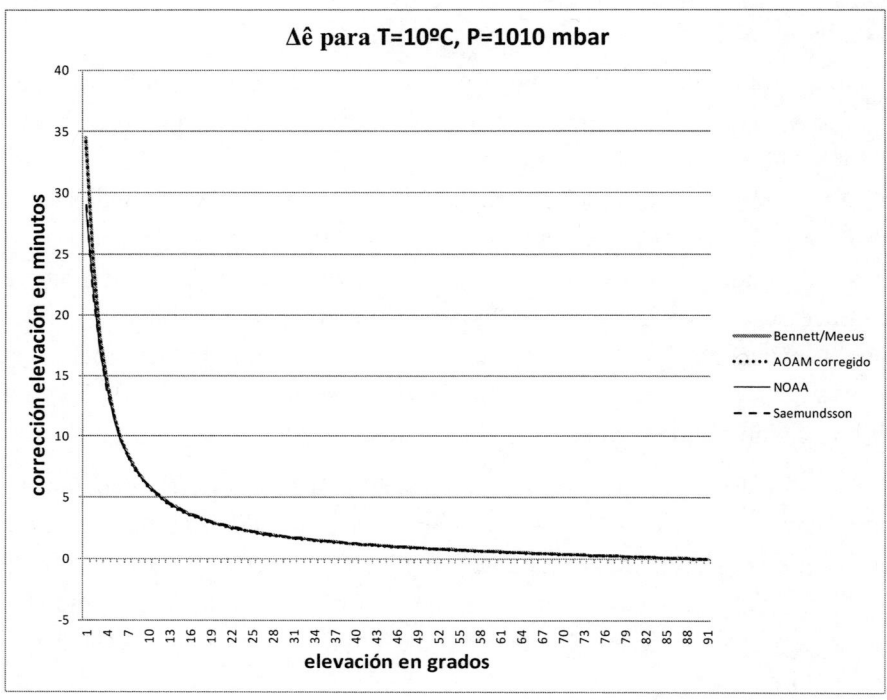

Fig. 17-2. *Variación de la corrección Δê por refracción.*

17.3.1   *Distorsiones singulares*

A la hora de realizar comparaciones entre métodos, en el contexto de la obtención masiva de resultados para series largas de instantes, podemos observar distorsiones de cierta importancia entre los procedimientos de la NOAA y de Saemundsson para valores de elevación bajo el horizonte. Ello se debe a utilizar las fórmulas correspondientes a los mismos fuera de su campo de validez lógico, toda vez que las correcciones empíricas tienen sentido cuando el Sol es visible.

Tabla 17-3. Comparativa para Δê por refracción atmosférica
(entradas de ê en grados sexagesimales, resultados en minutos de arco).

	Meeus/Bennett	AOAM TABLA corregido	NOAA	Saemundsson		Meeus/Bennett	AOAM TABLA corregido	NOAA	Saemundsson
-1	49,81572636	0	19,83569438	38,79483725	45	0,994847968	0,955	0,9671681	1,012707659
0	34,47753374	33,8	28,91666667	28,98192738	46	0,960808586	0,923333333	0,934059183	0,978092681
1	24,32912258	23,88333333	21,80201667	21,74388679	47	0,927885166	0,891666667	0,902040402	0,944607778
2	18,21607629	17,93333333	17,02093333	16,92571511	48	0,896004919	0,86	0,871040452	0,912179491
3	14,34442244	14,13333333	13,72101667	13,66111279	49	0,865100793	0,831666667	0,84099367	0,880740124
4	11,73612441	11,55	11,33426667	11,36029198	50	0,835110899	0,801666667	0,811839472	0,850227167
5	9,883144234	9,7	9,605559904	9,674126604	51	0,80597801	0,773333333	0,783521853	0,8205828
6	8,508897232	8,316666667	8,320010813	8,395538107	52	0,777649113	0,746666667	0,755988946	0,791753438
7	7,453734632	7,266666667	7,307548677	7,397648484	53	0,750075009	0,72	0,729192636	0,76368934
8	6,620384752	6,433333333	6,49591096	6,599724446	54	0,723209964	0,695	0,703088203	0,736344248
9	5,946735707	5,766666667	5,834560938	5,948503664	55	0,697011387	0,67	0,677634018	0,709675075
10	5,391505468	5,216666667	5,287291165	5,407680803	56	0,671439554	0,645	0,652791259	0,683641618
11	4,926301393	4,766666667	4,827957312	4,951782562	57	0,646457345	0,621666667	0,628523664	0,658206304
12	4,531013812	4,383333333	4,437468495	4,5624744	58	0,622030026	0,596666667	0,604797307	0,63333396
13	4,191033469	4,05	4,101687776	4,226260112	59	0,598125035	0,575	0,581580392	0,608991607
14	3,895509852	3,766666667	3,809988463	3,933005737	60	0,574711802	0,551666667	0,558843078	0,585148277
15	3,636226395	3,516666667	3,554262708	3,674966582	61	0,551761578	0,53	0,536557304	0,561774837
16	3,406853684	3,283333333	3,328235863	3,446130102	62	0,529247285	0,508333333	0,514696651	0,538843842
17	3,202441299	3,083333333	3,126986889	3,241762261	63	0,507143377	0,486666667	0,493236198	0,516329393
18	3,019064378	2,916666667	2,946608407	3,058088091	64	0,485425715	0,466666667	0,472152402	0,494207014
19	2,853572908	2,75	2,783962373	2,892062681	65	0,46407145	0,446666667	0,451422986	0,472453531
20	2,7034107	2,605	2,636502053	2,741204284	66	0,443058924	0,425	0,431026835	0,451046973
21	2,566482577	2,473333333	2,502140574	2,603470877	67	0,422367569	0,406666667	0,410943905	0,429966471
22	2,441055487	2,356666667	2,379152636	2,477167595	68	0,401977821	0,386666667	0,391155133	0,409192171
23	2,325683905	2,24	2,266100132	2,360876461	69	0,381871041	0,366666667	0,371642362	0,388705153
24	2,219152853	2,136666667	2,161775241	2,253402406	70	0,362029439	0,348333333	0,352388267	0,368487357
25	2,120433897	2,04	2,065156419	2,153731381	71	0,342436007	0,33	0,333376284	0,348521511
26	2,028650808	1,951666667	1,975374037	2,060997508	72	0,323074453	0,31	0,314590558	0,32879107
27	1,943052506	1,87	1,891683304	1,974457102	73	0,303929146	0,291666667	0,296015874	0,309280157
28	1,862991559	1,791666667	1,813442747	1,893467947	74	0,284985059	0,275	0,277637611	0,289973503
29	1,787906944	1,72	1,740096961	1,817472624	75	0,26622772	0,256666667	0,259441692	0,270856404
30	1,717310134	1,651666667	1,671162698	1,745985015	76	0,247643161	0,238333333	0,241414535	0,251914664
31	1,65077377	1,586666667	1,606217541	1,678579281	77	0,22921788	0,221666667	0,22354301	0,233134558
32	1,587922395	1,526666667	1,54489065	1,61488083	78	0,210938794	0,203333333	0,205814401	0,214502784
33	1,528424809	1,468333333	1,486855129	1,554558836	79	0,1927932	0,186666667	0,188216365	0,196006428
34	1,471987735	1,365	1,431821713	1,497320045	80	0,174768742	0,168333333	0,170736897	0,177632921
35	1,418350544	1,363333333	1,379533498	1,442903583	81	0,156853372	0,151666667	0,153364298	0,15937001
36	1,367280822	1,313333333	1,329761542	1,391076606	82	0,139035318	0,135	0,136087136	0,14120572
37	1,31857065	1,266666667	1,282301147	1,341630633	83	0,121303052	0,116666667	0,118894224	0,12312832
38	1,272033447	1,221666667	1,236968728	1,294378428	84	0,103645259	0,1	0,10177458	0,105126297
39	1,227501293	1,18	1,19359915	1,249151355	85	0,086050809	0,083333333	0	0,087188322
40	1,184822635	1,138333333	1,152043451	1,205797113	86	0,068508727	0,066666667	0	0,069303224
41	1,143860333	1,098333333	1,112166902	1,164177793	87	0,051008165	0,05	0	0,051459959
42	1,104489972	1,061666667	1,073847328	1,124168206	88	0,033538377	0,033333333	0	0,033647584
43	1,066598402	1,025	1,036973671	1,085654434	89	0,016088689	0,016666667	0	0,015855231
44	1,030082479	0,99	1,001444734	1,048532576	90	-0,00135152	0	0	-0,00192792

17.3.2 Recomendaciones sobre la presión atmosférica

Es importante tener en cuenta, a la hora de obtener datos sobre la presión atmosférica del lugar de observación, que, para una determinada situación meteorológica, la presión a nivel del mar es siempre superior que la medida a la altura topográfica del lugar. Por ello hemos recalcado que la presión que se debe introducir en los cálculos es la real en el punto de observación, ya que la presión atmosférica para un punto dado puede darse en *valor absoluto* (valor real medido) o *reducido a nivel del mar*, es decir, el valor real afectado por las correcciones matemáticas resultantes de los algoritmos de transformación utilizados, que a veces es diferente según las fuentes. Por ejemplo, en los mapas de previsión meteorológica, todas las isobaras se representan mediante agrupación de valores similares reducidos siempre a nivel del mar, mientras que otras aplicaciones dan los valores reales de la estación meteorológica correspondiente.

Igualmente, sirven de ejemplo los siguientes valores:

En Madrid (España), a 696 m. de altura, observamos los siguientes valores en una estación meteorológica:

> *LOCAL: 928 mb* (valor que introduciríamos en nuestros cálculos)
>
> *SEA LEVEL: 1009 mb* (valor reducido a nivel del mar)

Por tanto, si los datos van a obtenerse a través de la web, solamente deberán utilizarse aquellas fuentes en las que se especifique claramente si las presiones son locales o reducidas.

En España, citamos por su interés la web de la AEMET [53], que da siempre los valores locales de presión de las diferentes estaciones, aunque no lo especifica explícitamente para los valores diarios. Sin embargo, para valores históricos diferencia claramente si se trata de valores locales o reducidos a nivel del mar, al ofrecer registros en ambos formatos. El acceso directo a sus bases de datos estadísticos es [54], a la fecha de publicación de esta obra.

Otra cuestión es la equivalencia entre las diferentes unidades en que suele presentarse la presión, sobre todo cuando se utilizan datos procedentes de estaciones en países anglosajones.

La siguiente Tabla 17-4 será de utilidad al lector en esos casos.

Tabla 17-4. Equivalencias entre unidades de presión atmosférica.

	1 Bar	1 mbar	1 Atm	1 Torr	1 Psi
Bar	1	0,001	1,013	0,001	0,069
mbar	1000	1	1013,250	1,333	68,966
Atm	0,987	0,001	1	0,001	0,068
Torr	750,062	0,750	760	1	51,728
Psi	14,500	0,015	14,691	0,019	1

ACLARACIONES:

1 mbar (milibar) = 1 HPa (hectopascal)

El Torr (Torricelli) se mide en mmHg (milímetros de mercurio)

Psi: libras por pulgada cuadrada (pounds square inch)

Todos estos datos van referidos al valor de 1 atmósfera en condiciones normales de presión y temperatura.

17.4 Aplicación de la refracción a los cálculos de posición solar

En primer lugar, para operaciones masivas mediante hojas de cálculo, independientemente del sistema elegido, es conveniente reflejar el valor de la refracción en grados. **Tengamos en cuenta que hemos obtenido anteriormente minutos en algunos procedimientos de cálculo.**

A continuación, el valor de la refracción así obtenido se sumará directamente a la elevación $\hat{e}$ del Sol.

En el caso de decantarnos por el procedimiento NOAA, se aplicará el filtro indicado en 15.1.3 en función del ángulo $\hat{e}$.

Con respecto a los instantes de salida del sol (orto) y ocaso, las correcciones en esos determinados instantes se rigen en todo por el método simplificado mediante la constante 0°,833 que explicamos en 7.4.5 y que incluye tanto la corrección por radio solar como la debida a la refracción.

17.4.1 Recomendaciones para cálculos con refracción

A la vista de los diferentes procedimientos expuestos, podemos concluir que para todo tipo de cálculos existe efectivamente unanimidad en la utilización de constante 0°,833 en lo que se refiere a los instantes de orto y ocaso. Para el resto de los instantes del día, en métodos de precisión media o alta se utiliza la propuesta NOAA, independiente de la presión y temperatura, por haberse encontrado ajustada en valores medios de presión y precisa en un amplio intervalo de temperaturas (entre 0° y 20 °C). Para muy altas precisiones, sin embargo, Reda *et al*. [23] prefieren utilizar el método inverso de Saemundsson.

En lo que respecta a los crepúsculos, sus cálculos se rigen igualmente por las directrices expuestas en 7.5, pág.154.

ECUACIÓN DEL TIEMPO (EoT)

18.1 Introducción y nociones generales

En capítulos anteriores hemos utilizado, sin profundizar, el concepto de ecuación del tiempo (EoT), como corrección de los cálculos en hora solar para convertirlos en resultados en hora oficial. En este capítulo vamos a desarrollar en profundidad esta compleja función.

Sabemos que el *mediodía solar* es el instante del día en el que el Sol está a mayor altura para el observador, y situado sobre el meridiano en el que este se encuentra. Es lo que conocemos como *culminación del Sol*. Si, por ejemplo, el observador se sitúa en Madrid, concretamente en el Observatorio Astronómico Nacional, con coordenadas 40°24'35" N, 03°41'11" W (en formato decimal, 40°,983333N, 3°,68639W), tendremos que, dada su diferencia de longitud con respecto a Greenwich (meridiano de referencia para el tiempo universal, TU) el mediodía solar en dicho punto se produciría con un retraso, respecto a dicho meridiano, de:

$$\frac{3°,68639}{360°} \cdot 24h = 0h14,75min$$

Es decir, que, prescindiendo de horarios oficiales de invierno y verano, el mediodía solar (culminación, en términos astronómicos) se produciría todos los días a las 12:14:45 (TU[49]). Esto solo en teoría. A continuación, vamos a ver que **esto no es cierto**, salvo en contadas ocasiones a lo largo del año.

18.2 La evolución aparente del mediodía

Si observamos las tablas del *Anuario del Observatorio Astronómico Nacional* (años 2020 [26] y 2021 [1]), que van referidas a las coordenadas del propio observatorio, comprobaremos que el mediodía solar se produce

---

[49] *TU: tiempo universal (Greenwich)*

realmente en unos instantes totalmente cambiantes de un día para otro, sin seguir aparentemente una regla fija. Así, vemos, por ejemplo, que en febrero (**Tabla 18-1**) la culminación llega a producirse hasta 14 m 12 s más tarde de lo esperado (12:14:45), en concreto los días 10, 11 y 12. Por el contrario, en noviembre (**Tabla 18-2**), y siempre tomando como referencia las 12:14:45, antes calculada, observaremos un adelanto máximo del mediodía los días 2/11 y 3/11, con 16 m 27 s de diferencia con respecto a aquella. El resto del mes se producen diferentes adelantos y retrasos según la fecha. Este comportamiento aparentemente anómalo del Sol provoca igualmente otras aparentes paradojas a la vista de los datos del *Anuario*. Por ejemplo, aunque el solsticio de invierno, es decir, el día más corto del año, es el 21/12 en 2020, observamos que la hora del orto (salida del Sol) sigue retrasándose más allá de esa fecha, y no comienza a adelantarse realmente hasta el 10/01/2013 (**Tabla 18-2**). Las horas que aparecen en el *Anuario* son horas oficiales Greenwich (TU), es decir, las que marcan nuestros relojes si los referimos a dicho meridiano. Estas anomalías aparentes, que pueden llegar a unas diferencias con respecto al mediodía teórico, de +/- 16 minutos, se explican fácilmente mediante el concepto de *ecuación del tiempo,* que nos permite cuantificarlas numéricamente para poder determinar la hora exacta del mediodía solar cuando utilizamos como referencia temporal la hora marcada *por nuestros relojes.* Esta hora va a ser siempre diferente de la que marque cualquier reloj de sol local bien orientado[50]. La *ecuación del tiempo* (abreviadamente EoT) nos permite, conociendo el número de horas de Sol en un día determinado, situar en tiempo medio con exactitud tanto el mediodía como los instantes del orto (salida) y ocaso (puesta) solares.

---

[50] *A excepción de cuatro instantes al año, como se verá más adelante. Incluso en estos casos, un reloj solar sin corrección de meridiano jamás coincidirá en hora con la hora oficial.*

Tabla 18-1. *Orto, ocaso y culminación en febrero y noviembre de 2021 (Anuario del Observatorio Astronómico de Madrid 2021).*

SOL Febrero 2021				SOL Noviembre 2021			
en Madrid (TU)				en Madrid (TU)			
Día	Orto	Culmin.	Ocaso	Día	Orto	Culmin.	Ocaso
	h m	h m s	h m		h m	h m s	h m
1 L	7 24	12 28 20	17 33	1 L	6 45	11 58 19	17 11
2 M	7 23	12 28 28	17 34	2 M	6 46	11 58 18	17 10
3 M	7 22	12 28 34	17 36	3 M	6 47	11 58 18	17 09
4 J	7 21	12 28 40	17 37	4 J	6 48	11 58 19	17 08
5 V	7 20	12 28 45	17 38	5 V	6 49	11 58 20	17 07
6 S	7 19	12 28 49	17 39	6 S	6 50	11 58 23	17 06
7 D	7 18	12 28 52	17 41	7 D	6 52	11 58 26	17 05
8 L	7 17	12 28 55	17 42	8 L	6 53	11 58 30	17 04
9 M	7 15	12 28 56	17 43	9 M	6 54	11 58 35	17 03
10 M	7 14	12 28 57	17 44	10 M	6 55	11 58 41	17 02
11 J	7 13	12 28 57	17 45	11 J	6 56	11 58 47	17 01
12 V	7 12	12 28 57	17 47	12 V	6 57	11 58 55	17 00
13 S	7 11	12 28 56	17 48	13 S	6 59	11 59 03	16 59
14 D	7 09	12 28 54	17 49	14 D	7 00	11 59 12	16 58
15 L	7 08	12 28 51	17 50	15 L	7 01	11 59 22	16 57
16 M	7 07	12 28 47	17 51	16 M	7 02	11 59 33	16 57
17 M	7 05	12 28 43	17 53	17 M	7 03	11 59 44	16 56
18 J	7 04	12 28 38	17 54	18 J	7 04	11 59 57	16 55
19 V	7 03	12 28 32	17 55	19 V	7 06	12 00 10	16 54
20 S	7 01	12 28 26	17 56	20 S	7 07	12 00 24	16 54
21 D	7 00	12 28 19	17 57	21 D	7 08	12 00 39	16 53
22 L	6 59	12 28 11	17 58	22 L	7 09	12 00 55	16 53
23 M	6 57	12 28 03	18 00	23 M	7 10	12 01 11	16 52
24 M	6 56	12 27 54	18 01	24 M	7 11	12 01 28	16 51
25 J	6 54	12 27 45	18 02	25 J	7 12	12 01 46	16 51
26 V	6 53	12 27 35	18 03	26 V	7 13	12 02 05	16 51
27 S	6 51	12 27 24	18 04	27 S	7 14	12 02 25	16 50
28 D	6 50	12 27 13	18 05	28 D	7 15	12 02 45	16 50
				29 L	7 17	12 03 06	16 49
				30 M	7 18	12 03 28	16 49

Tabla 18-2. *Orto, ocaso y culminación solares en diciembre de 2020 y enero de 2021 (Anuarios del Observatorio Astronómico de Madrid, 2020 y 2021).*

	SOL	Diciembre 2020			SOL	Enero 2021	
	en Madrid (TU)				en Madrid (TU)		
Día	Orto h m	Culmin. h m s	Ocaso h m	Día	Orto h m	Culmin. h m s	Ocaso h m
1 M	7 19	12 03 56	16 49	1 V	7 38	12 18 25	16 59
2 M	7 20	12 04 19	16 49	2 S	7 38	12 18 53	17 00
3 J	7 21	12 04 43	16 48	3 D	7 38	12 19 21	17 01
4 V	7 22	12 05 07	16 48	4 L	7 38	12 19 48	17 02
5 S	7 23	12 05 32	16 48	5 M	7 38	12 20 15	17 03
6 D	7 24	12 05 57	16 48	6 M	7 38	12 20 41	17 04
7 L	7 25	12 06 23	16 48	7 J	7 38	12 21 07	17 05
8 M	7 25	12 06 49	16 48	8 V	7 38	12 21 33	17 06
9 M	7 26	12 07 16	16 48	9 S	7 38	12 21 58	17 07
10 J	7 27	12 07 44	16 48	10 D	7 37	12 22 22	17 08
11 V	7 28	12 08 11	16 48	11 L	7 37	12 22 46	17 09
12 S	7 29	12 08 39	16 48	12 M	7 37	12 23 09	17 10
13 D	7 29	12 09 08	16 49	13 M	7 37	12 23 32	17 11
14 L	7 30	12 09 37	16 49	14 J	7 36	12 23 54	17 12
15 M	7 31	12 10 06	16 49	15 V	7 36	12 24 15	17 13
16 M	7 32	12 10 35	16 50	16 S	7 35	12 24 36	17 14
17 J	7 32	12 11 04	16 50	17 D	7 35	12 24 55	17 15
18 V	7 33	12 11 34	16 50	18 L	7 34	12 25 15	17 16
19 S	7 33	12 12 04	16 51	19 M	7 34	12 25 33	17 18
20 D	7 34	12 12 33	16 51	20 M	7 33	12 25 51	17 19
21 L	7 34	12 13 03	16 52	21 J	7 33	12 26 08	17 20
22 M	7 35	12 13 33	16 52	22 V	7 32	12 26 24	17 21
23 M	7 35	12 14 03	16 53	23 S	7 31	12 26 39	17 22
24 J	7 36	12 14 33	16 53	24 D	7 31	12 26 54	17 23
25 V	7 36	12 15 03	16 54	25 L	7 30	12 27 07	17 25
26 S	7 37	12 15 32	16 55	26 M	7 29	12 27 20	17 26
27 D	7 37	12 16 02	16 55	27 M	7 28	12 27 32	17 27
28 L	7 37	12 16 31	16 56	28 J	7 28	12 27 43	17 28
29 M	7 37	12 17 00	16 57	29 V	7 27	12 27 54	17 30
30 M	7 38	12 17 29	16 57	30 S	7 26	12 28 04	17 31
31 J	7 38	12 17 57	16 58	31 D	7 25	12 28 12	17 32

Inicio del invierno el día 21 a las

10^h 2^m de TU.

18.3   Definiciones para la ecuación del tiempo

Podemos definir la ecuación del tiempo como la diferencia en minutos entre el instante del mediodía real, es decir, el correspondiente al paso del Sol por el meridiano de Greenwich (12:00 en hora solar) y el mediodía marcado por los relojes basados en el tiempo medio, como se desprende de los ejemplos presentados anteriormente. A partir de aquí, se puede deducir la ecuación del tiempo para cualquier instante del día. En el glosario del MICA [5] (*Multiyear Interactive Computer Almanac* 1800-2050) se define como "*la diferencia entre la hora solar aparente menos la hora solar media*" (trad. libre). Se trata de una definición muy escueta, pero que nos será de utilidad más adelante para elegir el signo de la EoT obtenido analíticamente. Martín Asín [3], de forma más compleja, en el contexto de los *soles verdadero, ficticio y medio* (que no necesitamos desarrollar aquí), la define como "*la diferencia entre las ascensiones rectas del Sol verdadero y ficticio*". Esta última definición nos da idea de la complejidad de ciertos conceptos astronómicos, a los cuales estamos buscando una alternativa práctica más accesible.

18.4   Cuantificación aproximada: los dos términos de la EoT

Hasta ahora hemos visto los efectos de la ecuación del tiempo, pero no hemos explicado cuál es la razón para que se produzcan diferencias entre el tiempo solar y el tiempo que marcan nuestros relojes, cuestión que abordamos a continuación.

El concepto de la ecuación del tiempo es extremadamente sencillo si atendemos a las causas que la componen, y su deducción aproximada; aun teniendo en cuenta diferentes parámetros cambiantes en la rotación y traslación terrestres, no lo es menos. Partamos, pues, de la descomposición de la ecuación del tiempo (EoT) en sus dos factores constitutivos: el primero, debido a la forma elíptica de la órbita terrestre, y el segundo, debido a la inclinación del eje terrestre con respecto al plano de la eclíptica, ε. El primero inducirá adelantos o atrasos en el mediodía solar respecto al reloj medio en función de la distancia Tierra-Sol, de acuerdo con la segunda ley de Kepler.

El segundo, en función de la posición relativa del eje de rotación terrestre con respecto a la órbita.

18.4.1 Primer término de EoT (excentricidad orbital)

Nuestro planeta gira en rotación con una velocidad más o menos constante[51]. Sabemos que, en girar una revolución completa, nuestro planeta invierte aproximadamente 23 h 56 m. Esto parecía contradecir nuestro concepto básico de que un día dura 24 h. La primera duración corresponde al *día sidéreo*; la segunda al *día solar*, tal y como veíamos en 1.4.2, pág.32.

Pues bien, de acuerdo con la segunda ley de Kepler, dado que el movimiento de traslación terrestre es elíptico y no circular, por lo que la velocidad de traslación terrestre es variable, siendo máxima en el perihelio (distancia mínima al Sol) y mínima en la distancia máxima o afelio (**Fig. 18-1**):

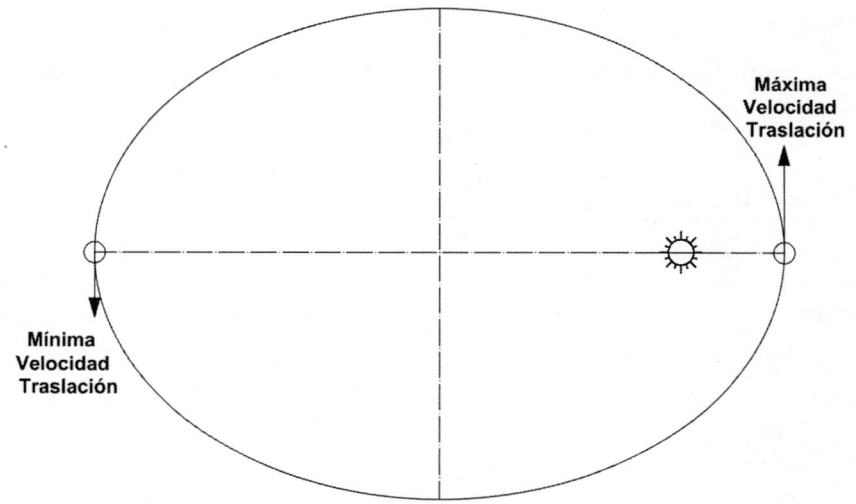

Fig. 18-1. *Diferentes velocidades de traslación según posición orbital.*

---

[51] *La velocidad de rotación de la Tierra sufre alteraciones infinitesimales, cuya cuantificación se evalúa e introduce en cálculos de muy alta precision mediante el término ΔT. Tras largos períodos de retardos, en los últimos tiempos ha experimentado una mínima aceleración.*

Por esa razón, tras haber recorrido una revolución completa en rotación, el complemento angular $\cong 1^{\circ}$ que debe rotar la Tierra para estar nuevamente alineada con el Sol en el transcurso de un día solar completo, se verá ligeramente incrementado cuando la velocidad de traslación sea mayor y disminuido cuando sea menor. Ello supone retardos o adelantos en los instantes de paso por el mediodía solar, de acuerdo con nuestros relojes en hora oficial, que utilizan el valor medio para un día natural de 86400 segundos. Estas diferencias diarias pueden alcanzar valores entre días consecutivos de más de veinte segundos debido a este factor.

A lo largo del año, estas diferencias son acumulativas.

Concluimos, además, que el retraso o adelanto angular acumulado es igual al experimentado por la órbita en relación con el ángulo medio girado, suponiendo constante a lo largo del año la velocidad de traslación.

Así, si tomamos como referencia el equinoccio vernal, tendremos para cualquier punto de la órbita, L_m (longitud media) y L (longitud verdadera)[52]. El primer término de la *EoT*, al que denominaremos EoT_1, será, en grados:

$$EoT_1{}^{\circ} = L_m - L$$

Para convertir en minutos de tiempo, basta con dividir por 360 y multiplicar por 24 x 60, es decir, multiplicar por 4. La cuantificación para cada instante de este factor se estudia en el punto siguiente.

18.4.1.1   Variación anual del primer término de la EoT

Extendiendo el algoritmo anterior a todas las fechas del año, obtendremos la **Fig. 18-2** (calculada para el año 2017), donde se puede comprobar la evolución de la componente EoT_1 de la ecuación del tiempo a lo largo del mismo[53].

Por las características inherentes a esta función, que depende del giro del eje de ápsides, su perfil va variando lentamente a lo largo de los años con respecto a los hitos del calendario. En la actualidad, el perihelio se verifica

---

[52] *Véase que no estamos tomando* L_t*, pues en este término solamente analizamos diferencias angulares entre centros del planeta en dos posiciones. En el siguiente término tendremos en cuenta las variaciones relativas a la nutación.*

[53] *Se han calculado las JD para cada día del 2017 a las 00:00:00 UT.*

en los primeros días de enero, lo que anula, como se ve en la figura, el valor de la EoT.

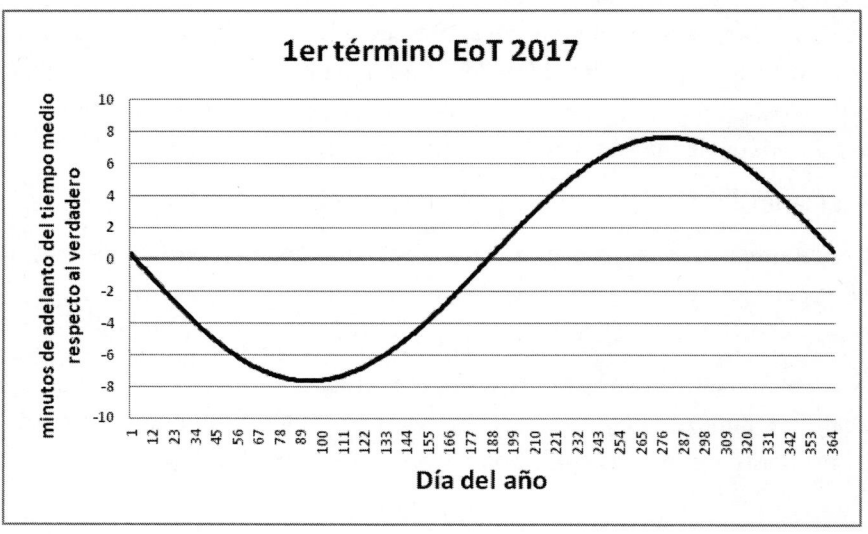

Fig. 18-2. *Primer término de la ecuación del tiempo (año 2017).*

18.4.2 Segundo término de EoT (oblicuidad) y ascensión recta α

Este término es más complejo de visualizar, y para ello utilizaremos la **Fig. 18-3**.

Para lo que sigue, consideraremos la longitud aparente corregida L_t, con el mismo sentido que las deducciones del CAPÍTULO 16 que se corresponderá con:

$$L_t = L + \Delta\tau + \Delta\psi$$

En el equinoccio de primavera (posición 1), el Sol incidirá sobre un meridiano en la posición M1, directamente sobre el ecuador terrestre. A lo largo de su traslación aparente, el Sol, en una posición genérica (2), incidirá sobre el meridiano en la posición M2 en lugar de en el ecuador como M'2. El plano que contiene a M2 y M'2 es perpendicular al plano ecuatorial terrestre. El ángulo girado aparentemente por el Sol en el plano de la eclíptica será $\underline{L}_t$. Sin embargo, este ángulo proyectado sobre el plano ecuatorial de la Tierra, α, será, en general, diferente de L_t. El ángulo α se define en Astronomía como ***ascensión recta de un astro***. La **Fig. 18-4** muestra la forma habitual de representar α, que, como se ve, junto con la declinación δ (que ya conocemos para el Sol), basta para definir la posición de un astro respecto a la Tierra en un instante determinado. En nuestro caso, el astro es el Sol, y, por tanto, α y δ son ángulos referidos a este.

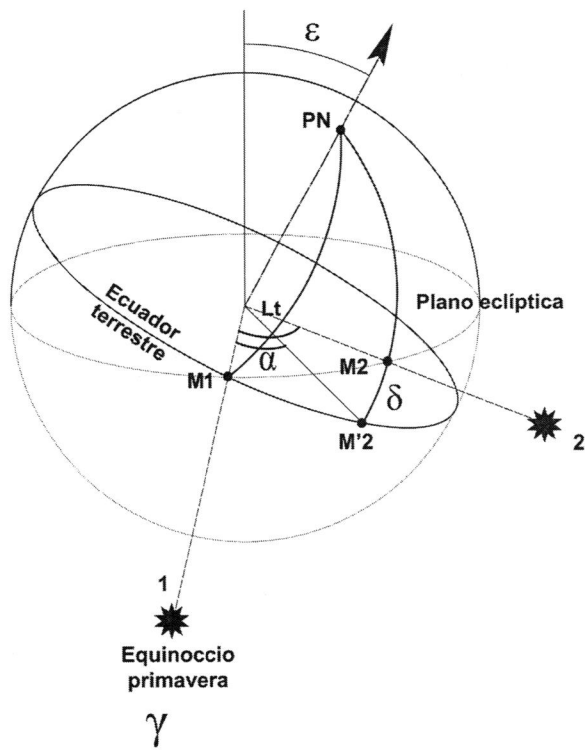

Fig. 18-3. *Análisis geométrico de la diferencia entre mediodía solar y mediodía medio.*

El mediodía solar se adelantará o retrasará en función de que α sea mayor o menor que L_t. Podemos encontrar la relación entre ambos ángulos sin más que proyectar el giro del Sol en el plano de la eclíptica sobre el plano ecuatorial. Para ello, tendremos en cuenta la **Fig. 18-5**.

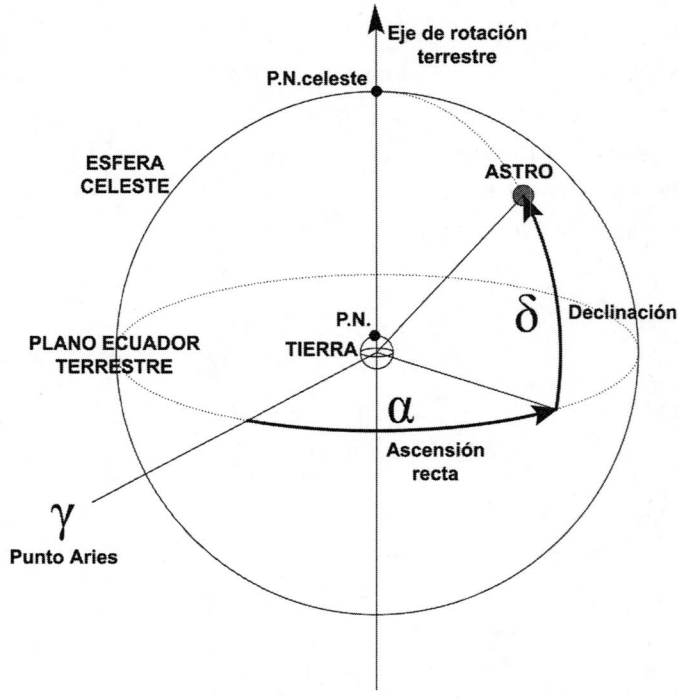

Fig. 18-4. *La ascensión recta α y la declinación δ de un astro.*

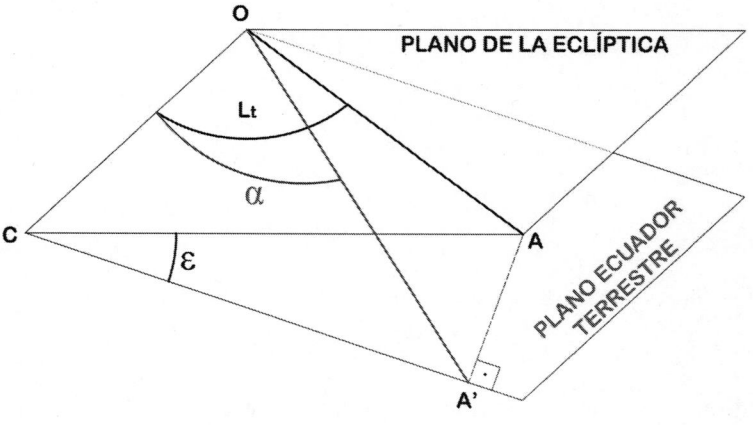

Fig. 18-5. *Relaciones angulares entre L_t (sobre el plano de la eclíptica) y α.*

'

De la figura, tenemos que:

$$\tan \alpha = \frac{A'C}{OC} = \frac{AC\cos\varepsilon}{OC} \qquad y \qquad \tan L_t = \frac{AC}{OC}$$

Por lo que:
$$\tan\alpha = \tan L_t \cos\varepsilon$$

Los valores de L_t y α se igualan en los solsticios y equinoccios, lo cual puede deducirse tanto de la **Fig. 18-3** como analíticamente de la igualdad anterior.

La ecuación anterior también puede escribirse en función de la recíproca:

$$\alpha = arctan(\tan L_t \cos\varepsilon)$$

Esta ecuación tiene el inconveniente de que presenta valores impropios en $L_t = \dfrac{\pi}{2}$ y en $L_t = \dfrac{3\pi}{2}$ debido a la recíproca incluida en ella. Por ello, en cálculos programados mediante hoja de cálculo Excel es interesante utilizar la función programada arctan2 (véase 7.3.1.2, pág. 145):

$$\alpha = ATAN2(\cos L_t ; \sin L_t \cos\varepsilon)$$

Valor que es conveniente reducir al intervalo (0°, 360°) para que arroje siempre valores positivos.

Simplemente, si $\alpha < 0$, sumaremos al resultado de la ecuación 360°

El valor buscado del segundo término será el desfase angular, en grados:

$$EoT_2{}^o = L_t - \alpha$$

Y que procederemos a convertir en minutos de tiempo, del mismo modo que en el primer término.

Este segundo término se suele conocer como *"reducción al ecuador"*, por situarse α en el plano ecuatorial terrestre.

18.4.2.1 Variación anual del segundo término de la EoT

Si representamos esta función para el año 2017, siguiendo el algoritmo anterior, tendremos la **Fig. 18-6**.

Al contrario que el primer término de la ecuación del tiempo, este segundo término, que depende de la fecha del equinoccio vernal, se ajusta con mucha precisión al calendario gregoriano actual, ideado para mantener en el tiempo aproximadamente constante la fecha del equinoccio en torno al 21 de marzo. Por ello, aparte de pequeñas oscilaciones debidas a la *discretización* de las correcciones (años bisiestos), las variaciones temporales a lo largo de los años de esta función son inapreciables en comparación con las de la correspondiente al primer término.

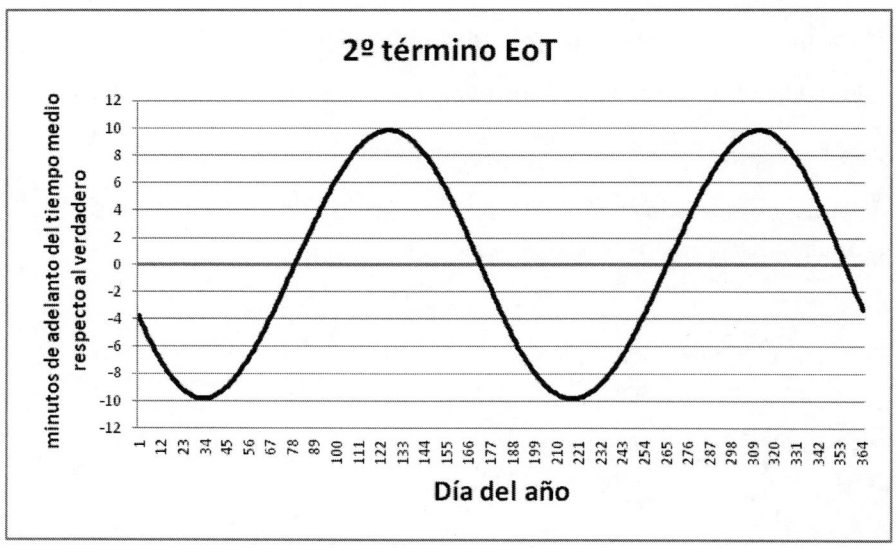

Fig. 18-6. *Segundo término ecuación del tiempo 2017.*

18.4.3   Resultado total de EoT en minutos

El valor total de la ecuación del tiempo será la suma de los dos términos obtenidos, EoT_1 y EoT_2. Su valor, en grados, es, pues, recordando el valor aproximado de $\Delta\tau$ analizado en el CAPÍTULO 15 sobre correcciones por aberración:

$$EoT° \approx L_m - L + L_t - \alpha \approx L_m - L + L + \Delta\psi + \Delta\tau - \alpha \approx$$

$$\approx L_m - \alpha - 0,00569161 + \Delta\psi$$

La ecuación del tiempo se sobreentiende **siempre en minutos de tiempo**, por lo que bastará con multiplicar los valores anteriores en grados por 24 x 60/360 = 4 para obtenerla en dichas unidades.

Por tanto, el valor **aproximado** de la EoT en minutos será:

$$EoT \approx 4(Lm - \alpha - 0{,}00569161 + \Delta\psi)$$

Ecuación que se afinará ligeramente en los puntos siguientes (Meeus); recordemos que el valor de $\Delta\tau$ varía muy lentamente con el tiempo.

Podemos representar directamente la ecuación del tiempo a lo largo del año, tal y como vemos en la **Fig. 18-7**. En la misma se han trazado también las dos representaciones de los términos 1 y 2, para que el lector pueda comprobar de un modo gráfico la influencia de ambas en la función suma total.

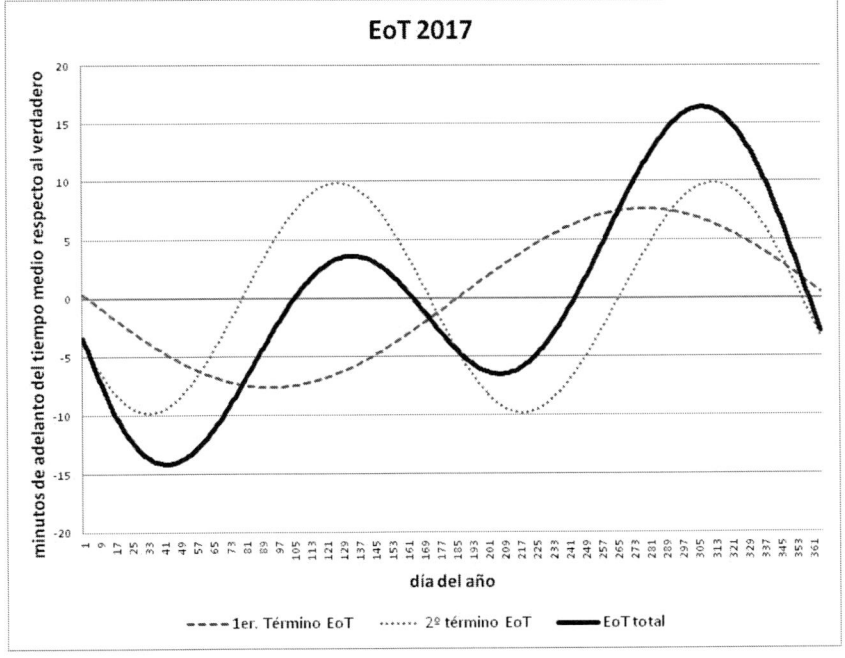

Fig. 18-7. *Representación de la ecuación del tiempo para 2017.*

La fórmula anterior para el cálculo de la ecuación del tiempo, y el análisis de sus dos términos constitutivos, es aparentemente sencilla, intuitiva y bastante didáctica. Sin embargo, incluye un número importante de operaciones, que no dejan de ser aproximaciones numéricas, aunque de acuerdo con nuestros chequeos pueden obtenerse precisiones importantes con errores máximos, en segundos, incluidos en el intervalo (-2 , +4) entre 2000 y 2050, comparados con los del MICA [5].

Aparte del algoritmo aproximado anterior, existen otros relativamente sencillos para el cálculo de EoT, como el de Smart (de precisión similar) y el de Meeus, este último de enorme precisión y complejidad similar, que veremos en los apartados siguientes.

18.5 Cálculo de EoT mediante los algoritmos de Smart y Meeus

Exponemos a continuación los algoritmos de Smart y Meeus para el cálculo de la EoT. Se admite que el de Meeus es más preciso, y se enuncia de forma práctica idéntica a la expresión que hemos deducido de forma aproximada mediante la composición de los dos términos de la EoT, con una pequeña modificación en la constante asociada a $\Delta\tau$.

18.5.1 Algoritmo de Smart para la EoT

Recogemos, a continuación, el algoritmo aproximado de cálculo que debe su popularidad a la aplicación simplificada de la NOAA [10][54], que opta por una definición matemática directa, en sustitución del cálculo de los dos términos clásicos. Está basado en los desarrollos en serie de Smart [9]. Se define, en primer lugar, la variable auxiliar V_y:

$$V_y = \left[tan(\frac{\varepsilon}{2})\right]^2$$

---

[54] *El análisis crítico completo del algoritmo simplificado de la NOAA se realiza en el CAPÍTULO 19. No obstante, hemos creído conveniente anticipar este apartado en el contexto del estudio de la ecuación del tiempo.*

Hace también uso de la magnitud L_m = longitud media desde el equinoccio de primavera o punto Aries de la fecha considerada (sistema geocéntrico). La expresión indicada **en radianes** es:

$$Eot = V_y \cdot \sin(2L_m) - 2e \sin M + 4eV_y \cdot \sin M \cdot \cos(2L_m) -$$
$$-0{,}5 \cdot V_y{}^2 \cdot \sin(4L_m) - 1{,}25e^2 \sin(2M) + \cdots$$

Que, para ser transformada en minutos de tiempo, bastará multiplicar por:

$$\frac{180}{\pi}\frac{1440}{360} = \frac{720}{\pi}$$

Con lo que, finalmente, tenemos, truncando el desarrollo indicado, y en minutos:

$$Eot = \frac{720}{\pi}[V_y \cdot \sin(2L_m) - 2e \sin M + 4eV_y \cdot \sin M \cdot \cos(2L_m) -$$
$$-0{,}5 \cdot V_y{}^2 \cdot \sin(4L_m) - 1{,}25e^2 \sin(2M)]$$

En cuanto a los errores máximos, se sitúan en el intervalo, en segundos, (-4, +4) para el período 2000-2050 (comparación realizada por el autor con el MICA [5]).

18.5.2 Algoritmo de Meeus para la EoT

En su obra [22], Jean Meeus utiliza para la EoT un algoritmo relativamente sencillo, de una precisión extraordinaria, resultando sorprendente que aplicaciones como la de la NOAA prefieran decantarse por el algoritmo de Smart, cuando previamente han calculado α. Dado que conocemos todos sus elementos constitutivos, lo exponemos a continuación, en minutos:

$$EoT = 4(L_m - \alpha - 0°{,}0057183 + \Delta\psi \cos \varepsilon)$$

Como se puede ver, Meeus afina ligeramente la expresión aproximada que calculamos en el punto 18.4.3. Recomendamos al lector esta nueva expresión.

Utilizando, al igual que en los métodos precedentes, para L_0 la expresión recogida en 12.5, y para $\Delta\psi$ la propuesta de la NOAA (14.3.1), con el valor conocido de ε de Lieske (13.1), junto con las correspondientes correcciones vistas entonces, se llega a unos errores máximos en segundos-tiempo, contenidos en el intervalo (-0,04 , 0,03) para el período 2000-2050 con la misma base de comparación utilizada en los puntos anteriores.

18.6 Ejemplo de cálculo comparativo entre expresiones de EoT

Ejemplo:

Calcular para el 15/07/2035 a las 0:00 Greenwich el valor de la EoT tiempo mediante el procedimiento Meeus y mediante el algoritmo de Smart. Comparar resultados.

   a) EoT mediante el algoritmo de Meeus

$$EoT = 4(L_m - \alpha - 0°,0057183 + \Delta\psi \cos \varepsilon)$$

Para la fecha y hora indicada, tendremos, utilizando para el cálculo de JD el procedimiento utilizado en 10.3.1, que dejamos como ejercicio al lector:

JD = **2464523,50** (fecha que corresponde al a las 00:00 Greenwich)

De las expresiones indicadas en 12.5 tenemos:

$$L_m = 280°,46646 + 36000°,76983T + 0°,0003032T^2$$

Siendo

$$T = JC = \frac{JD - 2451545,0}{36525} = \mathbf{0,355331964}$$

Por lo que:

L_m =13072°,69073= **112°,6907322**

A continuación, calculamos α =arctan(tan L_t cosε) = α =ATAN2(cos L_t; sin L_t cosε)

Para lo que, previamente, obtendremos L_t y ε

Debemos calcular primero L (longitud verdadera) con el procedimiento indicado en 12.5 :

$$L = L_m + C$$

Siendo:

$C = (1,914602 - 0,004817T - 0,000014T^2)\ \sin M + (0,019993 - 0,000101T)$
$\sin 2M + 0,000289 \sin 3M$

Con:

$M = 357°,52911 + 35999°,05029T - 0°,0001537T^2$, con el mismo valor T anterior.
Por lo que $M = \mathbf{189°,142347}$ y $C = \mathbf{-0°,297806489}$

Así que:

$L = \mathbf{112°,6907322} - 0°,297806489 = \mathbf{112°,3929557}$

Y teníamos, según 16.1.3 :

$$L_t = L + \Delta\psi + \Delta\tau$$

$\Delta\psi$ puede calcularse por cualquiera de los procedimientos estudiados en 14.3.1 (Seidelmann) o 14.3.2 (Meeus), siendo más precisas las segundas.

Aquí vamos a manejar las expresiones de Seidelmann, utilizadas por la aplicación simplificada de las hojas de cálculo de la NOAA, dado que no estamos realizando cálculos en muy alta precisión, aunque el lector puede utilizar las de Meeus:

$\Delta\psi = -0,00478 \sin(125°,04 - 1934°,136\ JC) = \mathbf{-0°,00180765}$

Y, por otra parte, de acuerdo con 15.2:

$\Delta\tau = -0°,00569$

por lo que:
$L_t = 112°,3929557 - 0°,00180765 - 0°,00569 = \mathbf{112°,385458}$

Ahora pasamos a calcular ε, que será la resultante de la obicuidad de la órbita corregida por $\Delta\varepsilon$:

$$\varepsilon = \varepsilon_0 + \Delta\varepsilon$$

Para el primer término, podemos utilizar, si no deseamos una muy alta precisión, la propuesta de Lieske, según el punto 13.1, convenientemente homogeneizada a grados sexagesimales:

$$\varepsilon_0 = 23° + \frac{26'}{60} + \frac{21,448" - 46,8150"T - 0,00059"T^2 + 0,001813"T^3}{3600}$$

Con el mismo valor de T anterior.

O sea: ε_0 = **23°,43467032**

Y para $\varDelta \varepsilon$ podemos recurrir igualmente a las expresiones de Seidelmann de 14.3.1:

$$\Delta\varepsilon = 0,00256 \cos(125°,04 - 1934°,136 \, JC) = - \mathbf{0°,002369885}$$

Siendo JC = T.

Por tanto,

$$\varepsilon = \varepsilon_0 + \Delta\varepsilon = 23°,43467032 - 0°,002369885 = \mathbf{23°,43230043}$$

De esta forma, podemos finalmente resolver:

$$\alpha = \arctan(\tan L_t \cos\varepsilon) = \alpha = ATAN2(\cos L_t \, ; \, \sin L_t \cos\varepsilon)$$

es decir:

$$\alpha = \mathbf{114°,174994}$$

Por lo que, finalmente, introduciendo todos los valores anteriores, que hemos ido calculando en grados sexagesimales:

EoT = $4(L_m - \alpha - 0°,0057183 + \Delta\psi \cos \varepsilon)$ = 4(112°,6907322 − 14°,174994 - 0°,0057183 − 0°,002369885 cos(23°,43230043)) = **− 5,9531661 minutos**

b) <u>EoT para el mismo instante anterior utilizando el algoritmo de Smart</u>

Basándonos en 18.5.1 calcularemos primero la expresión:

$$V_y = \left[tan(\frac{\varepsilon}{2}) \right]^2$$

Del punto anterior, siguiendo la propuesta de Laskar, obtenemos

$$\varepsilon = \varepsilon_0 + \Delta\varepsilon = \mathbf{23°,43230043}$$

Teniendo que:

$$V_y = \mathbf{0{,}002703781}$$

Y a continuación aplicaremos este valor a:

$$\text{Eot} = \frac{720}{\pi}[V_y \cdot \sin(2L_m) - 2e\sin M + 4eV_y \cdot \sin M \cdot \cos(2L_m) -$$
$$-0{,}5 \cdot V_y{}^2 \cdot \sin(4L_m) - 1{,}25e^2 \sin(2M)]$$

En esta expresión nos encontramos con dos variables calculadas en el punto anterior, L_m y M, por lo que repetiremos el proceso:

$L_m =$**112°,690762**

$M =$ **189°,142347**

Y aparece ahora una nueva variable, la excentricidad *e*, que hemos analizado en 11.2, y que podemos utilizar en su expresión más sencilla, truncada a la segunda potencia:

$$e = 0{,}0167086342 - 0{,}000042037T - 0{,}0000001267T^2$$

Siendo T el mismo valor que hemos utilizado en el procedimiento anterior, es decir:

$$T = JC = \frac{JD - 2451545{,}0}{36525} = \mathbf{0{,}355331964}$$

Por lo que *e* = **0,016693681**

Y, finalmente,

EoT = **−5,963777 minutos**

c) <u>Comparación de resultados.</u>

La diferencia de resultados es, en este caso, muy pequeña, y casi despreciable para cualquier cálculo en alta precisión, como podemos ver:

-5,9531661 + 5,963777 = **0,010610895 minutos = 0,636653676 segundos**

En general, las diferencias máximas se situarán en este orden de magnitud.

Aunque cualquiera de los dos procedimientos puede parecer excesivamente complejo, los cálculos suelen realizarse siempre mediante aplicaciones programadas, prestándose las mismas a la obtención masiva de datos para diferentes fechas, como analizaremos en el contexto de los procedimientos secuenciales de cálculo en siguientes capítulos.

18.7 Puntos singulares en la ecuación del tiempo

Si nos fijamos en la **Fig. 18-5**, en la que hemos representado los dos términos de la ecuación del tiempo para 2017, que presenta dos máximos y dos mínimos relativos de diferente valor, debido al desfase entre los instantes de los equinoccios y el perihelio.

En 2017, dichos máximos y mínimos relativos se producen en las fechas recogidas en la **Tabla 18-3**, y con los valores sombreados indicados en ella, es decir:

MÁXIMOS   *11 febrero:*   *-14,173 minutos*
                       26 julio: *-6,352 minutos*

MÍNIMOS   *14 mayo:*   *3,675 minutos*
                      3 noviembre: *16,428 minutos*

Dado que la hora de cálculo en todos los casos ha sido las 00:00 TU, las fechas de paso con EoT = 0 serán:

$$EoT = 0 \begin{cases} \textit{15/16 febrero} \\ \textit{13/14 junio} \\ \textit{1/2 septiembre} \\ \textit{25/26 diciembre} \end{cases}$$

Pudiendo obtenerse los instantes aproximados de EoT = 0 por interpolación, cuestión que, por otra parte, no reviste especial interés práctico.

Dado que la rotación del eje de ápsides se verifica muy lentamente, estas cifras pueden considerarse válidas, al menos hasta fin del presente siglo, **dentro de la inexactitud oscilante de +/- 2 días** debida a la intercalación de bisiestos (1 día) y pequeños desfases por producirse el cambio de signo en las inmediaciones del final del día en ciertos casos, que darían como resultado el corrimiento de otra fecha más de calendario.

Tabla 18-3. *Valores en minutos de la EoT para 2017 obtenidos del MICA [5] (valores para las 00:00 TU).*

	E	F	M	A	M	J	JL	A	S	O	N	D
1	-3,442	-13,533	-12,378	-3,952	2,872	2,212	-3,813	-6,355	-0,093	10,242	16,395	11,073
2	-3,912	-13,662	-12,183	-3,655	2,988	2,057	-4,005	-6,288	0,227	10,563	16,418	10,698
3	-4,377	-13,777	-11,978	-3,362	3,095	1,895	-4,192	-6,213	0,550	10,880	16,428	10,313
4	-4,835	-13,878	-11,767	-3,070	3,195	1,727	-4,372	-6,127	0,880	11,192	16,425	9,917
5	-5,285	-13,967	-11,547	-2,782	3,285	1,555	-4,548	-6,030	1,213	11,498	16,408	9,512
6	-5,728	-14,040	-11,318	-2,495	3,365	1,377	-4,718	-5,923	1,550	11,798	16,377	9,098
7	-6,163	-14,102	-11,083	-2,210	3,437	1,195	-4,882	-5,805	1,892	12,092	16,332	8,673
8	-6,590	-14,148	-10,842	-1,930	3,498	1,007	-5,038	-5,678	2,235	12,378	16,273	8,242
9	-7,008	-14,182	-10,593	-1,655	3,552	0,815	-5,188	-5,542	2,582	12,657	16,200	7,802
10	-7,417	-14,202	-10,338	-1,382	3,595	0,620	-5,332	-5,397	2,930	12,928	16,112	7,353
11	-7,815	-14,208	-10,078	-1,115	3,630	0,420	-5,468	-5,240	3,282	13,192	16,008	6,898
12	-8,205	-14,202	-9,813	-0,852	3,655	0,217	-5,598	-5,075	3,635	13,447	15,892	6,435
13	-8,583	-14,185	-9,542	-0,593	3,670	0,010	-5,720	-4,902	3,988	13,693	15,760	5,967
14	-8,952	-14,153	-9,267	-0,342	3,675	-0,198	-5,833	-4,718	4,343	13,932	15,615	5,493
15	-9,308	-14,112	-8,988	-0,095	3,670	-0,410	-5,940	-4,527	4,698	14,160	15,455	5,013
16	-9,655	-14,057	-8,705	0,147	3,657	-0,623	-6,037	-4,327	5,055	14,378	15,280	4,530
17	-9,990	-13,992	-8,418	0,380	3,633	-0,838	-6,127	-4,118	5,410	14,587	15,092	4,042
18	-10,315	-13,913	-8,128	0,608	3,600	-1,057	-6,208	-3,903	5,767	14,785	14,888	3,550
19	-10,627	-13,825	-7,837	0,828	3,557	-1,273	-6,280	-3,678	6,122	14,973	14,672	3,057
20	-10,927	-13,725	-7,542	1,042	3,505	-1,493	-6,345	-3,445	6,477	15,152	14,442	2,560
21	-11,215	-13,615	-7,247	1,248	3,443	-1,712	-6,400	-3,205	6,830	15,318	14,198	2,063
22	-11,492	-13,495	-6,948	1,447	3,373	-1,930	-6,445	-2,957	7,182	15,475	13,942	1,565
23	-11,755	-13,365	-6,650	1,638	3,293	-2,148	-6,482	-2,702	7,532	15,620	13,672	1,067
24	-12,005	-13,223	-6,350	1,822	3,205	-2,367	-6,508	-2,438	7,880	15,755	13,388	0,568
25	-12,243	-13,073	-6,048	1,997	3,107	-2,582	-6,525	-2,168	8,227	15,877	13,093	0,072
26	-12,467	-12,913	-5,748	2,163	3,002	-2,795	-6,532	-1,892	8,572	15,987	12,785	-0,423
27	-12,678	-12,745	-5,447	2,322	2,888	-3,005	-6,528	-1,607	8,912	16,087	12,467	-0,917
28	-12,877	-12,567	-5,147	2,472	2,767	-3,213	-6,513	-1,317	9,250	16,173	12,135	-1,407
29	-13,062		-4,847	2,613	2,638	-3,417	-6,490	-1,020	9,585	16,247	11,792	-1,893
30	-13,232		-4,547	2,747	2,503	-3,618	-6,455	-0,717	9,915	16,310	11,438	-2,377
31	-13,390		-4,248		2,360		-6,410	-0,408		16,358		-2,857

18.8 Variación de la EoT en largos períodos de tiempo

Los dos términos de la ecuación del tiempo sufren evoluciones diferentes a lo largo de los años. Así como el segundo término varía de forma apenas perceptible debido al hecho de la correcta adaptación del calendario gregoriano a la duración real del año trópico, con mínimas oscilaciones causadas por la acumulación y corrección de errores en los años bisiestos, el primer término depende de la variación en el tiempo del eje de ápsides y, en definitiva, del instante del perihelio en cada año. Recordemos que, aunque el punto Aries rota en relación con estrellas lejanas, todos nuestros cálculos van referidos al instante del equinoccio de otoño, por lo que una correcta determinación del año trópico implícita en los mismos tiene el efecto de considerar fija la referencia equinoccial, con respecto a la que girarían los ejes de la órbita elíptica de nuestro planeta. Por lo tanto, la resultante de la EoT como suma de dos términos va variando muy lentamente con el tiempo.

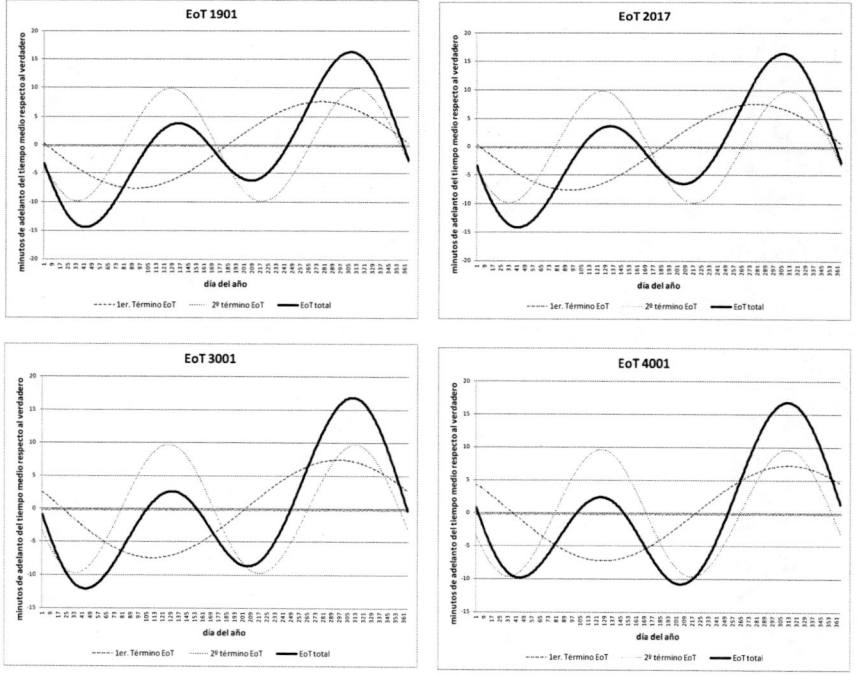

Fig. 18-8. *Evolución de la ecuación del tiempo a lo largo de los años. De izda. a dcha. y de arriba a abajo, EoT de 1901, 2101, 3001 y 4001.*

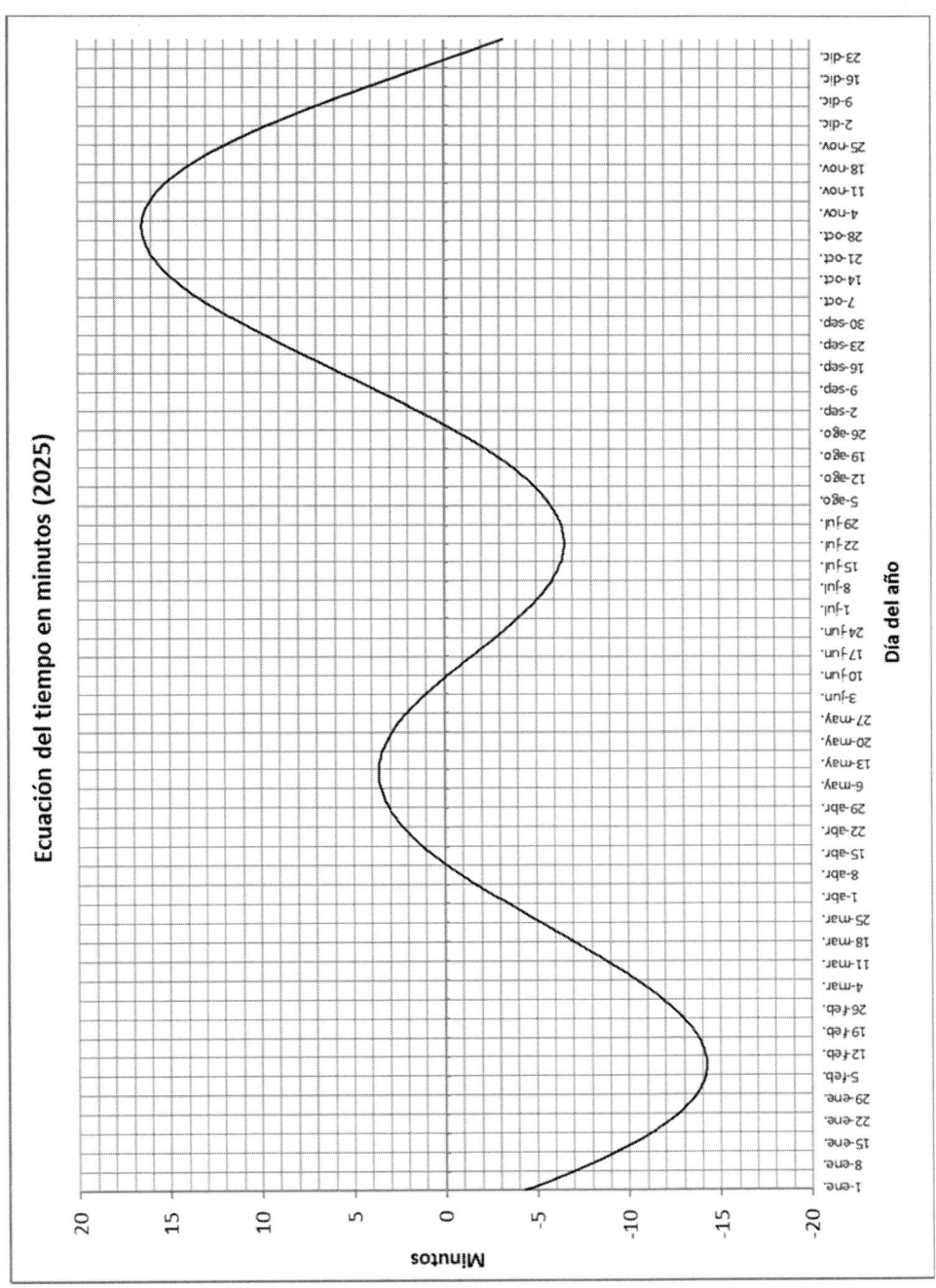

Fig. 18-9. *Ecuación del tiempo para 2025.*

Hemos representado esta variación en la **Fig. 18-8**, donde podemos observar las diferentes EoT para los años 1901, 2101, 3001 y 4001.

En la **Fig. 18-9** presentamos en detalle la ecuación del tiempo para 2025. Como referencia gráfica aproximada sería válida para las próximas tres décadas.

18.9 Analemas solares

El analema solar es una curva formada por el conjunto de puntos que ocupa el Sol en el firmamento a lo largo del año a la misma hora media local. Es decir, a la misma hora de nuestros relojes (sin adelanto en hora de verano). No son continuas: están formadas idealmente por 365 puntos (366 en años bisiestos).

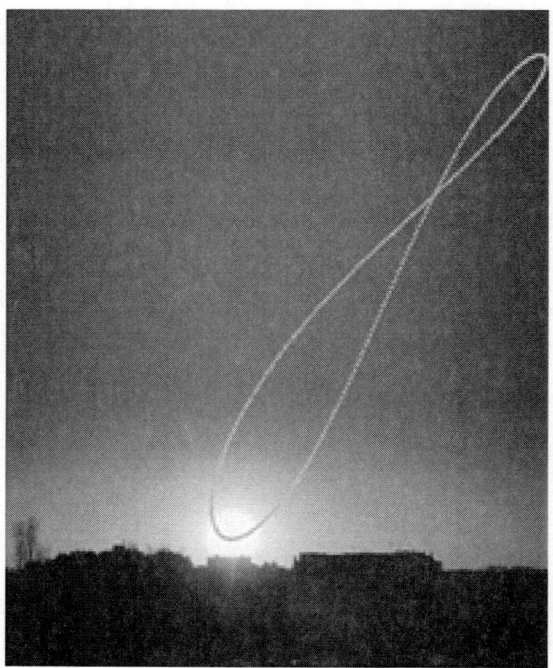

Fig. 18-10. Analema solar 16:30 latitud 40°,45, longitud -3°,63, TZ = 1. Observación al suroeste (acimut 230°).

Si se sitúa una cámara fotográfica en un punto de observación fijo, enfocada hacia la misma dirección, y se dispara todos los días a la misma hora[55], el resultado es similar al de la fotografía de la **Fig. 18-10**. No obstante, rara vez las composiciones fotográficas analemáticas constan de 365 puntos. A veces se desechan tomas o se reducen a disparos semanales.Cada analema es diferente para cada hora, tumbadas a la izda. en las horas anteriores al mediodía, y hacia la dcha. en las horas del atardecer.

También son diferentes para cada latitud de observación. En horas muy tempranas o tardías, la analema queda cortada por la línea del horizonte.

Si no se produjeran las oscilaciones horarias debidas a la ecuación del tiempo, las analemas se reducirían a las líneas horarias simétricas respecto al mediodía de los diagramas que hemos visto en 9.3.1, págs. 181 y siguientes, que llevaban marcadas las **horas solares** en lugar de las horas medias locales.

En la **Fig. 18-11** podemos ver ejemplos de analemas para diferentes horas medias locales (oficiales) para un punto de observación local en Madrid, como ejemplo de lo indicado. Es habitual que las aplicaciones informáticas representen estas curvas.

La forma de la analema en fotografías sucesivas a hora fija para el caso de la hora considerada en la **Fig. 18-10** variaría con respecto a la misma hora seleccionada en la **Fig. 18-11** , por cuanto las fotografías suponen una proyección sobre plano vertical y la figura indicada un desarrollo de proyecciones cilíndricas, pero las formas son muy semejantes.

---

[55] *En horario de verano (DST), deberá restarse una hora de nuestros relojes de pulsera, que se rigen por el horario oficial.*

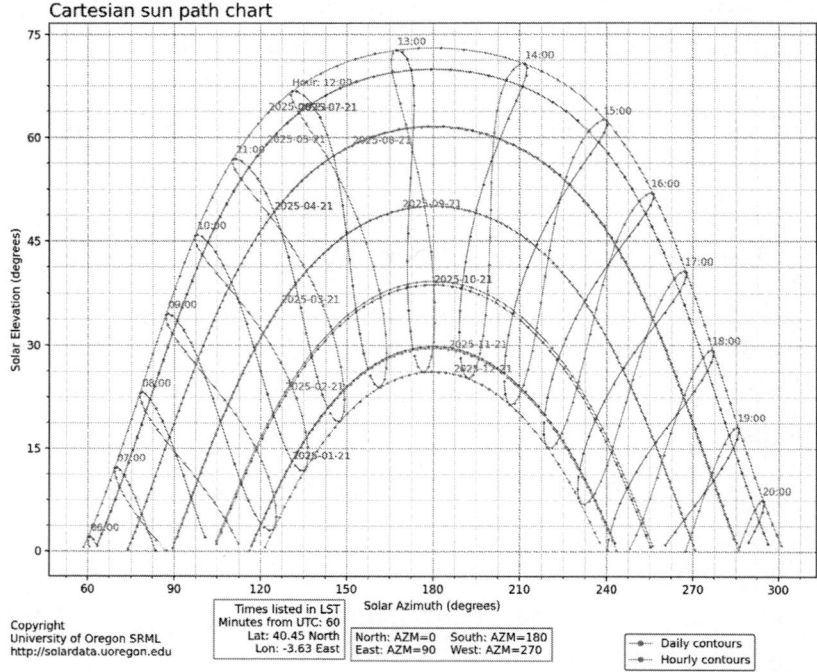

Fig. 18-11. *Carta solar para punto de observación en Madrid, obtenida de [29].*

19

CÁLCULO SECUENCIAL: ê, γ, ORTO, OCASO Y MEDIODÍA

Todas las deducciones y cálculos realizados hasta el momento en los puntos anteriores han contemplado aspectos parciales del problema que nos ocupa, y que es el objetivo central de esta obra: el cálculo del acimut y la elevación solares para un instante determinado. El movimiento solar aparente, que queda caracterizado por los ángulos ê y γ a lo largo del período de análisis que se considere, y otras determinaciones de interés que se han realizado en la primera parte de esta obra como el orto y ocaso solares, pueden acometerse en este punto con una mayor precisión.

En este capítulo se ordenan estos conceptos en forma de procedimiento secuencial para que el lector pueda abordar los mismos partiendo exclusivamente del valor temporal del instante analizado y de los datos del lugar: latitud, longitud y huso horario.

19.1   Método secuencial

A la fecha de la publicación de este libro, la National Oceanic & Atmospheric Administration of the US Department of Commerce (NOAA) incluye en su página web [10] varias hojas de cálculo para la obtención de las horas de salida y puesta del Sol, cálculos de acimut y elevación, horas de sol, etc. Se pueden obtener en versión libre adaptadas a los sistemas operativos *Windows* y *Mac*. Los algoritmos utilizados son la base de numerosas aplicaciones para cálculos *on-line* de acimut y elevación solares. La NOAA presenta estas hojas de cálculo a su vez en dos versiones: cálculos para año completo (con los resultados correspondientes a los 365 o 366 días del año considerado para la hora elegida) o cálculos diarios (para una fecha concreta en intervalos de 6 minutos).

Los algoritmos de cálculo que utilizan dichas hojas ya son conocidos por el lector, y se han ido exponiendo anteriormente, aunque ahora se ordenan convenientemente.

Independientemente de que el lector desee realizar cálculos puntuales o masivos, el orden que sigue la NOAA en su secuencia de cálculos es altamente recomendable, y es la base de este capítulo. Cabe destacar que mediante este procedimiento se obtienen resultados parciales interesantes, como las horas de salida y puesta del Sol, aunque el procedimiento de cálculo de estos últimos es sometido a crítica por el autor del presente libro al final de este CAPÍTULO 19.

19.2   Precisiones y limitaciones del método

En relación con la precisión de los resultados que vamos a obtener, la NOAA declara sobre sus procedimientos de cálculo que los resultados son *muy precisos* en el intervalo de años (1800, 2100) y *suficientemente precisos* en el intervalo (-1000, 3000), aunque no se especifica el rango de error, cuestión sobre la que daremos algunas orientaciones derivadas de comprobaciones matemáticas propias.

19.2.1   Precisión en instantes de orto y ocaso

Los errores máximos, de acuerdo con la NOAA, están en el entorno del minuto de tiempo para el cálculo del orto y ocaso entre los -72° y +72° de latitud. Hay que hacer constar que el anuario del OAM ([1] y anteriores) presentan los datos de orto y ocaso con precisión de minutos, y la culminación con precisión de segundos. Hemos podido constatar que para la latitud de Madrid (40,4165° N), los resultados obtenidos mediante el método de la NOAA son idénticos a los del mencionado anuario en latitud de Madrid. Igualmente, la NOAA especifica que, más allá de las latitudes indicadas, la precisión estaría situada dentro de los diez minutos de incertidumbre. En este sentido, a mayor latitud en valor absoluto, las horas totales de sol u oscuridad tienden a ser extremas, y, por tanto, la variación de la declinación entre orto y ocaso es mayor, incrementándose el error en la determinación de dichos instantes si se toma como referencia de declinación, por ejemplo, el instante del mediodía solar. Igualmente hay que hacer constar, como también hace la NOAA, que temperaturas y presiones extremas pueden hacer variar estas precisiones. A este respecto, podemos añadir las alteraciones de todos conocidas en el instante de salida del Sol frente a las previsiones en latitudes polares, habiéndose registrado históricamente casos de varios días de desfase, o el conocido Novaya Zemlya Effect, que arroja diferencias de más de +2° sobre las previsiones geométricas para el orto.

19.2.2 Precisiones en declinación δ

Las declinaciones, de acuerdo con nuestras comprobaciones realizadas para el intervalo de años (1950, 2050), arrojan un valor máximo absoluto del error inferior a 0°,0035, lo cual implica una elevada precisión en este apartado.

19.2.3 Precisiones en acimut γs y elevación ê

Estimaciones generales realizadas por nosotros nos arrojan una precisión en altura de un orden de magnitud similar para la elevación ê a la de la declinación δ, esto es, menor a las 4 milésimas de grado con respecto a procedimientos de muy elevada precisión, como el SPA que servirá de base a cálculos posteriores, mientras que la precisión en el acimut descendería al nivel de las centésimas de grado. Por ello, como marco de referencia de cálculos, la secuencia de algoritmos es más que suficiente para la mayoría de los cálculos de posición solar que puedan requerirse durante este siglo, y las extrapolaciones para épocas históricas o futuras dentro de los límites indicados más arriba son suficientemente fiables.

19.2.4 La ausencia de ΔT en los cálculos

Una de las particularidades que se observan a la hora de utilizar el procedimiento de cálculo de la NOAA es la ausencia de valores ΔT en los datos de partida, por lo que los cálculos se realizan basándose en JD y, a partir de estos valores, en T = JC, en lugar de utilizar fechas de efemérides JDE. Es evidente que la aplicación de diferentes ΔT presenta una elevada complicación para obtener datos históricos, por no existir una única expresión simplificada para ello, como hemos visto en capítulos anteriores. Igualmente, la utilización de estimaciones de ΔT a futuro está sometida a continua revisión. Por ello, la NOAA obvia esta cuestión, de la misma forma que lo hace Jean Meeus en [22] al reescribir de forma simplificada las expresiones extraídas del VSOP 87. Ello no es óbice para que los errores máximos, como hemos visto más arriba, sean muy bajos. El lector puede considerar, si lo desea, el valor de ΔT mediante cálculos previos o aproximaciones, pero las simplificaciones implícitas en los algoritmos utilizados no proporcionarán a los cálculos una mayor precisión apreciable en el cálculo final. El uso de ΔT se reserva para cálculos incluidos en la PARTE III de esta obra, dedicada a precisiones muy elevadas.

19.2.5 Limitación temporal

Una de las más curiosas limitaciones del método es, como se ha anticipado en el CAPÍTULO 10, 10.4, la restricción temporal en los casos en los que se utiliza la simplificación del cálculo directo de JD a partir de la transformación de fechas incluida en Excel, debido al conocido problema del "1900 bisiesto". La NOAA no ha utilizado en la versión de hojas de cálculo la obtención de JD mediante un algoritmo independiente, como por ejemplo los analizados en el capítulo mencionado, sino que ha calculado JD en función del valor numérico asignado por Excel a las presentaciones de fecha en formato *dd/mm/yyyy* mediante la corrección consistente en añadir 2415018,5 a dicho valor. Ello es correcto solamente a partir del 1 de marzo de 1900, por lo que la NOAA advierte que el límite inferior en años para la utilización de la hoja es 1901. Sin embargo, se indica que su aplicación *on-line* proporciona valores en el intervalo -2000, +3000 al no realizar la simplificación indicada: utiliza los métodos generales de obtención de JD. Esta afirmación debe tomarse con cautela, habida cuenta de los problemas asociados a las fechas de paso del calendario juliano al gregoriano en los diferentes Estados (véase CAPÍTULO 10).

19.2.6 Modelo orbital

El modelo orbital que se realiza en nuestros cálculos es el geocéntrico. Es decir, las longitudes se miden desde el equinoccio de primavera. Igualmente, y como hemos visto en todos los capítulos de esta PARTE II, la órbita considerada es plana, sin latitud eclíptica.

19.3 Cálculo de elevación ê y acimut γ_N.

Resumimos a continuación el desarrollo del método completo de cálculo, ilustrando el mismo con un ejemplo práctico, para que el lector pueda ir comprobando resultados parciales. En caso de que los métodos indicados se utilicen para la programación de hojas de cálculo propias, se ofrecerán al lector una serie de consejos útiles para ser tenidos en cuenta en Excel. El primero de ellos: **Excel solamente opera en radianes**, por lo que los datos introducidos en grados sexagesimales deberán ser transformados previamente. Asimismo, los resultados, en radianes, deberán igualmente ser transformados al final para presentarse en grados.

Para la comprobación de los cálculos astronómicos hemos elegido como **ejemplo**[56] la fecha del *19 de octubre de 2002, a las 6:15:36 de la tarde (hora peninsular española), en la localidad española de Lerma, con coordenadas geográficas 42° 1' 33" Norte, 3° 45' 21" Oeste.*

Nota: España se sitúa oficialmente en el huso horario TZ = 1 (CET: *Central European Time*).

19.3.1 Datos de partida

Comencemos por pasar los datos de latitud y longitud a formato decimal.

Latitud $\qquad \varphi = 42+1/60+33/3600 = 42,02583$

Longitud $\qquad \lambda = -(3+45/60+21/3600) = -3,75583$ (valores negativos al oeste de Greenwich)

TZ = 1

Año: $\qquad Y = 2002$

Mes: $\qquad M = 10$

Día: $\qquad$ D = 19

La hora, al ser por la tarde:

H = 18h + 15 min/60 + 36 seg/3600 = 18,26

---

[56] *Las operaciones para el ejemplo desarrollado se han efectuado mediante hoja de cálculo Excel. Los resultados parciales se presentan redondeados al quinto decimal significativo, aunque la aplicación maneja más decimales internos. Dichos resultados no difieren significativamente de los obtenidos mediante calculadora programable con 12 dígitos significativos.*

Pero en la fecha del 19/10/2002, España tenía vigente el <u>horario de verano</u>[57] (CEST: *Central European Summer Time*), por lo que para el cálculo de JD deberemos restar una hora de la indicada por nuestro *reloj español*. Es decir, tendremos, de cara a nuestros cálculos:

Hora media local sin DST: $H_{ml} = 18,26 - 1 = 17,26$

En *horario de invierno*, esta sustracción sería innecesaria.

Como estamos en TZ = 1, la <u>hora media en Greenwich</u> en el instante considerado, a efectos del cálculo de JD, era:

$$H_{mg} = 17,26 - 1 = 16,26$$

Nótese que a la hora del huso considerado se le resta la TZ con su signo. En este momento no estamos realizando correcciones por longitud, pues para el cálculo de JD con los algoritmos conocidos nos basamos en hora media, no solar.

19.3.2   Obtención de JD

Como datos de partida para la obtención del JD en Greenwich a las 0:00 tenemos Y, M, D y podemos aplicarlos, por ejemplo, al algoritmo de Meeus, 8.4.1, en la pág. 208. De esta forma,

$$Y = 2002 \qquad M = 10 \qquad D = 19$$

Como M>2, no es necesario modificar Y ni M.

Ahora definimos A y B[58]:

$$A = INT(Y/100) = INT(2002/100) = 20$$

$$B = 2 - A + INT(A/4) = 2 - 20 + INT(20/4) = -13$$

---

[57] *Es muy importante conocer si la fecha dada se encuentra en horario de verano. Desafortunadamente, por razones organizativas, los cambios de horario, en los países en los que se adopta el sistema, se producen en fines de semana a unas horas determinadas, con el fin de no perturbar la actividad económica. Por esta razón, las fechas de cambio varían ligeramente cada año. En el Anexo 5 se incluye la directiva aplicable a la Unión Europea a partir de 2001, de la que se pueden deducir, con la ayuda de un calendario, las fechas de cambio para cada año.*

[58] *Recordemos que, si estuviéramos en fechas anteriores a la implantación del calendario gregoriano, impondríamos B=0.*

Y ya podemos calcular JD:

$$JD = INT[365,25(Y+4716)]+INT[30,6001(M+1)]+D+B-1524,5 =$$

$$= INT(365,25 \cdot 6718)+INT(30,6001 \cdot 11)+19-13-1524,5 =$$

$$= 2453749+336-1518,5 = 2452566,50000$$

Al JD así obtenido, para Greenwich 0:00 debemos añadirle la fracción de día transcurrida igualmente en Greenwich, es decir, la hora dividida por 24:

$$16,26/24 = 0,67750$$

Por lo que, finalmente,

$$JD = 2452567,17750$$

19.3.3   Cálculos orbitales

En este apartado, calcularemos L_m, **M, e, C, L** y **v.**

Para las primeras cuatro variables, nos basaremos, por ejemplo, en los algoritmos de J. Meeus, expuestos en 243 (pág. 243 y siguientes).

Por tanto, calcularemos, en primer lugar, los siglos julianos JC (que en las fórmulas de Meeus se denotan como T):

$$T = JC = \frac{2452567,17750 - 2451545}{36525} = 0,02799$$

Longitud media L_m:

$$L_m = 280°,46646 + 36000°,76983T + 0°,0003032T^2 =$$
$$= 1288°,0034055$$

En cálculos programados, podemos pasar estos grados al intervalo (0°, 360°) para mejor visualización como

$$L_m = [1288°,003402/ 360 - INT(1288°,003402/ 360)]360$$

Con lo que tendríamos

$$L_m = 207°,97301$$

Anomalía media M:

$$M = 357°,52911 + 35999°,05029T + 0°,0001537T^2$$
$$M = 1364°,98754$$

Que, igualmente, podemos reducir como:

$$M = 284°,98754$$

Excentricidad orbital e:

$$e = 0,0167086342 - 0,000\ 042037T - 0,000\ 0001267T^2$$
$$e = 0,01671$$

Que, como sabemos, es un valor adimensional.

Ecuación de centro C:

$$C = (1,914602 - 0,004817T - 0,000014T^2) \sin M +$$
$$(0,019993 - 0,000101T) \sin 2\,M + 0,000289 \sin 3\,M$$

$$C = -1°,85912$$

Una vez calculada la ecuación de centro, la obtención de la longitud y anomalía verdaderas es inmediata (12.3.5):

Longitud L

$$L = L_m + C = 206°,11389$$

Anomalía verdadera v

$$v = C + M = 283°,12842$$

Longitud aparente L_t

Ahora debemos modificar la longitud L, como veíamos en el CAPÍTULO 16, con el fin de obtener la longitud corregida o $L_t = L + \Delta\tau + \Delta\psi$. Para ello, calcularemos previamente las correcciones por aberración $\Delta\tau$ y nutación $\Delta\psi$.

a) Corrección por aberración $\Delta\tau$

En este nivel de precisión, bastará con tomar la expresión de la corrección como la constante indicada en 13.2:

$$\Delta\tau = -0°,00569$$

b) Corrección por nutación $\Delta\psi$

Utilizaremos, por su simplicidad, la propuesta NOAA (véase 14.3.1). Como veíamos al principio, el valor JC (siglos julianos) es el mismo que T, calculado más arriba, por lo que:

$$\Delta\psi = -0{,}00478 \, sin(\,125°,04 - 1934°,136T) = -0°,00452$$

Por lo que, finalmente,

$$L_t = 206°,11389 - 0{,}00569 - 0{,}00452 = 206°,10368$$

19.3.4 Oblicuidad y declinación

Oblicuidad media de la eclíptica ε_0

Obtendremos este valor de Lieske (13.1), con el mismo T que el obtenido en el punto anterior.

$$\varepsilon_0 = 23° + \frac{26'}{60} + \frac{21{,}448" - 46{,}8150"T - 0{,}00059"T^2 + 0{,}001813"T^3}{3600}$$

$$\varepsilon_0 = 23°,43893$$

Oblicuidad eclíptica corregida ε

Corregiremos el valor anterior, como veíamos en 14.2 de acuerdo con 12.3.1, para lo que utilizaremos la simplificación de la NOAA, siendo $JC = T$.

$$\Delta\varepsilon = 0{,}00256 \, cos(\,125°,04 - 1934°,136T) = 0{,}00084$$

Por lo que, finalmente,

$$\varepsilon = \varepsilon_0 + \Delta\varepsilon = 23°,43976$$

Declinación solar δ

Este valor lo obtenemos directamente de las ecuaciones deducidas en 3.2 para órbita plana:

$$sin\,\delta = sin\,\varepsilon \, sin\,L$$

Utilizamos para L el valor de la longitud aparente L_t, por lo que:

$$\delta = arcsen(sin\,\varepsilon \, sin\,L_t) = -10°,08006$$

19.3.5 Ecuación del tiempo, hora solar verdadera y ángulo horario ω.

Ecuación del tiempo EoT

Utilizaremos el algoritmo de Smart (18.5.1). Para ello, calcularemos primero V_y, partiendo de la oblicuidad eclíptica corregida ε:

$$V_y = \left[tan(\frac{\varepsilon}{2})\right]^2 = 0{,}04304$$

Y, finalmente, con los valores calculados en el punto 18.3.3 para L_m, e y M:

$$Eot = \frac{720}{\pi} \cdot [V_y \cdot sin(2L_m) - 2e\,sin\,M + 4eV_y \cdot sin\,M \cdot cos(2L_m) -$$
$$-0{,}5 \cdot V_y{}^2 \cdot sin(4L_m) - 1{,}25e^2\,sin(2M)] = 15{,}05585min$$

Hora solar verdadera H_{SV}.

Calculamos a continuación la hora solar verdadera correspondiente al instante dado. Es decir, la que marcaría un reloj solar suponiendo incidencia directa sobre el mismo en el instante dado.

La hora media local calculada anteriormente sin DST era $H_{ml} = 17{,}26$

La H_{SV}, que coincidiría con la de un reloj de sol en el punto de observación, sería, en minutos:

$$H_{SV} = H_{ml} + 4\lambda - TZ \cdot 60 + EoT = 975{,}63252$$

El día completo es 1440 minutos.

Si deseamos conocer esta hora en formato hh:mm:ss tendremos:

$975{,}63252/60 = 16{,}260542 \qquad h = 16$

$0{,}60542 \cdot 60 = 15{,}63252 \qquad m = 15$

$0{,}63252 \cdot 60 = 37{,}95102 \qquad s = 37{,}95102$

Es decir, aproximando al segundo tendremos 16:15:38

Ángulo horario ω

$$\omega = (H_{SV} - 720)/4 = 63°{,}90813$$

Recordemos que para pasar de minutos-tiempo a grados angulares basta con multiplicar por $360/1440 = 1/4$

19.3.6 Cálculos finales de elevación ê y acimut γ_N

Con los valores anteriores podemos pasar finalmente a obtener $\hat{e}_C$ γ_N.

Ángulo geométrico de elevación **ê**

$\hat{e} = \arcsin(sin\varphi sin\delta + cos\varphi cos\delta cos\omega) = $ **11°,79996**

El ángulo ê no incluye corrección por refracción atmosférica, operación que realizamos a continuación.

Refracción atmosférica $\Delta\hat{e}$

Para calcular el valor $\Delta\hat{e}$ podemos utilizar cualquiera de las expresiones analizadas en el CAPÍTULO 17. Nos decantamos por la expresión procedente de las aplicaciones de la NOAA [10], propuesta por dicha agencia, por no depender de la temperatura, aunque sí de la elevación, dividiendo la influencia de esta en varios tramos. De acuerdo con la misma (17.2.1, págs. 280 y sigs.), con el valor de ê = 11°,79997 calculado en el punto anterior estaríamos en el supuesto:

5° < ê ≤ 85°

$$\Delta\hat{e} = \frac{1}{3600}\left(\frac{58,1}{tan\,\hat{e}} - \frac{0,07}{tan^3\,\hat{e}} + \frac{0,000086}{tan^5\,\hat{e}}\right) = 0°,07518$$

Ángulo de elevación corregido $\hat{e}_c$

$$\hat{e}_c = \hat{e} + \Delta\hat{e} = 11°,87515$$

Acimut desde el norte γ_N

Elegimos, por la mayor facilidad para tratar los resultados obtenidos mediante la aplicación de funciones recíprocas, la fórmula de obtención del coseno de γ_N expuesta en 7.3.1:

$$\gamma_N = \arccos \left(\frac{\sin \delta \cos \varphi - \cos \delta \cos \omega \sin \varphi}{\cos \hat{e}} \right)$$

Es importante resaltar que el valor de $\hat{e}$ que utilizamos aquí es el geométrico, nunca el corregido por refracción, que solo actúa significativamente sobre la componente vertical de la visual del observador, no sobre sus proyecciones sobre el plano del horizonte.

Con los valores obtenidos anteriormente,

$$\gamma_N = 115°,40251$$

Pero como $\omega = 63°,90813 > 0°$, de acuerdo con las consideraciones indicadas en 7.3.1.1 sobre tratamiento de los resultados por tratarse de funciones recíprocas, transformamos γ_N como sigue:

$$\gamma_N = 360° - 115°,40251 = 244°,59749$$

Para $\omega < 0°$ no sería necesaria ninguna transformación, como se indicaba.

Por lo tanto, la posición del Sol en el instante considerado en el ejemplo queda determinada por los ángulos así calculados:

$$\hat{e}_c = 11°,87515$$

$$\gamma_N = 244°,59749$$

19.4   Horas de salida, ocaso y mediodía solares

En nuestro ejemplo, hemos realizado nuestros cálculos para las 17:15:36 horas. Obteníamos para esa hora un valor de declinación $\delta = -10°,08006$. En la aplicación de la NOAA [10], este valor se utiliza directamente para la obtención del orto, mediodía y ocaso de la fecha dada, considerando que la variación de la declinación a lo largo del día no es significativa. Lo mismo ocurre con la ecuación del tiempo. El utilizar esta aplicación para varias horas diferentes del mismo día y para el mismo observador arroja resultados con varios segundos de discrepancia para mediodía, orto y ocaso debido a la precisión de los algoritmos utilizados que modifican continuamente δ, lo cual resulta paradójico. En efecto, en los equinoccios la variación diaria de δ puede llegar a 0°,4, que llevaría a un intervalo de variación en horas diurnas de aproximadamente 0°,2 (entre 9 de la tarde y 9 de la noche, por ejemplo). La conjunción de estas variaciones de δ con la ecuación de tiempo, lleva a unos errores en la determinación del mediodía superiores a los 30 segundos. Por ello, proponemos a continuación el siguiente método con el fin de minimizar este error, apartándonos del camino seguido por la NOAA en sus hojas de cálculo. Supone repetir todos los cálculos anteriores para el cálculo del mediodía solar partiendo de un instante determinado, en lugar de aprovechar el valor de δ y EoT para cualquier instante del día, como hace la NOAA. Es un método más largo, por tanto, pero programarlo es muy sencillo.

19.4.1   Instante del mediodía H_m. Método de M. Perea

El autor propone en [55] un procedimiento simplificado para el cálculo del mediodía solar, con un error máximo frente a algoritmos de elevadísima precisión, de ± 2,5 segundos hasta el año 3.000. Es el que proponemos a continuación.

Para un observador situado en una longitud λ y en el huso TZ, los mediodías se verificarían a la hora

$$Hm = 12 + TZ - \frac{\lambda}{15} - \frac{EoT}{60}$$

Como el valor de EoT no se puede calcular *a priori* partiendo de un valor en hora media, podemos comenzar nuestros cálculos introduciendo como hora media el valor H'_m:

$$H'_m = 12 + TZ - \frac{\lambda}{15}$$

Así reducimos la incertidumbre en la determinación diaria de δ a un entorno de cálculo de +/- 16 minutos, que es el intervalo máximo de variación de EoT actualmente (y con mínima variación durante los próximos siglos, no sobrepasando los 17 minutos en valor absoluto en el año 3000). Y la propia variación de EoT quedaría igualmente minimizada. Con ello, la determinación del mediodía puede considerarse exacta, toda vez que el error en δ pasaría de un máximo de 0°,4 a un valor inferior a 0°,004. Ello rebaja el error en la determinación de la hora del mediodía al entorno del segundo.

Este valor H_m es el que vamos a utilizar como partida para calcular su JD, siguiendo todos los procedimientos de la secuencia indicada en el apartado 18.3 hasta obtener EoT. Para no ser reiterativos, nos limitaremos a presentar los resultados aplicados a la misma fecha y lugar de observación del ejemplo anterior, es decir, el 19/10/2002, con una latitud en formato decimal de *42°,02583 y* longitud *-3°,75583.*

La latitud es innecesaria para los cálculos de los instantes de mediodía, orto y ocaso.

Por tanto (no considerando DST):

$$H'_m = 12+1 - \frac{-3°,75583}{15} = 13,25039$$

Que podemos escribir también aproximadamente como 13:15:01

Siguiendo la misma secuencia de cálculos del punto anterior para este instante:

JD = 2452567,0104329

JC = 0,02798

Longitud media L_m:

$L_m = 207°,80835$

Anomalía media M = 1364°, 82288 = (reducida mód.360) = 284°, 82288

Excentricidad orbital $e = 0,01671$

Ecuación de centro C = −1°,86044

Longitud L= Lm +C = 205°,94791

Anomalía verdadera $v = C + M = 1362°,96244 =$ (red. mód. 360) 282°,96244

Longitud aparente Lt

    a)   Corrección por aberración $\Delta\tau = -0°,00569$
    b)   Corrección por nutación $\Delta\psi = -0°,00452$

    $L_t = 205°,94791 - 0,00569 - 0,00451 = 205°,93770$

Oblicuidad media de la eclíptica $\varepsilon_0 = 23°,43893$

$\Delta\varepsilon = -0,00084$

Oblicuidad eclíptica corregida $\varepsilon = \varepsilon_0 + \Delta\varepsilon = 23°,43976$

Declinación solar $\delta = -10°,01980$

Ecuación del tiempo

$Vy = 0,04304$

$EoT = 15,02503$ (minutos)

Ahora ya podemos obtener el instante del mediodía, sin más que sustituir en

$$Hm = 12 + TZ - \frac{\lambda}{15} - \frac{EoT}{60} = 12,99997$$

Que equivale a las 13:00:00 despreciando las fracciones de segundo.

Dado que en la fecha indicada estamos en DST (horario de verano), nuestro reloj en hora media local oficial marcaría las 14:00:00.

19.4.2   Instantes de orto y ocaso

Siguiendo con los mismos datos del ejemplo, y basándonos en la hora de mediodía calculada en el punto anterior, a continuación podemos proceder a la obtención de los instantes del orto y el ocaso. Para ello, calcularemos primero el ángulo horario ω en dichos instantes (véase apartado 8.2). El valor de δ es el obtenido para el cálculo del mediodía en el punto anterior.

$$|\omega| = arccos(-\frac{sin\,0°,833}{cos\,\delta\,cos\,\varphi}) - tan\,\delta\,tan\,\varphi = 81°,98939$$

Por lo tanto, para el cálculo de los instantes mencionados, bastará restar ω en horas al instante del mediodía para obtener el orto.

Recordemos que para pasar de ángulo girado a horas basta con dividir por 360° y multiplicar por 24, es decir, dividir por 15.

Orto:

$$12,99997 - \frac{81°,98939}{15} = 7,53401$$

Que podemos escribir como 7:32:02

En horario de verano, y en el lugar indicado, nuestro reloj marcará las 8:32:02 en el orto, al estar todavía en DST.

Análogamente para el ocaso, sumando ω en horas:

Ocaso:

$$12,99997 + \frac{81°,98939}{15} = 18,46593$$

O sea, las 18:27:57, que al estar en horario de verano serán las 19:27:57 en nuestro reloj.

Las horas totales de sol en la fecha indicada serán:

18,46593 − 7,53401 = 10,93192 h, que en minutos son 655,915027 min.

Nótese que esta cifra puede obtenerse sin más que multiplicar ω por 2 y pasando el resultado a horas, es decir, dividiendo el valor de ω por 7,5.

19.4.3   Incremento de precisión en orto y ocaso

Siguiendo el mismo razonamiento que el utilizado para el incremento de precisión para el instante del mediodía, podemos llegar a la conclusión de que, estando el orto y el ocaso del ejemplo separados por más de 10 horas, el cálculo de estos mediante la declinación al mediodía puede acarrear pequeños errores. Efectivamente, así es. No obstante, esos errores no alcanzan el minuto en latitudes tropicales o templadas. Tengamos en cuenta que, aplicaciones del prestigio del MICA [5], dan los datos correspondientes a orto y ocaso con precisión máxima de minutos, al igual que el Anuario del Observatorio Astronómico de Madrid (este último sí precisa los segundos en la determinación del mediodía). Consideremos, además, que en orto y ocaso es precisamente cuando se producen las mayores distorsiones frente a valores teóricos de la elevación ê debido a la refracción atmosférica, influenciadas por la temperatura. Estas razones pueden bastar para tomar como válidos, dentro de una aproximación razonable, los valores obtenidos anteriormente, que indicamos sin DST para obtener valores comparables con el MICA:

7:32:02   13:00:00   18:27:57

Para la longitud dada, el MICA [5] nos da los valores en hora local sin DST:

$$07:32 \quad 13:00 \quad 18:28$$

Para la hora indicada, las hojas de NOAA nos darían, con cálculos para el instante dado (sin DST):

$$7:32:14 \quad 12:59:58 \quad 18:27:42$$

Paradójicamente, si el instante problema hubiera sido las 9:00:00 sin DST del mismo día, la hoja de cálculo nos habría dado los instantes:

$$7:31:50 \quad 13:00:02 \quad 18:28:14$$

Que difieren entre sí más de lo deseable.

Optaremos, pues, por el método de cálculo indicado, animando al lector a que, si se descarga las hojas NOAA, proceda a modificar el algoritmo de la forma indicada.

Otra observación: la pérdida de precisión en latitudes > 70° en instantes de orto y ocaso, cuando se trabaja con hojas de cálculo, es muy sencilla de subsanar, eliminando los errores a los que se refiere la NOAA. Para ello, bastará con calcular los instantes de orto y ocaso aproximados partiendo del valor de la declinación para el mediodía solar por el procedimiento presentado por el autor. Con los valores de δ en el instante del mediodía para el día anterior y posterior, pueden, por interpolación lineal, calcularse las declinaciones aproximadas para los instantes del orto y ocaso aproximados obtenidos anteriormente. Y con ellos calcular los nuevos instantes de orto y ocaso con mucha mayor precisión. De esta forma, y como ha comprobado el autor, se eliminan los errores de hasta 10 minutos que preconiza la NOAA para latitudes polares.

19.5 Consejos para programación mediante hojas de cálculo (Excel)

Para el principiante es útil consultar la aplicación de la NOAA [10] a la que hemos aludido en ocasiones anteriores. A la fecha de publicación de esta obra, se encuentran accesibles sus hojas de cálculo en el enlace *https://gml.noaa.gov/grad/solcalc/calcdetails.html*

En el mismo aparecen dos tipos de hoja: para cálculos diarios (intervalos de 6 min) y para cálculos anuales (intervalos de 1 día), tanto en Excel como en Open Office.

En estas hojas, tal y como indica la NOAA, se realiza una simplificación importante que limita el uso de aquellas para años fuera del intervalo (1901 - 9999), pero que simplifica bastante la programación. Se trata de aprovechar el contador de fechas de Excel (igual para Open Office) y añadir a la fecha considerada (en formato *"fecha"*) la cifra 2415018,5 (en formato *"número"*), de acuerdo con lo que indicábamos en 8.5 (pág. 215). Se trata de una simplificación notable, aunque aconsejamos al lector programar los algoritmos de Meeus en las tablas, con el fin de eliminar el límite inferior (no nos aventuramos a considerar precisos cálculos más allá del año 3000 d. C.).

Es especialmente engorrosa la utilización de ángulos en Excel, ya que al contrario que las calculadoras de bolsillo no admiten elegir formato *deg*. Por esta razón, para operar un ángulo x en grados debemos transformarlo mediante la función RADIANES(x). Una vez obtenido el ángulo en radianes, se puede presentar en grados mediante GRADOS(x).

Sin embargo, Excel tiene una interesante utilidad que nos facilita el convertir ángulos > 360° a valores incluidos en el intervalo (0°, 360°). Se trata de la función de congruencia/módulo expresada, para un ángulo x y una reducción al intervalo mencionado como: RESIDUO(x ; 360°).

Otra particularidad de Excel es que una hora expresada en formato hh:mm:ss se transforma al cambiar el formato a *"número"* en fracción de día. Así, las *12:00:00* se convierten automáticamente al cambiar de formato en *0,5*.

Otra función Excel interesante es TAN2, que ha sido analizada en detalle anteriormente (7.3.1.2, pág. 145).

Las hojas de cálculo permiten también realizar fácilmente gráficos mediante la elección de las variables adecuadas. En la aplicación NOAA resulta extraño observar que para la representación analemática se ha situado el acimut en el eje de ordenadas, por lo que sale invertida. Así se soluciona el problema del límite de datos a gestionar en gráficos.

Para las iteraciones sucesivas, en caso de requerirse, es útil situar a continuación de los cálculos primitivos toda la secuencia completa a partir de los resultados obtenidos en primera iteración. Para evitar tener presente un número excesivo de columnas, basta con ocultar las auxiliares mediante el comendo correspondiente.

Con estas premisas, el lector puede acometer de forma sencilla la ejecución de sus propios programas, bien desde cero, bien utilizando como base aplicaciones como las de la NOAA.

PARTE III.

Cálculos para muy altas

precisiones

CONCEPTOS Y ALGORITMOS PARA MUY ALTA PRECISIÓN

En la segunda parte de esta obra hemos ido familiarizando al lector con todos aquellos elementos astronómicos necesarios para el cálculo de la posición aparente del Sol. Todos ellos tienen validez en esta tercera parte, pero algunos de ellos deben ser corregidos o complementados mediante la utilización de algoritmos específicos para la obtención de las altas precisiones que se pretenden. Igualmente, nuevos elementos, tanto astronómicos como geodésicos, deben ser tenidos en cuenta para este fin. Una de las mejores referencias para el cálculo práctico de la posición solar en muy alta precisión que puede encontrar el lector es el método SPA (*Solar Position Algorithm for Solar Radiation Applications*) [23] en su versión revisada por Ibrahim Reda y Afshin Andreas para el NREL (National Renewable Energy Laboratory) y publicada en 2008. Está basado en gran medida en los algoritmos astronómicos recopilados por J. Meeus en [22], pero ordenados de una forma más práctica e inteligible para el lector no especializado en Astronomía general. Como se ha indicado en otras partes de esta obra, el SPA permite el cálculo del acimut y la elevación del Sol con una precisión de ± 0.0003° en el período comprendido entre los años -2000 y 6000, según sus propios autores. Sin embargo, este método, que utilizaremos como base del nuevo cálculo secuencial que presentaremos en el capítulo siguiente, puede disuadir al lector de su uso o conversión en programa informático ante la multitud de nuevos conceptos y correcciones que implican una dificultad de comprensión mayor que los utilizados hasta ahora. El objetivo de este CAPÍTULO 20 no es otro que la enumeración y caracterización de dichos conceptos.

20.1 Corrección al tiempo continuo: efemérides y ΔT

En precisiones muy elevadas, ciertos algoritmos para el cálculo de posiciones de planetas o astros están desarrollados para ser utilizados con **JDE** *(Julian*

Ephemeris Day) en lugar de JD (*Julian Day*, véase apartado 10.2[59]). JDE es similar en todo a JD, pero elimina mediante un término corrector el desfase entre el tiempo universal y el tiempo medido por procedimientos atómicos, un continuo que evita los errores introducidos por las variaciones en la velocidad de rotación de la Tierra (CAPÍTULO 1, apartado 1.4.3). La diferencia entre ambos valores JDE y JD se conoce como *ΔT* (o ***delta T***) y se mide en segundos (tiempo). La determinación de ΔT es compleja, pues la forma correcta de obtenerla es por observación directa, ya que la variación de la velocidad de rotación terrestre no está aparentemente sujeta a ley alguna. Ello implica que existen tabulaciones o expresiones matemáticas ajustadas de cierta precisión, generalmente consensuadas para instantes pretéritos, pero la estimación a futuro varía de unos autores a otros.

20.1.1   Valores a partir del MICA [5] (período 1800-2050)

El MICA [5] se basa, entre los años 1800 y 1972, en Mc Carthy & Babcock [56], calculando sus predicciones posteriores hasta 2050, según procedimientos del *Johnson*[60], y realizadas en 2004. La **Tabla 20-1** muestra los valores obtenidos mediante la aplicación interactiva del MICA para los primeros días de cada año (0:00h UT o Greenwich) entre 1800 y 2050 (véase **Fig. 20-1**). A la fecha de publicación de la presente obra, la versión vigente del MICA, publicada en 2005, sigue siendo la que cubre 1800-2050 [5].

---

[59] *Algunos expertos consideran poco ortodoxa la utilización de JD en lugar de JDE en las secuencias de cálculo mostradas en el CAPÍTULO 19. Podemos afirmar, sin embargo, que, dentro de los límites temporales indicados en el mismo, el error es mínimo y sus valores se encuentran en el rango de las precisiones estimadas en la PARTE II de esta obra.*

[60] *Esta escueta referencia en el MICA [5] alude, de forma coloquial, al Johnson Space Center, organismo dependiente de la NASA.*

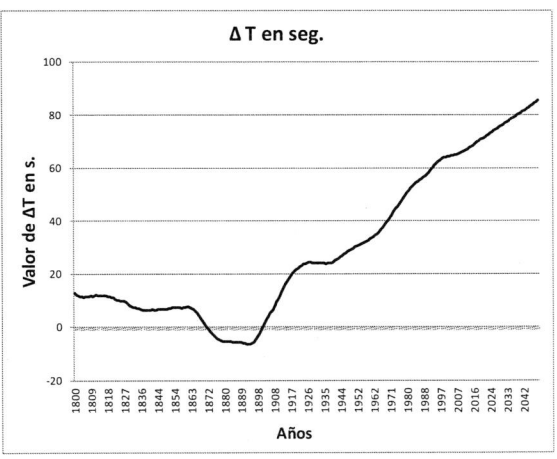

Fig. 20-1. *Evolución de ΔT (1800 y 2050) basada en MICA [5].*

Tabla 20-1. *Valores obtenidos del MICA [5] entre 1800 y 2050, para los días 1 de enero a las 0:00 UT (Greenwich).*

	0	1	2	3	4	5	6	7	8	9
1800	12,600	12,000	11,800	11,400	11,167	11,100	11,167	11,133	11,200	11,500
1810	11,200	11,700	11,900	11,800	11,750	11,750	11,633	11,525	11,425	11,325
1820	11,130	10,940	10,290	9,940	9,880	9,720	9,660	9,510	9,210	8,600
1830	7,950	7,590	7,360	7,100	6,890	6,730	6,390	6,250	6,250	6,220
1840	6,220	6,300	6,350	6,320	6,340	6,383	6,400	6,460	6,480	6,530
1850	6,550	6,690	6,840	7,030	7,150	7,260	7,230	7,210	6,990	7,190
1860	7,350	7,410	7,360	6,950	6,450	5,920	5,150	4,110	2,940	1,970
1870	1,040	0,110	-0,820	-1,700	-2,480	-3,190	-3,840	-4,430	-4,790	-5,090
1880	-5,360	-5,370	-5,340	-5,400	-5,580	-5,740	-5,690	-5,670	-5,730	-5,780
1890	-5,860	-6,010	-6,280	-6,530	-6,500	-6,410	-6,110	-5,630	-4,680	-3,720
1900	-2,700	-1,480	-0,080	1,260	2,590	3,920	5,200	6,290	7,680	9,130
1910	10,380	11,640	13,230	14,690	16,000	17,190	18,190	19,130	20,140	20,860
1920	21,410	22,060	22,510	23,010	23,460	23,630	23,950	24,390	24,340	24,100
1930	24,020	23,980	23,890	23,930	23,880	23,910	23,760	23,910	23,960	24,040
1940	24,350	24,820	25,300	25,770	26,270	26,760	27,270	27,770	28,250	28,700
1950	29,150	29,570	29,970	30,360	30,720	31,070	31,349	31,677	32,166	32,671
1960	33,150	33,584	33,992	34,466	35,030	35,738	36,546	37,429	38,291	39,204
1970	40,182	41,170	42,227	43,373	44,484	45,476	46,457	47,521	48,534	49,586
1980	50,539	51,381	52,167	52,956	53,788	54,343	54,871	55,322	55,820	56,300
1990	56,855	57,565	58,309	59,122	59,984	60,785	61,629	62,295	62,966	63,467
2000	63,828	64,091	64,300	64,473	64,574	64,688	64,845	65,146	65,457	65,777
2010	66,070	66,325	66,590	67,200	67,700	67,980	68,538	69,125	69,625	70,133
2020	70,666	71,177	71,647	72,125	72,624	73,134	73,667	74,166	74,610	75,056
2030	75,500	75,944	76,411	76,883	77,316	77,737	78,158	78,579	79,000	79,471
2040	79,941	80,412	80,882	81,353	81,823	82,313	82,813	83,312	83,812	84,334
2050	84,867									

20.1.2   Expresiones polinómicas

Como alternativa a la tabla del punto anterior, y en el contexto de la automatización de cálculos en procedimientos programados, proponemos las expresiones polinómicas de ΔT publicadas en la web de la NASA [57], extraídas de los estudios sobre eclipses de J. Meeus y F. Espenak (*Five Millennium Canon of Solar Eclipses* [58]) y en las extrapolaciones y análisis de Stephenson y Morrison [59]. Se presentan en la **Tabla 20-2.** Tienen la ventaja de cubrir el período [-1999, 3000]. Fácilmente podemos intuir que las menores incertidumbres corresponden a fechas próximas a las nuestras. Los polinomios tienen como coeficientes, para cada época, los valores incluidos en la fila correspondiente de la tabla. Obsérvese que algunos valores se presentan como fracciones, con el fin de no truncar decimales excesivamente. Para el intervalo [2050, 2150] hemos optado por desarrollar la expresión contraída de Espenak-Meeus, al no perderse precisión. Como entradas para los cálculos tenemos el año y mes considerados, y para cada época se define una variable auxiliar u diferente. Los resultados de ΔT están en segundos-tiempo. Las expresiones polinómicas se complementan con dos tablas para ΔT: en la primera (**Tabla 20-3**) se recogen datos calculados a partir de referencias históricas; en la segunda (**Tabla 20-4**), datos obtenidos a partir de observaciones directas en épocas más recientes. Se advierte una discrepancia de unos 19 segundos en el valor de la tabla para el año -500 con respecto a la expresión polinómica, recomendándose el obtenido de esta última. No obstante, las interpolaciones que utilizan la tabla para el resto de años son suficientemente exactas (se indican las incertidumbres máximas). Igualmente, no observamos discrepancias de reseñar entre los valores de la **Tabla 20-3**, **Tabla 20-4** y la tabla extraída del MICA [5], que utiliza valores registrados o científicamente aceptados para las épocas cubiertas por dichas tablas hasta 2005.

Cabe advertir al lector que existen discrepancias numéricas con los valores aventurados por el MICA [5] para extrapolaciones a futuro, las cuales deben considerarse especulativas. A este respecto, y dentro del contexto de incertidumbre en la evolución de ΔT, a pesar de la aparente ralentización inexorable del movimiento de rotación terrestre, se ha observado recientemente, y desde 2020, un incremento en la velocidad de rotación de nuestro planeta, contradiciendo la tendencia de los últimos siglos.

Tabla 20-2. Polinomios Espenak-Meeus (valores basados en [57]).

Período	variable auxiliar u m = mes y = año + (m − 0,5) /12	Coeficientes de las potencias de u en $\Delta T = a_0 + a_1 u^1 + a_2 u^2 + ... + a_7 u^7$							
		a_0	a_1	a_2	a_3	a_4	a_5	a_6	a_7
y <-500	u = (y -1820)/100	-20		32					
[-500 , 500]	u = y/100	10583,6	-1014,41	33,78311	-5,952053	-0,1798452	0,022174192	0,0090316521	
[500 , 1600	u = (y-1000)/100	1574,2	-556,01	71,23472	0,319781	-0,8503463	-0,005050998	0,0083572073	
[1600 , 1700]	u = y - 1600	120	-0,9808	-0,01532	1/7129				
[1700 , 1800]	u = y - 1700	8,83	0,1603	-0,005929	0,00013336	-1/1174000			
[1800 , 1860]	u = y - 1800	13,72	-0,33245	0,0068612	0,0041116	-0,00037436	0,0000121272	-0,0000001699	0,000000000875
[1860 , 1900]	u = y - 1860	7,62	0,5737	-0,251754	0,01680668	-0,0004473624	1/233174		
[1900 , 1920]	u = y - 1900	-2,79	1,494119	-0,059894	0,0061966	-0,000197			
[1920 , 1941]	u = y - 1920	21,2	0,84493	-0,0761	0,0020936				
[1941 , 1961]	u = y - 1950	29,07	0,407	-1/ 233	1/2547				
[1961 , 1986]	u = y - 1975	45,45	1,067	-1/260	-1/718				
[1986 , 2005]	u = y - 2000	63,86	0,3345	-0,060374	0,0017275	0,000651814	0,00002373599		
[2005 , 2050]	u = y - 2000	62,92	0,32217	0,005589					
[2050 , 2150]	u = y	9369,66	-11,0852	0,0032					
y>2150	u = (y - 1820) /100	-20		32					

Tabla 20-3. *Valores históricos estimados para ΔT.*
Espenak & Meeus. Five Millennium Canon of Solar Eclipses
[58]. NASA.

ΔT deducida de referencias históricas		
Año	ΔT	Incertidumbre (segundos)
-500	17190	430
-400	15530	390
-300	14080	360
-200	12790	330
-100	11640	290
0	10580	260
100	9600	240
200	8640	210
300	7680	180
400	6700	160
500	5710	140
600	4740	120
700	3810	100
800	2960	80
900	2200	70
1000	1570	55
1100	1090	40
1200	740	30
1300	490	20
1400	320	20
1500	200	20
1600	120	20
1700	9	5
1750	13	2
1800	14	1
1850	7	<1
1900	-3	<1
1950	29	<0.1

Tabla 20-4. *Valores reales registrados para ΔT.*
Nautical Almanac Office , United States Naval Observatory. [70]
Astronomical Almanac for 2006. © *Stationery Office Books, 2005.*

Valores recientes de ΔT por observación directa			
Año	ΔT (segundos)	Variación en 5 años (segundos)	Variación media anual (segundos)
1955.0	+31.1	-	-
1960.0	+33.2	2.1	0.42
1965.0	+35.7	2.5	0.50
1970.0	+40.2	4.5	0.90
1975.0	+45.5	5.3	1.06
1980.0	+50.5	5.0	1.00
1985.0	+54.3	3.8	0.76
1990.0	+56.9	2.6	0.52
1995.0	+60.8	3.9	0.78
2000.0	+63.8	3.0	0.60
2005.0	+64.7	0.9	0.18

Por otro lado, el continuo reestudio de valores de ΔT puede llevar al lector a paradojas como la de encontrar valores diferentes para esta variable en las tablas incluidas por Meeus en [22], publicada en 1998, comparadas con las representadas aquí, basadas en el mismo autor y en Espenak años después (2004). Siempre se trata, empero, de discrepancias de escasa magnitud.

20.1.3 *Conclusiones y últimos valores reales obtenidos para ΔT*

La profusión de fuentes, tanto las presentadas como otras diferentes que puedan consultarse, aparentemente contradictorias en cuanto a los valores exactos de ΔT, puede provocar confusión en el lector.

Nuestra recomendación es, para cálculos puntuales, utilizar las tablas, bien la procedente del MICA, bien las de Espenak-Meeus, y no preocuparse por las discrepancias entre ambas; lo más importante, dada la pequeña influencia de ΔT en los cálculos finales, es su orden de magnitud. Y utilizar las expresiones polinómicas solamente para la obtención masiva de datos en un período de tiempo prefijado y extenso.

Igualmente, para cálculos referidos a períodos pretéritos comprendidos entre febrero de 1973 y el instante del cálculo, recomendamos al lector consultar los datos actualizados mes a mes en la página web del IERS (International Earth Rotation and Reference Systems Service)[61].

Tabla 20-5. *Últimos valores de ΔT. Web del IERS [69].*

Observaciones recientes	
Año (1/enero)	**ΔT**
2005	64,6876
2006	64,8452
2007	65,1464
2008	65,4573
2009	65,7768
2010	66,0699
2011	66,3246
2012	66,603
2013	66,9069
2014	67,281
2015	67,6439
2016	68,1024
2017	68,5927
2018	68,9676
2019	69,2202
2020	69,3612
2021	69,3594
2022	69,2945
2023	69,2039
2024	69,1752
2025	69,1377

---

[61] *Los objetivos principales del IERS son servir a las comunidades astronómicas, geodésicas y geofísicas, proporcionándoles datos y estándares relacionados con la rotación de la Tierra y los marcos de referencia.*

Con esta referencia complementamos la **Tabla 20-4**, que muestra las extracciones de los valores más recientes de ΔT de dicha fuente para 0:00 Greenwich a día 1 de enero de cada año indicado.

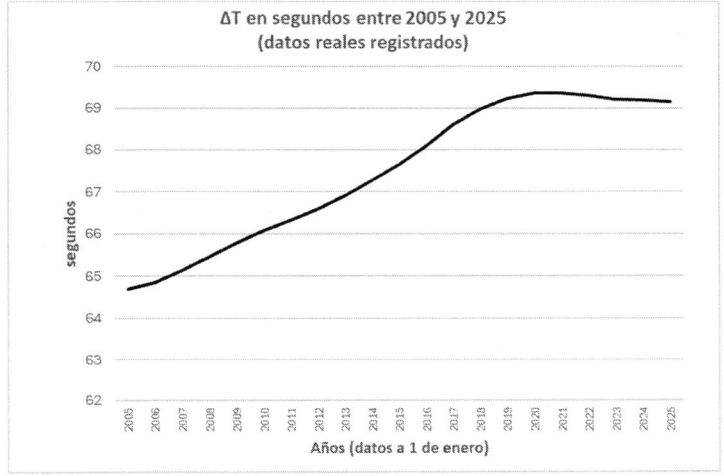

Fig. 20-2. *Valores registrados desde 2005 en ΔT a 1 de enero 0:00 Greenwich.*

Nótese la disminución observada desde 2020 en los valores de ΔT, que parece invertir temporalmente la tendencia ininterrumpida a la desaceleración en la rotación terrestre recogida en los datos históricos y modelos a futuro, que podrían, de mantenerse, llegar a suponer la adopción durante la década de un segundo intercalar negativo.

20.2 Fórmula general de la declinación solar con latitud orbital β

La fórmula para la declinación solar que incluye la latitud orbital β *(sistema geocéntrico)* se utiliza solamente en el caso de muy altas precisiones. Para ello se requiere el dato previo de $\hat{B}$ (heliocéntrico), que solo puede obtenerse mediante procedimientos de cálculo complejos, como los que veremos al analizar el método VSOP. A continuación, deduciremos la expresión general de δ cuando consideramos la existencia de $\beta \neq 0$, utilizando para ello cálculo vectorial simple.

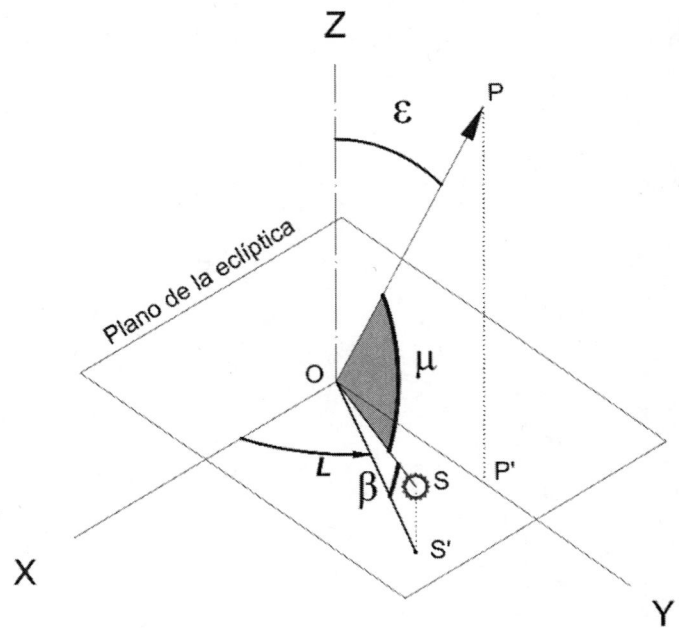

Fig. 20-3. *Cálculo de δ con latitud β. Método vectorial.*

Supondremos la Tierra contenida en un plano paralelo al de la eclíptica, y nos basaremos en la **Fig. 20-3**.

Sean OP y OS los vectores unitarios que definen el eje de rotación de la Tierra y la línea Tierra-Sol, respectivamente. Si calculamos sus componentes con relación a los ejes X, Y, Z en función de los vectores unitarios asociados a los mismos, $\vec{\imath}, \vec{\jmath}, \vec{k}$ tendremos:

$$OP = \sin\varepsilon \cdot \vec{\jmath} + \cos\varepsilon \cdot \vec{k}$$

$$OS = \cos\beta \cdot \cos L \cdot \vec{\imath} + \cos\beta \cdot \sin L \cdot \vec{\jmath} + \sin\beta \cdot \vec{k}$$

Por lo que:

$$OP \cdot OS = |OP| \cdot |OS|.\cos\mu = \cos\mu = \sin\varepsilon \cdot \cos\beta \cdot \sin L + \cos\varepsilon \cdot \sin\beta$$

Y, aplicando la relación $\mu = 90° - \delta$, nos quedará:

$$\boxed{\sin\delta = \sin\varepsilon \cdot \cos\beta \cdot \sin L + \cos\varepsilon \cdot \sin\beta}$$

Evidentemente, si $\beta = 0$, obtendremos la conocida expresión deducida para órbitas planas en 3.2.

20.3 Cálculos orbitales: el método VSOP

El cálculo de la longitud angular orbital de la Tierra para precisiones muy elevadas[62] puede realizarse muy fácilmente mediante la aplicación de una versión resumida de las series contenidas en el método VSOP, creado para analizar las órbitas de los planetas en detalle y que tiene en cuenta las perturbaciones debidas a las interacciones gravitacionales entre los mismos. Fue desarrollado inicialmente por científicos del Bureau des Longitudes de París, y es renovado continuamente. La primera publicación del VSOP82, por Pierre Bretagnon [7], data de 1982. Posteriormente, apareció el VSOP87, con importantes mejoras en la precisión del método [2]. Ha habido modificaciones posteriores que suponen actualizaciones de este, siendo la última la VSOP2013 [60]. Sin embargo, de todas ellas, la que ha conseguido mayor popularidad por la utilización simplificada de la misma para todo tipo de aplicaciones a través de hojas de cálculo y programas *on-line* ha sido, con gran diferencia, la VSOP87. Este éxito se ha debido, sin duda, a haber sido adaptada por Jean Meeus en [22] para el público en general mediante su resumen en tablas con un número significativo de términos fácilmente manejables. Incluso el propio Meeus, basándose en esas tablas, propuso, en la obra citada, las expresiones polinómicas simplificadas **que hemos utilizado en capítulos anteriores** para altas precisiones. De hecho, el VSOP87 se va a utilizar para este capítulo. Cualquier otra versión posterior que llegue a consolidarse para uso general se integraría sin problemas en este método, sin más que sustituir las tablas o añadir los términos que pudieran llegar a publicarse. Los valores de L obtenidos en el VSOP se corresponden con un modelo heliocéntrico, por lo que para su adaptación a la órbita solar aparente bastará con añadirles 180°. Para evitar confusiones, nos referiremos a este ángulo como L_H. Esencialmente, el procedimiento consiste en calcular directamente la longitud L_H orbital mediante un polinomio (coeficientes en radianes). La siguiente formulación corresponde a Reda *et al.* [23], que consideramos más intuitiva que la presentación de Meeus en [22].

---

[62] *Suficientes, según Reda* et al. *[23], para conseguir a su vez precisiones en la determinación del acimut y la altura solares del orden de ± 0.0003°.*

20.3.1 Obtención de la longitud verdadera L

Con el método descrito, y con la ayuda de las tablas correspondientes, que se incluyen, tendremos que:

$$L_H = \frac{L0 + L1 \cdot JME + L2 \cdot JME^2 + L3 \cdot JME^3 + L4 \cdot JME^4 + L5 \cdot JME^5}{10^8}$$

con:

$$JME = \frac{JDE - 2451545{,}0}{365250}$$

siendo:

$$JDE = JD + \frac{\Delta T}{86400}$$

Los valores $L0$, $L1$, $L2$, $L3$, $L4$ y $L5$ se obtienen en radianes de acuerdo con el procedimiento siguiente que se resume a continuación.

Para cada coeficiente, definimos unos polinomios auxiliares, que en el caso de L0 son:

$$L0_i = A_i \cos(B_i + C_i \cdot JME)$$

Siendo Ai, Bi, Ci los valores correspondientes de la **Tabla 20-6** adjunta en la página 351, obtenida de J. Meeus [22] y de Reda [23]. JME es el valor numérico calculado previamente para la fecha.

Por ejemplo,

$$L0_0 = 175347046 \cos(0 + 0 \cdot JME)$$

$$L0_1 = 3341656 \cos(4{,}6692568 + 6283{,}07585 JME)$$

$$\dots\dots\dots\dots\dots\dots\dots\dots\dots$$

$$L0_{63} = 25 \cos(3{,}16 + 4690{,}48 JME)$$

A continuación se realiza la suma de los términos así obtenidos:

$$L0 = \sum_{i=0}^{63} L0_i = L0_0 + L0_1 + \dots + L0_{63}$$

Procedemos análogamente para L1, L2....L5, como queda indicado en el cuadro abajo resumido:

$$L0 = \sum_{i=0}^{63} L0_i \qquad L1 = \sum_{i=0}^{33} L1_i \qquad L2 = \sum_{i=0}^{19} L2_i$$

$$L3 = \sum_{i=0}^{6} L3_i \qquad L4 = \sum_{i=0}^{2} L4_i \qquad L5$$

Obsérvese que el número de términos de la tabla es diferente para L0, L1, etc. Es decir, el número n final de cada sumatorio es diferente (63, 33, etc.). También, que L5 está formado por un único sumando, como se ve en la tabla mencionada.

Sobre los valores de ΔT ya analizados anteriormente, no es necesario extendernos. El valor JDE (*Julian ephemeris day*) lo utilizaremos en cálculos posteriores y ΔT se expresa en segundos. Como el lector habrá podido intuir, el denominador 86400 que aparece en la expresión utilizada para JDE no es otro que el número de segundos en un día.

Se ha comprobado que Excel 2007 puede integrar dichos términos de L0 utilizando para ello solamente dos celdas contiguas en la misma tabla, que se sumarían en la misma línea para obtener el resultado buscado sin necesidad de introducir macros a cálculo matricial ninguno como rutina. Es menos engorroso, no obstante, utilizar dos hojas de cálculo relacionadas entre sí en el mismo libro, situando los términos de la tabla en disposición matricial para cálculos auxiliares.

De este método derivan, mediante truncamientos adaptados a períodos de validez prefijados, los procedimientos polinómicos abreviados que veíamos en 12.5 para el cálculo directo de *L*.

20.3.2   Obtención de la latitud orbital $\widehat{B}$

La **Tabla 20-6** nos permite también obtener el valor de $\widehat{B}$ (latitud astronómica heliocéntrica). Para el cálculo de $\widehat{B}$ procederemos igualmente, según el método indicado para L, como sigue:

$$B = \frac{B0 + B1 \cdot JME}{10^8} \qquad B0_i = A_i \cos(B_i + C_i \cdot JME)$$

$$B0 = \sum_{i=0}^{4} B0_i \qquad B1$$

20.3.3   Obtención del radio vector R

Finalmente, mediante la **Tabla 20-6** podemos obtener el valor **R** correspondiente al radio vector o distancia Tierra-Sol en cada instante. El radio vector, como sabemos, es la distancia entre el centro de la Tierra y el centro del Sol, valor que ya se ha tratado en capítulos anteriores, y que, generalmente, como en el caso que nos ocupa, se expresa en UA (unidades astronómicas). Por el momento, baste indicar que la obtención del radio solar para un instante determinado, dado por su JME, se realiza como en el caso de L, utilizando igualmente los valores de la **Tabla 19-10**, a partir de la fila encabezada por R0 y el mismo procedimiento indicado para la longitud L, de acuerdo con la expresión:

$$R = \frac{R0 + R1 \cdot JME + R2 \cdot JME^2 + R3 \cdot JME^3 + R4 \cdot JME^4}{10^8}$$

$$R0_i = A_i \cos(B_i + C_i \cdot JME)$$

$$R0 = \sum_{i=0}^{39} R0_i \quad R1 = \sum_{i=0}^{9} R1_i \quad R2 = \sum_{i=0}^{5} R2_i \quad R3 = \sum_{i=0}^{1} R3_i \quad R4$$

Tabla 20-6. *Elementos periódicos de la órbita terrestre.*
Transcripción de Reda et al. Solar Position Algorithm. Solar Energy © Elsevier Ltd 2004 [23]

Términos periódicos órbita terrestre

Término	índice	A	B	C
L0	0	175347046	0	0
	1	3341656	4,6692568	6283,07585
	2	34894	4,6261	12566,1517
	3	3497	2,7441	5753,3849
	4	3418	2,8289	3,5231
	5	3136	3,6277	77713,7715
	6	2676	4,4181	7860,4194
	7	2343	6,1352	3930,2097
	8	1324	0,7425	11506,7698
	9	1273	2,0371	529,6910
	10	1199	1,1096	1577,3435
	11	990	5,233	5884,927
	12	902	2,045	26,298
	13	857	3,508	398,149
	14	780	1,179	5223,694
	15	753	2,533	5507,553
	16	505	4,583	18849,228
	17	492	4,205	775,523
	18	357	2,920	0,067
	19	317	5,849	11790,629
	20	284	1,899	796,298
	21	271	0,315	10977,079
	22	243	0,345	5486,778
	23	206	4,806	2544,314
	24	205	1,869	5573,143
	25	202	2,458	6069,777
	26	156	0,833	213,299
	27	132	3,411	2942,463
	28	126	1,083	20,775
	29	115	0,645	0,980
	30	103	0,636	4694,003
	31	102	0,976	15720,839
	32	102	4,267	7,114
	33	99	6,21	2146,17
	34	98	0,68	155,42
	35	86	5,98	161000,69
	36	85	1,30	6275,96
	37	85	3,67	71430,70
	38	80	1,81	17260,15
	39	79	3,04	12036,46
	40	75	1,76	5088,63
	41	74	3,50	3154,69
	42	74	4,68	801,82
	43	70	0,83	9437,76
	44	62	3,98	8827,39
	45	61	1,82	7084,90
	46	57	2,78	6286,60
	47	56	4,39	14143,50
	48	56	3,47	6279,55
	49	52	0,19	12139,55
	50	52	1,33	1748,02

Tabla 20-6. (sigue 2).

Términos periódicos órbita terrestre

Término	índice	A	B	C
	51	51	0,28	5856,48
	52	49	0,49	1194,45
	53	41	5,37	8429,24
	54	41	2,40	19651,05
	55	39	6,17	10447,39
	56	37	6,04	10213,29
	57	37	2,57	1059,38
	58	36	1,71	2352,87
	59	36	1,78	6812,77
	60	33	0,59	17789,85
	61	30	0,44	83996,85
	62	30	2,74	1349,87
	63	25	3,16	4690,48
L1	0	628331966747	0	0
	1	206059	2,678235	6283,07585
	2	4303	2,6351	12566,1517
	3	425	1,59	3,523
	4	119	5,80	26298,000
	5	109	2,97	1577,344
	6	93	2,59	18849,23
	7	72	1,14	529,69
	8	68	1,87	398,15
	9	67	4,41	5507,55
	10	59	2,89	5223,69
	11	56	2,17	155,42
	12	45	0,40	796,30
	13	36	0,47	775,52
	14	29	2,65	7,11
	15	21	5,34	0,98
	16	19	1,85	5486,78
	17	19	4,97	213,30
	18	17	2,99	6275,96
	19	16	0,03	2544,31
	20	16	1,43	2146,17
	21	15	1,21	10977,08
	22	12	2,83	1748,02
	23	12	3,26	5088,63
	24	12	5,27	1194,45
	25	12	2,08	4694,00
	26	11	0,77	553,57
	27	10	1,30	6286,60
	28	10	4,24	1349,87
	29	9	2,70	242,73
	30	9	5,64	951,72
	31	8	5,30	2352,87
	32	6	2,65	9437,76
	33	6	4,67	4690,48
L2	0	52919	0	0
	1	8720	1,0721	6283,0758
	2	309	0,867	12566,152
	3	27	0,05	3,52

Tabla 20-6. (sigue 3).

Términos periódicos órbita terrestre

Término	índice	A	B	C
	4	16	5,19	26,30
	5	16	3,68	155,42
	6	10	0,76	18849,23
	7	9	2,06	77713,77
	8	7	0,83	775,52
	9	5	4,66	1577,34
	10	4	1,03	7,11
	11	4	3,44	5573,14
	12	3	5,14	796,30
	13	3	6,05	5507,55
	14	3	1,19	242,73
	15	3	6,12	529,69
	16	3	0,31	398,15
	17	3	2,28	553,57
	18	2	4,38	5223,69
	19	2	3,75	0,98
L3	0	289	6	6283,076
	1	35	0	0,00
	2	17	5,49	12566,15
	3	3	5,20	155,42
	4	1	4,72	3,52
	5	1	5,30	18849,23
	6	1	5,97	242,73
L4	0	114	3,14	0,00
	1	8	4,13	6283,08
	2	1	3,84	12566,15
L5	0	1	3,14	0
BO	0	280	3,20	84334,662
	1	102	5,42	5507,553
	2	80	3,88	5223,69
	3	44	3,70	2352,87
	4	32	4,00	1577,34
BI	0	9	3,90	5507,55
	1	6	1,73	5223,69
RO	0	100013989	0	0
	1	1670700	3,0984635	6283,07585
	2	13956	3,05525	12566,1517
	3	3084	5,1985	77713,7715
	4	1628	1,1739	5753,3849
	5	1576	2,8469	7860,4194
	6	925	5,453	11506,770
	7	542	4,564	3930,210
	8	472	3,661	5884,927
	9	346	0,964	5507,553
	10	329	5,900	5223,694
	11	307	0,299	5573,143
	12	243	4,273	11790,629
	13	212	5,847	1577,344
	14	186	5,022	10977,079
	15	175	3,012	18849,228
	16	110	5,055	5486,778

Tabla 20-6. (sigue 4).

Términos periódicos órbita terrestre

Término	índice	A	B	C
	17	98	0,89	6069,78
	18	86	5,69	15720,84
	19	86	1,27	161000,69
	20	65	0,27	17260,15
	21	63	0,92	529,69
	22	57	2,01	83996,85
	23	56	5,24	71430,70
	24	49	3,25	2544,31
	25	47	2,58	775,52
	26	45	5,54	9437,76
	27	43	6,01	6275,96
	28	39	5,36	4694,00
	29	38	2,39	8827,39
	30	37	0,83	19651,05
	31	37	4,90	12139,55
	32	36	1,67	12036,46
	33	35	1,84	2942,46
	34	33	0,24	7084,90
	35	32	0,18	5088,63
	36	32	1,78	398,15
	37	28	1,21	6286,60
	38	28	1,90	6279,55
	39	26	4,59	10447,39
R1	0	103019	1,10749	6283,07585
	1	1721	1,0644	12566,1517
	2	702	3,14	0
	3	32	1,02	18849,23
	4	31	2,84	5507,55
	5	25	1,32	5223,69
	6	18	1,42	1577,34
	7	10	5,91	10977,08
	8	9	1,42	6275,96
	9	9	0,27	5486,78
R2	0	4359	5,7846	6283,0758
	1	124	5,58	12566,152
	2	12	3,14	0
	3	9	3,63	77713,77
	4	6	1,87	5573,14
	5	3	5,47	18849,23
R3	0	145	4,27	6283,076
	1	7	3,92	12566,15
R4	0	4	2,56	6283,08

20.4   Teoría de la nutación (1980)

Este modelo, desarrollado por P. K. Seidelmann, y aceptado por la IAU, sigue en plena vigencia en las aplicaciones informáticas hoy en día, aunque existen algunas propuestas de modificación en función de diversos factores estudiados cada vez más en profundidad, entre los que podemos citar el comportamiento de nuestro planeta como sólido no rígido *(Resolution B3 on non-rigid Earth Nutation Theory)* [61] .

El modelo tiene la particularidad de presentar una tabla de coeficientes para el cálculo de los dos términos de la nutación, $\Delta\psi$ y $\Delta\tau$, que ya hemos calculado previamente por procedimientos abreviados (derivados de estos mismos desarrollos), y que se reproducen en facsímil en el Anexo 3, tal y como se presentaron en la publicación [44]. En dicha tabla, que contiene 106 términos, se puede observar la periodicidad en días de los fenómenos asociados a cada término. Las variables utilizadas son las que enunciábamos en 14.2, pág.257, siendo válido también el esquema angular de la **Fig. 14-4**. Con el fin de identificar los ángulos tal y como aparecen en la notación de subíndices, se adjunta más abajo la equivalencia de los mismos en el SPA de Ibrahim Reda *et al.* [23] con las utilizadas para los mismos términos por J. Meeus [22] e incluso con la terminología oficial de la IAU.

IAU	*J. Meeus*	*Reda & alt.*
D	D	X_0
l'	M	X_1
l	M'	X_2
F	F	X_3
Ω	Ω	X_4

La expresión matemática de estos elementos, a efecto de los cálculos que nos interesan es la siguiente (según la terminología de Reda *et al.*):

$$X_0 = 297,85036 + 445267,111480\, JCE - 0,0019142\, JCE^2 - \frac{JCE^3}{189474}$$

$$X_1 = 357,52772 + 35999,050340\, JCE\text{-}0,0001603\, JCE^2 - \frac{JCE^3}{300000}$$

$$X_2 = 134,96298 + 477198,867398\, JCE + 0,0086972\, JCE^2 - \frac{JCE^3}{56250}$$

$$X_3 = 93,27191 + 483202,017538\, JCE + 0,0036825\, JCE^2 - \frac{JCE^3}{327270}$$

$$X_4 = 125,04452\text{-}1934,136261\, JCE + 0,0020708\, JCE^2 - \frac{JCE^3}{450000}$$

Ec. 20-1

Siendo

$$JCE = \frac{JDE - 2451545,0}{36525}$$

Para el tratamiento de las variables, preferimos también utilizar las tablas de Reda *et al.* [23] (*Tabla 20-7*). Aunque están extraídas de [44] (la copia de la obra referida, similar a la tabla anterior, se incluye en el Anexo 3, pág. 419), su ordenación, según el criterio de valor absoluto de coeficientes tipo *a* decrecientes y su terminología más neutra desde el punto de vista matemático, la hacen más sencilla de tratar numéricamente. A diferencia de la tabla original, cuenta solamente con 63 términos significativos en lugar de 106. El truncamiento es considerado válido por Reda *et al.* [23] incluso para determinaciones de acimut y elevación con errores menores de ± 0,0003°. Por lo demás, la tabla, aunque con diferentes abreviaturas, es la recogida por J. Meeus en [22], con el mismo criterio de ordenación de coeficientes.

El procedimiento es muy simple: los valores en 0,0001 segundos de arco se obtienen de las siguientes expresiones:

$$\Delta\psi = \sum_{i=1}^{n} \left[(a_i + b_i \cdot JDE)\, sin(\sum_{j=o}^{4} X_j \cdot Y_{i,j}) \right]$$

$$\Delta\varepsilon = \sum_{i=1}^{n} \left[(c_i + d_i \cdot JDE)\, sin(\sum_{j=o}^{4} X_j \cdot Y_{i,j}) \right]$$

Ec. 20-2

El valor máximo de n será 63 con la serie truncada. Con la serie completa, sería n = 106.

Para transformar los valores anteriores en grados, que será la unidad utilizada en cálculo de longitudes, basta con dividir los resultados obtenidos por $36\cdot10^6$.

Para una máxima precisión puede utilizarse la serie entera de la tabla incluida en el Anexo 3 con sus 106 términos. No obstante, hay que valorar si el ordenador y *software* utilizados pueden procesar los datos con suficiente número real de decimales como para que el uso de todos los coeficientes sea apreciable en el resultado.

Tabla 20-7. Términos para el cálculo de la nutación, basados en el VSOP 87. Autores: Reda, Ibrahim; Andreas, Afshin. Solar Position Algorithm. *Solar Energy © Elsevier Ltd 2004 [23].*

Términos periódicos para nutación en longitud y oblicuidad

No. término	Coeficientes términos en sin($\Sigma x_j . y_{ij}$)					Coeficientes $\Delta\psi$		Coeficientes $\Delta\varepsilon$	
i	Y0	Y1	Y2	Y3	Y4	a	b	c	d
1	0	0	0	0	1	-171996	-174,2	92025	8,9
2	-2	0	0	2	2	-13187	-1,6	5736	-3,1
3	0	0	0	2	2	-2274	-0,2	977	-0,5
4	0	0	0	0	2	2062	0,2	-895	0,5
5	0	1	0	0	0	1426	-3,4	54	-0,1
6	0	0	1	0	0	712	0,1	-7	
7	-2	1	0	2	2	-517	1,2	224	-0,6
8	0	0	0	2	1	-386	-0,4	200	
9	0	0	1	2	2	-301		129	-0,1
10	-2	-1	0	2	2	217	-0,5	-95	0,3
11	-2	0	1	0	0	-158			
12	-2	0	0	2	1	129	0,1	-70	
13	0	0	-1	2	2	123		-53	
14	2	0	0	0	0	63			
15	0	0	1	0	1	63	0,1	-33	
16	2	0	-1	2	2	-59		26	
17	0	0	-1	0	1	-58	-0,1	32	
18	0	0	1	2	1	-51		27	
19	-2	0	2	0	0	48			
20	0	0	-2	2	1	46		-24	
21	2	0	0	2	2	-38		16	
22	0	0	2	2	2	-31		13	
23	0	0	2	0	0	29			
24	-2	0	1	2	2	29		-12	
25	0	0	0	2	0	26			
26	-2	0	0	2	0	-22			
27	0	0	-1	2	1	21		-10	
28	0	2	0	0	0	17	-0,1		
29	2	0	-1	0	1	16		-8	
30	-2	2	0	2	2	-16	0,1	7	
31	0	1	0	0	1	-15		9	
32	-2	0	1	0	1	-13		7	
33	0	-1	0	0	1	-12		6	
34	0	0	2	-2	0	11			
35	2	0	-1	2	1	-10		5	
36	2	0	1	2	2	-8		3	
37	0	1	0	2	2	7		-3	
38	-2	1	1	0	0	-7			
39	0	-1	0	2	2	-7		3	
40	2	0	0	2	1	-7		3	
41	2	0	1	0	0	6			
42	-2	0	2	2	2	6		-3	
43	-2	0	1	2	1	6		-3	
44	2	0	-2	0	1	-6		3	
45	2	0	0	0	1	-6		3	
46	0	-1	1	0	0	5			
47	-2	-1	0	2	1	-5		3	
48	-2	0	0	0	1	-5		3	
49	0	0	2	2	1	-5		3	
50	-2	0	2	0	1	4			
51	-2	1	0	2	1	4			
52	0	0	1	-2	0	4			
53	-1	0	1	0	0	-4			
54	-2	1	0	0	0	-4			
55	1	0	0	0	0	-4			
56	0	0	1	2	0	3			
57	0	0	-2	2	2	-3			
58	-1	-1	1	0	0	-3			
59	0	1	1	0	0	-3			
60	0	-1	1	2	2	-3			
61	2	-1	-1	2	2	-3			
62	0	0	3	2	2	-3			
63	2	-1	0	2	2	-3			

Aunque suponemos al lector familiarizado con las expresiones en subíndices, presentamos el desarrollo para los primeros términos de la expresión (cotejar con la tabla). Se eliminan las variables afectadas de coeficientes nulos. Los valores X0 a X4 se obtendrían previamente de acuerdo con lo indicado más arriba.

$$\Delta\psi = (-171996 - 1{,}74{,}2 \cdot JDE)\sin(X_4) +$$
$$+(-13187 - 1{,}6 \cdot JDE)\sin(-2X_0 + 2X_3 + 2X_4) +$$
$$+(-2274 - 0{,}2 \cdot JDE)\sin(+2X_3 + 2X_4) + \cdots$$

Por ejemplo, viendo la tabla, observamos que el elemento $Y_{2,9} = 1$.

Procederemos análogamente para el cálculo de $\Delta\varepsilon$.

20.5   Ascensión recta en órbitas tridimensionales

Al estudiar la ecuación del tiempo, observábamos la relación directa de su segundo término con lo que en Astronomía se conoce como *ascensión recta* de un astro, en nuestro caso el Sol. Dado que en nuestros esquemas geométricos estábamos utilizando la posición aparente del Sol para fijar el retraso o adelanto del mediodía, para muy altas precisiones nos será de utilidad el mismo razonamiento de cara a adaptar la ascensión recta al supuesto general de órbita tridimensional.

En el esquema geocéntrico de la **Fig. 20-4** se representa la Tierra en una posición desplazada con respecto al plano de la eclíptica. Desde el Sol, el ángulo de desplazamiento será **B** (en el dibujo, hacia arriba), constituyendo lo que conocemos como latitud eclíptica. Hemos superpuesto sobre la esfera terrestre el plano paralelo al de la eclíptica media para poder indicar los ángulos y sus relaciones de un modo más sencillo.

Observemos que, desde el plano real de la eclíptica y con origen en el Sol, el ángulo B así definido sería positivo. Vamos a complementar este esquema, poniendo en juego la posición de este plano paralelo al de la eclíptica en relación con el Sol (véase **Fig. 20-5**). La Tierra, a lo largo de su órbita, en un instante determinado, se habrá desplazado de la eclíptica una distancia O'O, lo que hace que, vista desde el Sol, forme con la eclíptica media que pasa por este, el ángulo B indicado más arriba.

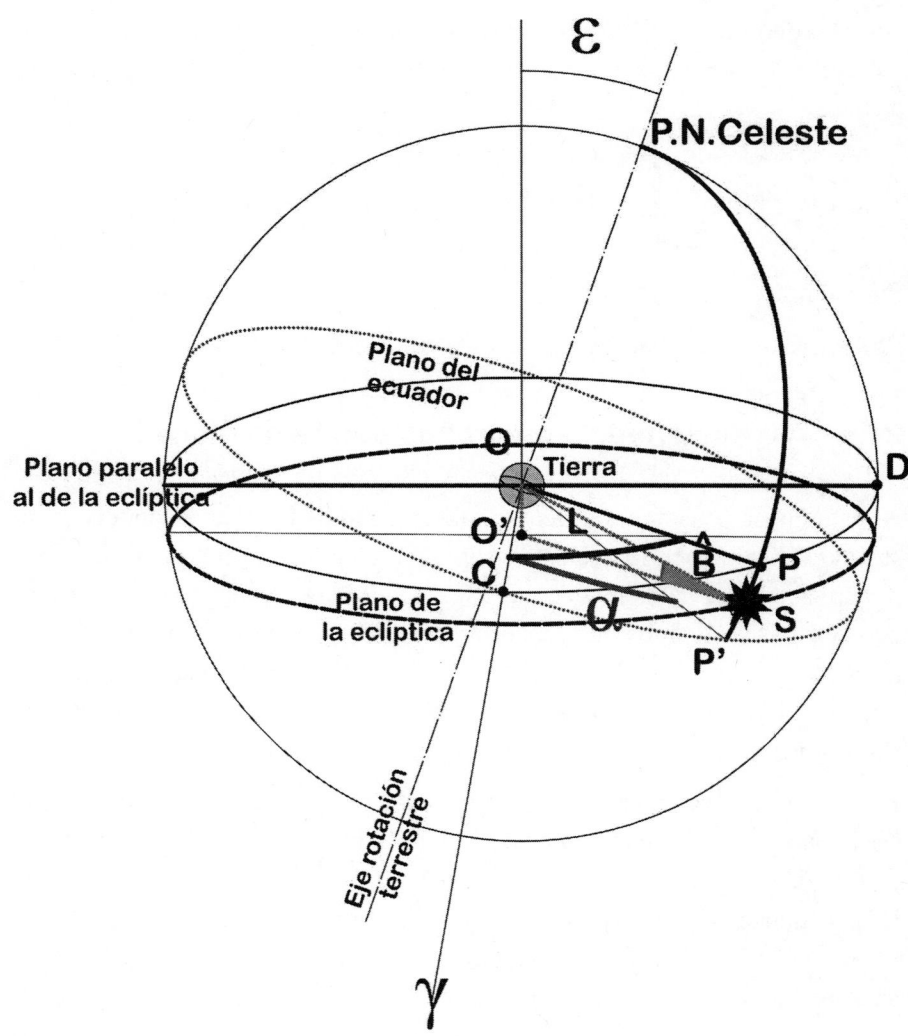

Fig. 20-4. *Esfera terrestre y posición aparente del Sol con latitud $\hat{B}$.*

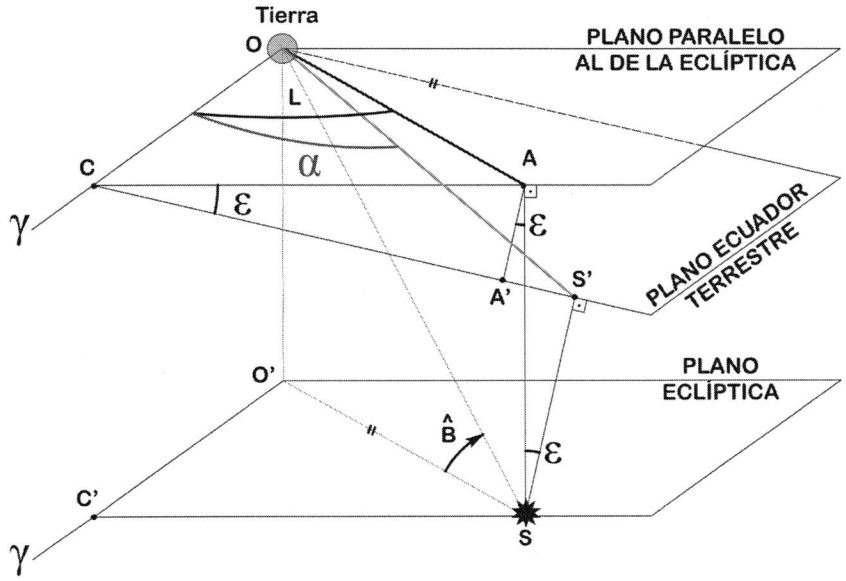

Fig. 20-5. *Determinación de la ascensión recta en órbitas alabeadas.*

De dicha figura obtenemos que:

$$CA' = OA \sin L \cos \varepsilon$$

$$\frac{AS}{OA} = \tan\widehat{B}$$

$$A'S' = AS \sin \varepsilon$$

Por lo que:

$$CS' = CA' + A'S' = OA \sin L \cos \varepsilon + AS \sin \varepsilon =$$
$$= OA \sin L \cos \varepsilon + OA\tan\widehat{B} \sin \varepsilon$$

Pero

$$\tan \alpha = \frac{CS'}{OC} = \frac{OA}{OC} \sin L \cos \varepsilon + \frac{OA}{OC} \tan\widehat{B} \sin \varepsilon =$$
$$= \frac{\sin L}{\cos L} \cos \varepsilon + \frac{\tan\widehat{B}}{\cos L} \sin \varepsilon$$

Por lo que:

$$\tan \alpha = \frac{\sin L \cos \varepsilon + \tan \widehat{B} \sin \varepsilon}{\cos L}$$

Así pues, la ascensión recta será:

$$\alpha = \arctan(\frac{\sin L \cos \varepsilon + \tan \widehat{B} \sin \varepsilon}{\cos L})$$

Para dotar de coherencia al esquema geocéntrico debemos medir el ángulo de desplazamiento aparente del Sol respecto al plano paralelo al de la eclíptica desde la Tierra. Denominaremos β a este ángulo, teniéndose que:

$$\beta = -\widehat{B}$$

β será negativo cuando el Sol se sitúe aparentemente por debajo del plano paralelo al de la eclíptica que pasa por el centro de la Tierra. Por lo que, **en sistema geocéntrico**, podemos finalmente escribir la ascensión recta, como:

$$\alpha = \arctan(\frac{\sin L \cos \varepsilon - \tan \beta \sin \varepsilon}{\cos L})$$

Para los cálculos que realizaremos, el valor de la longitud orbital se tomará corregido, tanto en aberración como en nutación. Puede verse también que en la deducción realizada hemos utilizado un sistema geocéntrico. Por tanto, si partimos del dato de la longitud del sistema VSOP, que es heliocéntrica, LH, tendremos que la longitud corregida (o aparente, como se denomina en la literatura astronómica anglosajona) será:

$$L_t = L_H + 180° + \Delta\tau + \Delta\psi$$

Por lo que, siendo L_t el valor anterior, la expresión definitiva que utilizaremos será:

$$\alpha = \arctan(\frac{\sin L_t \cos \varepsilon - \tan \beta \sin \varepsilon}{\cos L_t})$$

El valor de α puede darse en grados, pero es frecuente verlo en horas, siendo su factor de conversión:

$$\alpha^h = \frac{\alpha°}{15}$$

En esta forma, se tendría la ascensión recta en horas con su fracción decimal, siendo también habitual expresar su valor en *hh:mm:ss*, conversión que no es necesario explicar al lector.

20.6 Ángulo horario y tiempo sidéreo

Cuando el plano de referencia es el ecuatorial terrestre y no el de la eclíptica, hay dos ángulos que, unidos al de la ascensión recta α cobran gran importancia y están enlazados entre sí. Se trata del *ángulo horario* ω y el *tiempo sidéreo v*. Con el ángulo horario[63] estamos familiarizados desde nuestras deducciones del acimut y elevación solares (CAPÍTULO 7); el tiempo sidéreo no nos resulta desconocido: en 1.4.2 establecíamos la diferencia entre día solar y día sidéreo. En la **Fig. 20-6** se representan los dos ángulos que definen la posición de un astro, en nuestro caso, el Sol: α, medida desde el punto Aries (γ) o equinoccio de la fecha, positiva en sentido W-E y δ, la declinación que conocemos bien.

Para un determinado meridiano Me1, cuando el Sol se sitúa sobre el mismo, en S1, estaremos en el mediodía, y, por tanto, como sabemos, en ese instante, $\omega = 0$ para todos los puntos de Me1. A lo largo del día, el Sol se moverá aparentemente hasta situarse en S2 sobre el meridiano Me2. La diferencia de longitud entre Me1 y Me2 será ω, ángulo horario del Sol para los puntos situados en Me1. El ángulo ω crece en sentido E-W, es decir, al contrario que α. La suma de α y ω con sus signos es el tiempo sidéreo en el meridiano Me1. Como se puede ver, es la diferencia de longitud geográfica entre dicho meridiano y el que, en ese instante, es intersecado por la dirección del punto Aries.

---

[63] *En obras de Astronomía general, el ángulo horario se denota como **H**, siendo ω más frecuente en tecnología solar. Hemos preferido utilizar esta última denominación por coherencia con el resto del texto, y habida cuenta de que la presente obra va dirigida principalmente a técnicos.*

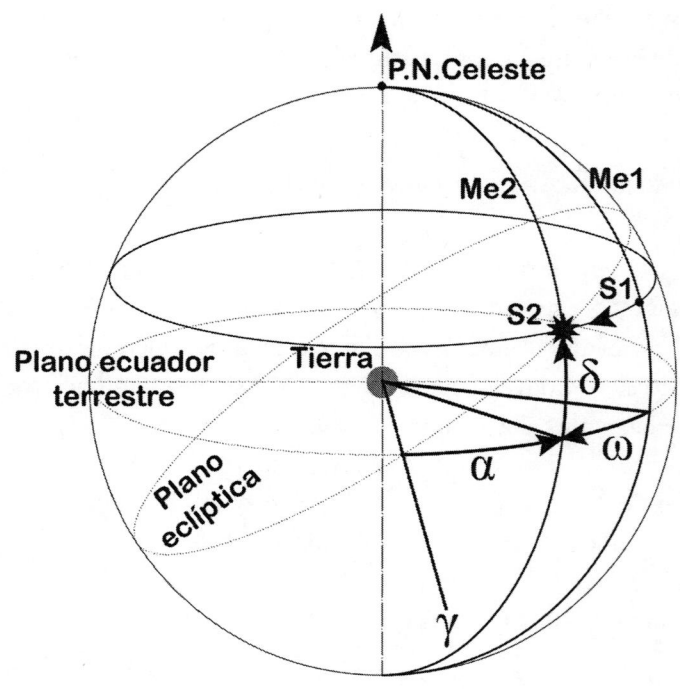

Fig. 20-6. *Ascensión recta, declinación y ángulo horario.*

Es creciente de E a W (horario). Esto puede observarse con mayor claridad en la vista en planta de la **Fig. 20-7**, donde el meridiano que se ha tomado como referencia para medir ω es el de Greenwich (G), por lo que en este caso el ángulo horario lo denominamos ω_G.

De la misma forma que, a lo largo del día, el Sol gira aparentemente alrededor de la Tierra, el punto Aries también gira aparentemente en el mismo sentido. La diferencia es que el período de rotación aparente de γ es ligeramente menor que el del Sol: el primero dura, justamente, un día sidéreo (aproximadamente 23 h 56 s), mientras que el segundo, un día solar. El *tiempo sidéreo* T_S en Greenwich será la suma algebraica de los dos ángulos anteriores con su signo, es decir:

$$T_S = \alpha + \omega_G$$

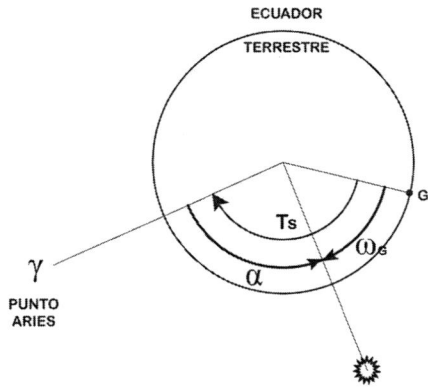

Fig. 20-7. *Ángulo horario, tiempo sidéreo y ascensión recta.*

Esta variable nos indica cuánto ha girado el punto Aries desde su paso por el meridiano considerado. En tablas y cálculos astronómicos se toma como referencia el meridiano de Greenwich, G en la **Fig. 20-7**. La ventaja de la utilización de la hora sidérea en observaciones astronómicas es que permite predecir a qué hora (sidérea) exacta va a avistarse una estrella sobre un meridiano dado, ya que, si se utiliza el día solar o el día medio, el instante de avistamiento se produce a una hora diferente cada día. Por esta razón existen, como veremos, algoritmos bastante precisos para la obtención de la hora sidérea, que nos van a servir de gran utilidad para nuestros cálculos. Aclaremos estos conceptos con la **Fig. 20-8**, en la que el centro de la Tierra se confunde en planta con el polo norte terrestre PN.

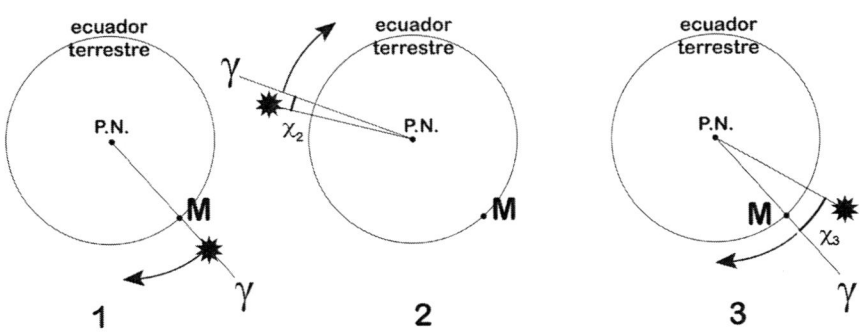

Fig. 20-8. *Tiempo sidéreo y tiempo solar: γ (Aries) y el Sol.*

Supongamos en un instante determinado el Sol situado sobre un meridiano M que simultáneamente está en la visual al punto Aries desde el centro de la Tierra (posición 1). Al cabo de un cierto tiempo, tanto el punto Aries como el Sol habrán rotado, pero el Sol estará atrasado un cierto ángulo χ_2 con respecto al punto Aries. Cuando la visual a este punto desde el centro de la Tierra vuelva a cortar al meridiano M, habrá transcurrido un día sidéreo (~23 h 56 m), pero para situarse el Sol sobre M aún habrá de recorrer el ángulo χ_3, transcurriendo aproximadamente 4 minutos-tiempo. O sea, $\chi_3 \sim 360°$ x 4 min /24 h/ 60 min $\sim 1°$, como hemos visto en el CAPÍTULO 1.

Para cualquier meridiano diferente de Greenwich, tendremos

$$T_S = \alpha + \omega - \lambda$$

20.6.1 Algoritmo para el cálculo de T_S y el ángulo horario ω

En Astronomía se distingue entre tiempo sidéreo medio y tiempo sidéreo aparente. El *tiempo sidéreo medio*, o T_S, es el que no está afectado por la componente ecuatorial de la nutación, $\Delta\psi$. El algoritmo que utiliza para su cálculo el SPA de Reda y Andreas es el adoptado en 1982 por la International Astronomic Union, IAU [62], convertido en grados.

$$T_S = 280,46061837 + 360,98564736629(JD - 2451545) +$$
$$+ 0,000387933 JC^2 - \frac{JC^3}{38710000}$$

Con

$$JC = \frac{JD - 2451545}{36525}$$

El *tiempo sidéreo aparente* T'_S es el que resulta de la corrección de T_{S0} por la nutación en oblicuidad. Es decir:

$$T'_S = T_S + \Delta\psi cos\varepsilon$$

Pero podemos escribir ω en Greenwich como:

$$\omega_G = T'_S - \alpha$$

Que, si particularizamos para un observador en otro meridiano diferente a Greenwich, de longitud λ, nos dará:

$$\omega = T'_S + \lambda - \alpha$$

20.7   Sistema topocéntrico: paralaje

La consideración del centro de la esfera terrestre confundido con la superficie, utilizado en los capítulos anteriores, es una aproximación suficiente para cálculos generalistas, pero si queremos obtener unas precisiones muy elevadas, debemos tener en cuenta las modificaciones angulares inducidas al situarse el observador sobre un punto de la superficie terrestre. Dicho punto constituye el origen del denominado **sistema de referencia topocéntrico**, con origen en el observador, a diferencia del *sistema geocéntrico*, en el que situábamos nuestro origen de referencia en el centro de la Tierra.

Ello induce lo que conocemos como **error de paralaje,** que se puede definir como la diferencia de determinación angular para el mismo objeto desde puntos diferentes. Básicamente, el efecto se observa en la **Fig. 20-9**:

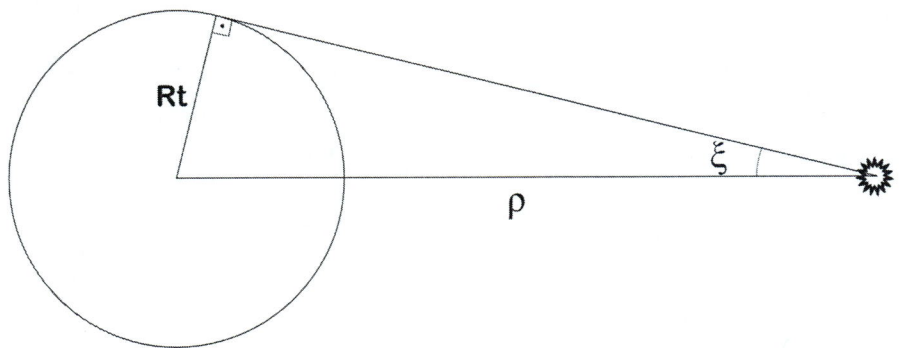

Fig. 20-9. Ángulo de paralaje.

Grosso modo, podemos escribir el ángulo de paralaje, ξ, de la siguiente forma:

$$\rho \sin \xi = R_t$$

Siendo ρ la distancia Tierra-Sol y R_t el radio terrestre.

Por ello,

$$\sin \xi = \frac{R_t}{\rho} \approx \xi$$

Si lo expresamos en grados, y consideramos que R es, al igual que ρ, el radio terrestre, pero en UA,

$$\xi = \frac{6378{,}140}{149\ 597\ 870 \cdot R} \frac{180°}{\pi} = \frac{0°{,}00244282}{R}$$

O, más comúnmente:

$$\xi = \frac{8°{,}794}{3600R}$$

Este error de paralaje genérico ξ se conoce como ***error de paralaje ecuatorial horizontal***, por ser el error máximo que se cometería al observar el Sol desde el punto más desfavorable del ecuador terrestre, de acuerdo con la **Fig. 20-9**. Pero este error debe ser modificado cuando el observador se sitúa en un punto cualquiera del planeta definido por su longitud y latitud. Y para ello, debemos considerar las verdaderas dimensiones de la Tierra, definiendo previamente la geometría del elipsoide terrestre universalmente aceptada.

20.7.1 *Definición geodésica simplificada del elipsoide terrestre*

La superficie terrestre se puede reproducir geométricamente como un elipsoide de revolución, con eje mayor igual al radio ecuatorial, ***a***. El ***achatamiento*** de este elipsoide respecto a la esfera circunscrita es el definido por la IAU como *f* y recogido en [45]. Tenemos, pues:

$$a = 6.378{,}140 \text{ km} = 6\ 378\ 140 \text{ m}$$

$$f = \frac{a-b}{a} = \frac{1}{298{,}257}$$

$$(b = \text{eje menor})$$

A continuación, nos basaremos en la **Fig. 20-10** para la deducción de las relaciones geométricas necesarias para los desarrollos posteriores, basado en [4].

Por el punto P hemos trazado la tangente y la normal al elipsoide. La vertical desde P cortará en Q a la esfera circunscrita a la misma. Los ángulos φ, ***latitud geográfica*** de P (determinado por la vertical por P y el eje x) y φ', ***latitud geocéntrica*** de P (determinado por la línea OP y el eje x) quedan definidos en la figura. Igualmente, el ángulo auxiliar u, conocido como *latitud reducida*.

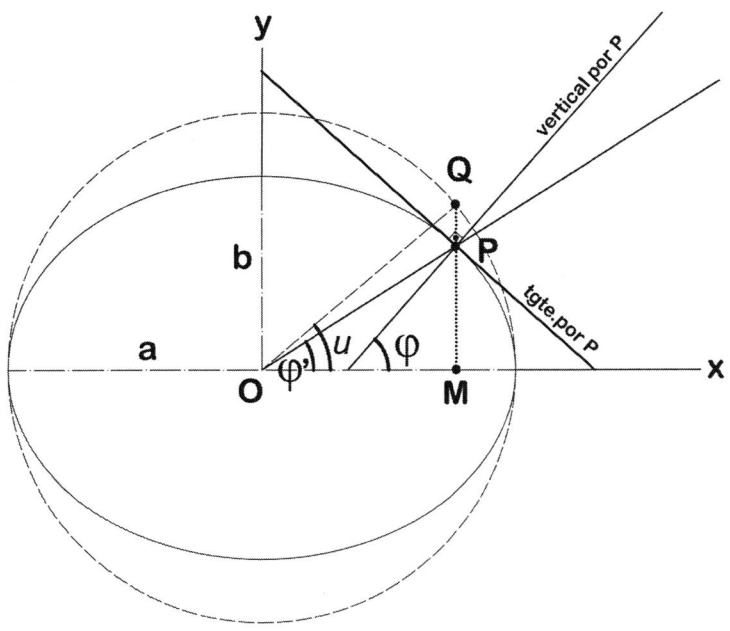

Fig. 20-10. *Latitud terrestre geocéntrica φ' y latitud geográfica φ.*

Sean x e y las coordenadas del punto P. La derivada en P de la elipse será:

$$\frac{2xdx}{a^2} + \frac{2ydy}{b^2} = 0$$

por lo que

$$\frac{dy}{dx} = -\frac{b^2x}{a^2y}$$

Por lo que la normal en P será:

$$\frac{dy}{dx} = \tan\varphi = \frac{a^2y}{b^2x}$$

Pero como

$$\tan\varphi' = \frac{y}{x}$$

se verifica que:

$$\tan \varphi' = \frac{b^2}{a^2} \tan \varphi$$

Además, por las propiedades de la elipse, y en concreto, por su afinidad con la circunferencia circunscrita (véase Anexo 2),

$$\frac{PM}{QM} = \frac{b}{a}$$

Por lo que

$$\tan u = \frac{a}{b} \tan \varphi' = \frac{ab^2}{ba^2} \tan \varphi = (1 - f) \tan \varphi = 0,99664719 \tan \varphi$$

O bien

$$\boxed{u = \arctan(0,99664719) \tan \varphi}$$

(latitud reducida)

Ello nos permite escribir:

$$x = a \cdot \cos u$$

$$y = \frac{b}{a} a \sin u = b \sin u = a(1 - f) \sin u = 0,99664719 a \sin u$$

Estas serían las coordenadas x e y de un punto P a nivel del mar. Si dicho punto estuviera a una altura topográfica h, las coordenadas serían:

$$x = a \cos u + h \cos \varphi$$

$$y = a \cdot 0,99664719 \sin u + h \sin \varphi$$

Ahora bien, para las operaciones de corrección por paralaje, se toman estos valores como unitarios referidos al radio ecuatorial, es decir, *a*, cuyo valor es *6378140 m*, por lo que:

$$x_u = \cos u + \frac{h}{6378140} \cdot \cos \varphi$$

$$y_u = 0{,}99664719 \cdot \sin u + \frac{h}{6378140} \cdot \sin \varphi$$

20.8 Declinación y la ascensión recta: variación por paralaje

Transcribimos **sin demostración** la expresión para la modificación de la ascensión recta inducida por la paralaje (Meeus [22] cap.40):

$$\tan \Delta \alpha = \frac{-x_u \sin \xi \sin \omega}{\cos \delta - x_u \sin \xi \cos \omega}$$

Por lo que la expresión corregida por paralaje para la *ascensión recta en sistema topocéntrico* queda como:

$$\alpha' = \alpha + \arctan\left(\frac{-x_u \sin \xi \sin \omega}{\cos \delta - x_u \sin \xi \cos \omega}\right)$$

Igualmente, utilizando la misma fuente anterior, podemos transcribir, también sin demostración, la expresión de la *declinación en sistema topocéntrico*:

$$\delta' = \arctan\left(\frac{(\sin \delta - y_u \sin \xi) \cos \Delta \alpha}{\cos \delta - x_u \sin \xi \cos \omega}\right)$$

20.9 Modificación del ángulo horario por paralaje

De acuerdo con la **Fig. 20-7**, la modificación de la ascensión recta llevará aparejada la misma variación de ω, pero de signo contrario:

$$\omega' = \omega - \Delta \alpha$$

20.10 Ángulo de elevación topocéntrica

El ángulo de elevación topocéntrica se rige por la misma expresión ya conocida deducidas en 7.3.1, y que venimos utilizando, pero corregida de acuerdo con las modificaciones paralácticas correspondientes a ω y δ que acabamos de enunciar, es decir:

$$\hat{e}_T = \arcsin(\sin\delta'\sin\varphi + \cos\delta'\cos\varphi\cos\omega')$$

20.10.1 Corrección por refracción atmosférica

De la misma forma que en la segunda parte de esta obra, la elevación del punto anterior ha de ser corregida por la refracción atmosférica. A diferencia de otros métodos, como el que sigue la NOAA, en precisiones muy elevadas no se prescinde de la temperatura en los cálculos de la corrección por refracción. Es recomendable utilizar el procedimiento de Saemundsson, que se describió en 17.2.2, pág. 281.

Recordemos que la corrección, de acuerdo con Saemundsson, es, teniendo en cuenta $\hat{e}_T$ en grados, la presión P en milibares y T en grados centígrados:

$$\Delta\,\hat{e}_T = \frac{P}{1010} \cdot \frac{283}{273+T} \cdot \frac{1{,}02}{60 \cdot \tan(\hat{e}_T + \frac{10{,}3}{\hat{e}_T + 5{,}11})}$$

El valor de la corrección así obtenida se mide en grado sexagesimales. Reda y Andreas recomiendan en [23] para P y T la utilización de valores medios anuales. Esta sugerencia, útil para cálculos masivos mediante hoja Excel, no debe hacernos perder la perspectiva de que estos algoritmos de corrección tienen en cuenta valores puntuales. La utilización de una media anual puede minimizar el error medio en nuestros cálculos para largos períodos con respecto al que se obtendría obviando este dato, pero igualmente puede llevar a errores puntuales de cierta importancia en el contexto de la precisión con la que estamos trabajando. Máxime en el caso de instantes próximos al orto o el ocaso, y en latitudes cercanas a las polares.

20.10.2 Elevación topocéntrica corregida

Corregiremos la elevación topográfica de la misma forma que hemos visto en otras secciones de esta obra:

$$\hat{e}_{TC} = \hat{e}_T + \Delta\hat{e}_T$$

20.11 Acimut topocéntrico

Como en el caso de la elevación, las fórmulas generales del acimut son válidas como punto de partida, para introducir en ellas la modificación del ángulo horario.

$$\gamma_{TN} = \text{arccos}(\frac{\sin\delta'\cos\varphi - \cos\delta'\cos\omega'\sin\varphi}{\cos\hat{e}_{TC}})$$

Para esta fórmula, son válidas todas las recomendaciones realizadas en 7.3.1.2, pág. 145, acerca de las correcciones al resultado de la recíproca en cálculos programados.

20.12 Orto, ocaso y tránsito

20.12.1 Instante del tránsito en un punto de longitud λ

La deducción de los instantes de orto, ocaso y tránsito o culminación solares por un meridiano determinado presentan alguna particularidad en esta parte con respecto a los cálculos de la PARTE II. Estas diferencias se deben al hecho de haber utilizado como base de cálculo la ascensión recta y el tiempo sidéreo, en lugar de la aplicación, explícita, de la ecuación del tiempo. En primer lugar, calcularemos de acuerdo con los puntos anteriores, α' y T'_s para la fecha dada a las 0:00 Greenwich. La culminación solar, en un meridiano P de longitud λ (positiva hacia el E), se producirá en un instante que referiremos, igualmente a Greenwich. Para ello nos basaremos en la **Fig. 20-11.**

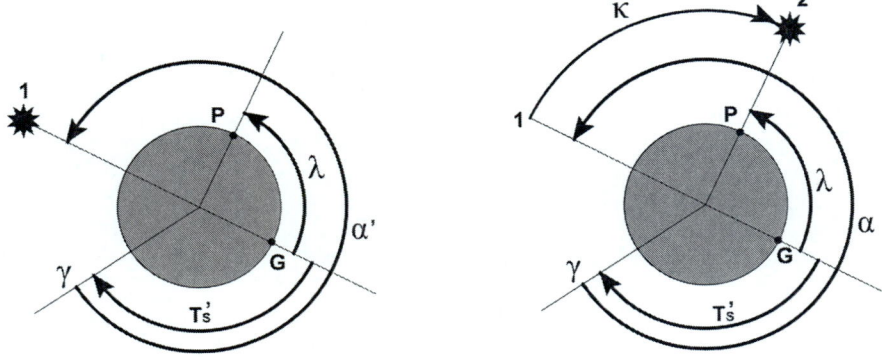

Fig. 20-11. *Culminación solar en P referida a 0:00 Greenwich.*

A las 0:00 Greenwich (instante 1), el Sol estará situado sobre un meridiano separado 180° de Greenwich, y en dicho instante se tendrá un tiempo sidéreo en Greenwich de valor $T's$ y una ascensión recta geocéntrica α. Ambos valores son aparentes, es decir, corregidos, según vimos en puntos anteriores. Cuando el Sol haya recorrido un ángulo κ, estará situado sobre el meridiano P (instante 2). Si queremos referir en el espacio y en el tiempo la nueva posición del Sol (culminación en P) a los parámetros angulares α y $T's$ del instante 1, bastará con realizar la sencilla operación:

$$\kappa = \alpha - T's - \lambda$$

Si queremos expresar κ como *fracción de día,* que denominaremos m_0, bastará con dividir la expresión anterior por 360°:

$$m_0 = \frac{\alpha - T's - \lambda}{360°} \qquad \textbf{\textit{Ec. 20-3}}$$

Para el instante del orto, calcularemos primero el ángulo horario en P que será, de acuerdo con la **EC. 7-11**, apartado 7.4.3, y particularizado para la declinación δ_0:

$$\omega_0 = \arccos(\frac{-\sin 0°,833 - \sin\delta \sin\varphi}{\cos\delta \cos\varphi})$$

En este caso, δ será la declinación para órbitas tridimensionales, que se calculará previamente de acuerdo con el apartado 20.2.

El instante aproximado del orto en fracciones de día vendrá, pues, dado por:

$$m_1 = m_0 - \frac{\omega_0}{360}$$

Y el aproximado para el ocaso:

$$m_2 = m_0 + \frac{\omega_0}{360}$$

Los valores anteriores m_0, m_1 y m_2, al estar en fracciones de día, deben limitarse al intervalo (0,1). Es decir,

Si $m_i > 1$, entonces transformaremos $m_i \Rightarrow m_i - 1$

Por ejemplo: si $m_2 = 1,03$, tomaremos $m_2 = 0,03$

Esta transformación suele ser necesaria en las proximidades de un cambio de fecha.

20.12.2 Máxima precisión en determinación de orto, ocaso y tránsito

Para obtener la máxima precisión, los instantes aproximados calculados anteriormente deben corregirse de la siguiente forma[64]:

Para el tránsito: $\qquad\qquad T'_{S0} = T'_S + 360°,985647\ m_0$

Para el orto: $\qquad\qquad\quad T'_{S1} = T'_S + 360°,985647\ m_1$

Para el ocaso: $\qquad\qquad\ T'_{S2} = T'_S + 360°,985647\ m_2$

Igualmente, hay que homogeneizar el tiempo en estas variables, mediante ΔT (misma distribución de índices 0, 1 y 2 para tránsito, orto y ocaso, respectivamente):

$$n_0 = m_0 + \frac{\Delta T}{86400} \qquad n_1 = m_1 + \frac{\Delta T}{86400} \qquad n_2 = m_2 + \frac{\Delta T}{86400}$$

Y la propuesta de iteración que realizábamos en 19.4.3, para el caso de medias o altas precisiones, queda sustituida por el procedimiento siguiente, que utiliza las referencias a la fecha anterior y la posterior al instante determinado (recordemos la variación de la declinación a lo largo del día).

● Cálculo de la **ascensión recta** también en las fechas anterior y posterior a la fecha dada, también para Greenwich 0:00, que serán, respectivamente, los valores. Primeramente, obtenemos los valores auxiliares a, b, c:

$$a = \alpha_0 - \alpha_{-1} \qquad b = \alpha_{+1} - \alpha_0 \qquad c = b - a$$

que introducimos en las siguientes expresiones:

- para tránsito:

$$\alpha'_0 = \alpha_0 + \frac{n_0(a + b + cn_0)}{2}$$

- para orto:

---

[64] *Recordemos que un día solar supone un giro completo de la Tierra con respecto a referencias estelares lejanas de aproximadamente 361°, frente a los 360° del día sidéreo.*

$$\alpha'_1 = \alpha_1 + \frac{n_1(a + b + cn_1)}{2}$$

- para ocaso:

$$\alpha'_2 = \alpha_2 + \frac{n_2(a + b + cn_2)}{2}$$

• Cálculo de los ángulos horarios correspondientes a los tres instantes indicados serán:

Tránsito: $\omega'_0 = T'_{S0} + \lambda - \alpha_0$

Orto: $\omega'_1 = T'_{S1} + \lambda - \alpha_1$

Ocaso: $\omega'_2 = T'_{S2} + \lambda - \alpha_2$

Los valores de ω'_i son, como siempre, crecientes y positivos hacia el W desde el mediodía, y negativos hacia el E (anteriores al mediodía). Es decir, los valores de ω'_i estarán contenidos en el intervalo (-180°, 180°). Los resultados de estas operaciones anteriores pueden darnos valores fuera de este rango, por lo que debemos transformarlas, especialmente si estamos obteniendo resultados programados. Utilizaremos el siguiente criterio o filtro de programación:

- El resultado se limitará al intervalo (-360°, 360°) mediante restos o funciones de congruencia mód. 360 de Excel.

- Si del resultado anterior se obtiene $\omega'_i \leq 180°$, añadir 360°

- Si se obtiene $\omega'_i \geq 180°$, añadir -360°

• Cálculo de la **declinación** para las fechas anterior y posterior a la dada:

$$\delta_{-1} \text{ y } \delta_{-1}$$

Definimos los valores auxiliares en **declinación**:

$$a' = \delta_0 - \delta_1 \qquad b' = \delta_{+1} - \delta_0 \qquad c' = b' - a'$$

que introducimos en las siguientes expresiones:

para tránsito:

$$\delta'_0 = \delta_0 + \frac{n_0(a' + b' + c'^{n_0})}{2}$$

para orto:

$$\delta'_1 = \delta_1 + \frac{n_1(a' + b' + c'^{n_1})}{2}$$

para ocaso:

$$\delta'_2 = \delta_2 + \frac{n_2(a' + b' + c'^{n_2})}{2}$$

La elevación para dichos instantes será:

Tránsito $\quad \hat{e}_0 = arcsin(sin\,\delta'_0\,sin\,\varphi + cos\,\delta'_0\,cos\,\varphi\,cos\,\omega'_0)$

Orto $\quad \hat{e}_1 = arcsin(sin\,\delta'_1\,sin\,\varphi + cos\,\delta'_1\,cos\,\varphi\,cos\,\omega'_1)$

Ocaso $\quad \hat{e}_2 = arcsin(sin\,\delta'_2\,sin\,\varphi + cos\,\delta'_2\,cos\,\varphi\,cos\,\omega'_2)$

Y, finalmente, las expresiones de máxima precisión para los instantes de tránsito, orto y ocaso serán, en fracciones de día, y referidas a Greenwich:

Tránsito

$$m'_0 = m_0 - \frac{\omega'_0}{360}$$

Orto

$$m'_1 = m_1 + \frac{\hat{e}_1 - 0°,833}{360\,cos\,\delta'_1\,cos\,\varphi\,sin\,\omega'_1}$$

Ocaso

$$m'_2 = m_2 + \frac{\hat{e}_2 - 0°,833}{360\,cos\,\delta'_2\,cos\,\varphi\,sin\,\omega'_2}$$

Para obtener la hora local oficial, una vez convertidas las fracciones de día a hh:mm:ss, bastará con añadir la zona horaria local (TZ) y, si procede, la DST.

En el siguiente capítulo presentamos un ejemplo numérico que servirá para afianzar los conceptos adquiridos en esta sección.

21

SECUENCIA DE CÁLCULOS PARA MUY ALTA PRECISIÓN

Como se ha indicado en el anterior capítulo, la secuencia de cálculos que utilizaremos cuando se requieran muy elevadas precisiones, seguirá los mismos puntos que el procedimiento SPA [23] elaborado por I. Reda y A. Afshin. En este capítulo vamos a ejemplificar el método, calculando el acimut y la elevación solares para el mismo instante, latitud y longitud que los analizados en el ejemplo incluido en el punto 19.3.1 de la pág. 319. Ello nos permitirá observar las diferencias derivadas de la mayor precisión del SPA. Los cálculos se desglosan suficientemente para que el lector pueda comprobar los resultados parciales si utiliza este ejemplo como contraste para programar su propio software. Hacemos constar que la NREL dispone de una aplicación *on line* para cálculos basados en el SPA, disponible en [11], útil para cálculos puntuales o comprobaciones[65].

21.1 Método secuencial (elevación y acimut)

21.1.1 Datos de partida

Recordemos que se eligió la fecha del *19 de octubre de 2002, a las 6:15:36 de la tarde (hora peninsular española), en la localidad española de Lerma, con coordenadas geográficas 42° 1' 33" Norte, 3° 45' 21" Oeste. TZ=1 (CET: Central European Time)*

Añadimos ahora que los datos de presión atmosférica local (sin reducción al nivel del mar) y temperatura eran, en el instante considerado:

$$P = 930 \ mBar \qquad\qquad T = 14°C$$

Igualmente, *la altitud sobre el nivel del mar de Lerma es de 849 m.*

NOTA: Los resultados parciales para la eventual comprobación del lector se han redondeado al sexto decimal, a excepción de coeficientes específicos procedentes de las expresiones polinómicas, donde se han utilizado todas las cifras significativas disponibles.

21.1.2   Cálculo de JD, JDE y JM

Cálculo de *JD*

De acuerdo con los puntos 19.3.1 y 19.3.2 , y con las mismas consideraciones acerca de hora en DST, huso horario, etc, tendremos que

$$JD = 2452567,17750$$

Cálculo de *JDE*

Necesitamos el valor de ΔT, que podemos obtener mediante las tablas o procedimientos expuestos en el punto 20.1.

En nuestro caso, optamos por extraer su valor de la tabla MICA (punto 20.1.1). Por interpolación, tenemos:

$$01/01/2002: \quad \Delta T = 64,300$$

$$01/01/2003: \quad \Delta T = 64,473$$

El 19/10 es el día 292 del año 2002, por lo que:

$$\Delta T = 64,300 + (64,473 - 64,300) \cdot 292/365 = 64,4384 \ seg.$$

Por lo tanto:

$$JDE = JD + \frac{\Delta T}{86400} = 2452567,178246$$

Cálculo de *JC, JCE* y *JM*

$$JC = \frac{JD - 2451545}{36525} \qquad JCE = \frac{JD - 2451545}{36525} \qquad JME = \frac{JCE}{10}$$

Por lo que

JC = 0,027986

JCE = 0,027986

JME = 0,0027986

21.1.3 Cálculos orbitales

Cálculo de la longitud eclíptica heliocéntrica L_H.

Procedemos de acuerdo con el punto 20.3.1.

Para ello, obtendremos primero los coeficientes *L0, L1, L2, L3, L4 y L5*. Previamente calcularemos L01, L02,.....,L063, como resultado de los polinomios

$$L0_i = A_i \cos(B_i + C_i \cdot JME)$$

siendo A_i, B_i, C_i los valores obtenidos de la Tabla 20-6 (págs. 351 y siguientes), y <u>operando en radianes</u>:

$L0_0 = 175347046 \cos(0 + 0 \cdot JME = 175347046)$

$L0_1 = 3341656 \cos(4,6692568 + 6283,07585 \, JME) = -3227838,587$

....

$L0_{63} = 25 \cos(3,16 + 4690,48 JME) = -20,92962664$

Siendo la suma de todos ellos:

$$L0 = \sum_{i=0}^{63} L0_i = L0_0 + L0_1 + \cdots + L0_{63} = 172102672,763488$$

Igualmente, para el resto de los coeficientes:

L1 = 628332003534,403000

L2 = 61462,931529

L3 = -17,001896

L4 = -121,434308

L5 = -0,99999873

Una vez obtenidos los coeficientes, aplicaremos:

$$L_H = \frac{L0 + L1 \cdot JME + L2 \cdot JME^2 + L3 \cdot JME^3 + L4 \cdot JME^4 + L5 \cdot JME^5}{10^8}$$

Que nos da, en radianes:

$L_H = 19,305347 \ rad$

y que podemos finalmente pasar a grados, reducidos al módulo 360º:

$$L_H = 26º,114917$$

Cálculo de la latitud eclíptica B

De acuerdo con 20.3.2 (pág. 316), y utilizando la misma Tabla 20-6, calcularemos los coeficientes B0 y B1.

Previamente, como en el caso anterior, obtendremos $B0_0$, $B0_1$,... $B0_4$:

$$B0_0 = 280 \, cos(\, 3,199 + 84334,662 \, JME)$$

$$B0_1 = 102 \, cos(\, 5,422 + 5507,553 \, JME)$$

....

$$B0_4 = 32 \, cos(\, 4 + 1577,34 \, JME)$$

O sea:

$B0_0 = 251,5695265$

$B0_1 = -41,11871698$

$B0_2 = 75,13098428$

$B0_3 = -28,71068301$

$B0_4 = -17,00655635$

Su suma será:

$$B0 = \sum_{i=0}^{4} B0_i = 239,864554$$

Igualmente B1:

$B1 = 3,240243$

Finalmente, tendremos:

$$B = \frac{B0 + B1 \cdot JME}{10^8} = 2,39874 \cdot 10^{-6} \text{ radianes}$$

$$B = 0°,000137$$

Cálculo del radio vector R en UA

Seguimos el mismo procedimiento enunciado en 20.3.3, utilizando igualmente la Tabla 20-6. Por coincidir el método de cálculo con los de los dos puntos anteriores, nos limitamos a recoger los resultados:

R0 = 99592560,842088

R1 = 101196,778859

R2 = - 970,521533

R3 = - 142,418843

R4 = 1,092744

Por lo que, en unidades astronómicas:

$$R = 0,9959284404 \text{ U.A.}$$

Transformación a longitud y latitud geocéntricas

De acuerdo con las consideraciones acerca de la relación entre referencias heliocéntricas y geocéntricas (punto 1.11):

Longitud geocéntrica: $L = L_H + 180° = 206°,114917$

Latitud geocéntrica: $\beta = - 0°,000137$

Cálculo de la nutación en longitud, $\Delta\psi$ y en oblicuidad, $\Delta\varepsilon$

Utilizaremos el cálculo completo de la Teoría de la Nutación, expuesto en 20.4 . Partiremos primero del grupo de ecuaciones **Ec. 20-1**:

$$X_0 = 297, 85036 + 445267,111480 \text{ JCE} - 0,0019142 \text{ JCE}^2 + \frac{JCE^3}{189474} =$$

$= 158,9689055709$

Igualmente, para el resto de los términos auxiliares:

$X_1 = 284,9868883219$

$X_2 = 169,7145592086$

$X_3 = 296,0259293268$

$X_4 = 70,9163351623$

A continuación, aplicaremos estos valores a las **Ec. 20-2** , del apartado 20.4, y de acuerdo con la **Tabla 20-7**.

El procedimiento es similar utilizado en los casos de cálculos orbitales mediante el método VSOP vistos en apartados anteriores de este capítulo, por lo que obviamos los pasos intermedios.

Corrección en longitud:

$$\Delta\psi = \sum_{i=1}^{63} \left[(a_i + b_i \cdot JDE)\, sin(\ \sum_{j=o}^{4} X_j \cdot Y_{i,j}) \right] =$$

$=$ (-171996 -174,2 JDE) sin(158,96890557090+284,9868883219·0 + +169,7145592086 · 0 + 296,0259293268·0 + 70,9163351623 · 1) +

+.. $= -173451,0242$

Corrección en oblicuidad (mismo procedimiento anterior):

$$\Delta\varepsilon = \sum_{i=1}^{63} \left[(c_i + d_i \cdot JDE)\, sin(\ \sum_{j=o}^{4} X_j \cdot Y_{i,j}) \right] = 35218,98017$$

Estos valores están expresados en diezmilésimas de segundo, por lo que para su conversión a grados dividiremos por $36 \cdot 10^6$:

$$\Delta\psi = -0°,004818$$

$$\Delta\varepsilon = 0°,000978$$

Cálculo de la oblicuidad media de la eclíptica ε_0

Se realizará el cálculo de acuerdo con el apaartado 13.2, pág. 252 (propuesta de Laskar).

$$U = \frac{T}{100} = \frac{JME}{10} = 0,000280$$

$\varepsilon_0 = 23°26'21,448" - 4680",93U - 1",55U^2 + 1999",25U^3 -$
$-51",38U^4 - 249",67U^5 - 39",05U^6 + 7",12U^7 + 27",87U^8 +$
$+5,79U^9 + 2,45U^{10} = 23°,438927$

$$\varepsilon_0 = 23°,438927$$

Cálculo de la oblicuidad eclíptica corregida ε

$$\varepsilon = \varepsilon_0 + \Delta\varepsilon = 23°,438927 + 0°,000978$$

$$\varepsilon = 23°,439906$$

Cálculo de la corrección por aberración $\Delta\tau$

Según el CAPÍTULO 15, utilizaremos la sencilla expresión

$$\Delta\tau = -\frac{20,4898}{3600 \cdot R}$$

con R en UA obtenido más arriba

$$\Delta\tau = -0°,005715$$

Cálculo de la longitud aparente del Sol L_t

De acuerdo con 20.5, pero teniendo en cuanta que L ya ha sido mayorada más arriba con 180° para pasar a órbita geocéntrica:

$$L_t = L + \Delta\psi + \Delta\tau$$

$$Lt = 206°,104384$$

Cálculo de la hora sidérea media en Greenwich v_0 (en grados)

Se seguirá el algoritmo (apartado 20.6.1), en grados sexagesimales:

$$T_S = 280,46061837 + 360,98564736629 \cdot (JD - 2451545) +$$

$$+0,000387933 \cdot JC^2 - \frac{JC^3}{38\ 710\ 000}$$

Hemos ajustado el resultado al rango (0°, 360°), con lo que:

$$TS = 271°,867180$$

Cálculo de la hora sidérea aparente en Greenwich, T'$_S$

Se utilizará la corrección que vimos en el apartado 20.6.1:

$$T'_S = T_S + \Delta \psi \cos\varepsilon$$

$$T'_S = 271°,862759$$

Cálculo de la ascensión recta geocéntrica en radianes α

Utilizaremos la expresión generalizada para órbitas tridimensionales expuesta en 20.5:

$$\alpha = \arctan\left(\frac{\sin L_t \cos\varepsilon - \tan\beta \sin\varepsilon}{\cos L_t}\right)$$

Quienes utilicen Excel encontrarán de más utilidad la expresión (ver pág. 145):

$$\alpha = \arctan 2\ (\cos L_t\ ;\ \sin L_t \cos\varepsilon - \tan\beta \sin\varepsilon)$$

Para evitar discontinuidades en el cálculo de la recíproca. Obsérvese que estamos utilizando la L corregida o aparente.

$$\alpha = 204°,206478$$

Cálculo de la declinación geocéntrica δ (en grados)

Se utilizará la expresión generalizada obtenida en 20.2 con la longitud L corregida como L_t:

$$\sin\delta = \sin\varepsilon \cos\beta \sin L_t + \cos\varepsilon \sin\beta$$

Que, tomando la recíproca, nos da:

$$\delta = -10°,080498$$

Cálculo del ángulo horario local desde el observador, ω, en grados

De acuerdo con lo indicado en 20.6.1:

$$\omega = T'_s + \lambda - \alpha$$

Recordemos que λ, longitud geográfica en grados, es negativa hacia el W. es decir, como la longitud es 3° 45' 21" Oeste, $\lambda = -3°,755830$

Por lo que:

$$\omega = 271°,862759 - 3°,755830 + \lambda - 204°,206478 = 63°,900451$$

Este resultado deberá siempre limitarse al rango (0°, 360°).

21.1.4   *Posicionamiento topocéntrico y resultados ê, γ*

Cálculo de la paralaje horizontal del Sol

El error de paralaje ecuatorial horizontal, de acuerdo con 20.7, tiene el valor:

$$\xi = \frac{8°,794}{3600R}$$

Con R, como se vio más arriba, en UA, por lo que, sustituyendo:

$$\xi = 0°,002453$$

Cálculo de la *latitud reducida u*

De acuerdo con 20.7.1, la latitud reducida es:

$$u = arctan(0,99664719 \tan \varphi)$$

El resultado debe darse en radianes:

$$u = 0,731819 \text{ rad}$$

Cálculo de los términos correctores x_U e y_U

Igualmente, tal y como se indica en 20.7.1,

$$x_u = \cos u + \frac{h}{6378140} \cdot \cos \varphi$$

$$y_u = 0{,}99664719 \cdot \sin u + \frac{h}{6378140} \cdot \sin \varphi$$

Siendo h la altura del observador sobre la superficie terrestre expresada en metros, es decir, en este caso, h = 849 m, y φ la latitud geográfica, por lo que:

$$x_U = 0{,}744059$$

$$y_U = 0{,}666073$$

(valores unitarios)

Cálculo de la paralaje en ascensión recta $\Delta\alpha$ (en grados)

De acuerdo con 20.8

$$\alpha' = \alpha + \Delta\alpha = \alpha + \arctan\left(\frac{-x_u \sin\xi \sin\omega}{\cos\delta - x_u \sin\xi \cos\omega}\right)$$

Como hemos indicado en anteriores ocasiones, podemos escribir esta función, para Excel, como

$$\Delta\alpha = \arctan 2 \ (\cos\delta - x_U \sin\xi \cos\omega \ ; \ -x_U \sin\xi \sin\omega)$$

El resultado se dará en grados, y en el intervalo (0° , 360°).

$$\Delta\alpha = -0°{,}001665, \text{ por lo que:}$$

$$\alpha' = 204°{,}20648 - 0°{,}001665 = 204°{,}204813$$

Cálculo de la declinación en sistema topocéntrico

El valor $\Delta\alpha$ calculado previamente, nos permite obtener, igualmente según 20.8:

$$\delta' = \arctan\left(\frac{(\sin\delta - y_u \sin\xi)\cos\Delta\alpha}{\cos\delta - x_u \sin\xi \cos\omega}\right)$$

Programando en Excel, igualmente, recomendamos:

$$\delta' = \arctan 2 \ (\cos\delta - x_u \sin\xi \cos\omega \ ; \ (\sin\delta - y_u \sin\xi)\cos\Delta\alpha)$$

$$\delta' = -10°{,}082247$$

Cálculo del ángulo horario local topocéntrico corregido, ω' en grados

Según 20.9:

$$\omega' = \omega - \Delta\alpha = 63°,900451 + 0°,001665 = 63°,902116$$

Cálculo del ángulo de elevación topocéntrico *ê* sin refracción

Podemos utilizar la fórmula general de la elevación, que vimos en 7.3.1, utilizando el ángulo horario corregido ω' y la declinación topocéntrica corregida δ'. La latitud que utilizamos en esta expresión es la geográfica, es decir, la del observador según los datos de partida φ = 42° 1′ 33″ Norte = 42°,025833.

$$\hat{e} = \arcsin(\sin\varphi\sin\delta' + \cos\varphi\cos\delta'\cos\omega')$$

$$\hat{e} = 11°,802400$$

Cálculo de la corrección por refracción, *Δê*

Utilizamos la fórmula de Saemundsson [52], para alturas verdaderas, tal y como vimos en 17.2.2.

$$\Delta\hat{e} = \frac{P}{1010}\frac{283}{273 + T}\frac{1,02}{60\tan(\hat{e} + \frac{10,3}{\hat{e} + 5,11})}$$

El valor obtenido está en grados. Para altitudes bajo la línea del horizonte, recordemos que:

$$\Delta\hat{e} = 0$$

Sustituimos por los datos de partida (pág. 379)

P = presión local en milibares[66] = 930

T = temperatura local (°C)[67] = 14 °C

ê debe transformarse a radianes: ê = 11°,802400 = 0,205991 rad

---

[66] *Estrictamente, Reda & alt. recomiendan utilizar el valor medio de la presión local. Interpretamos que dicho dato se utiliza en cálculos predictivos masivos mediante hoja de cálculo para minimizar el error cuando no se dispone de presiones instantáneas (impredecibles) a futuro. En este caso, hemos considerado una presión conocida en un instante y en un tiempo pretérito dado.*

[67] *Íd. Íd. para la temperatura.*

Sustituyendo:

$$\Delta\hat{e} = 0°,070137$$

Cálculo del ángulo de elevación corregido por refracción, $\hat{e}_{cor}$

Simplemente,

$$\hat{e}_{cor} = \hat{e} + \Delta\hat{e} = 11°,802400 + 0°,070137 = 11°,872537$$

Si se desea, la transformación de este ángulo en cenital es inmediata; bastaría con restar $90° - \hat{e}$.

Cálculo del acimut solar topocéntrico

Utilizaremos, al igual que para la elevación, cualquiera de las expresiones obtenidas en 7.3.1, pág. 139, con los ángulos corregidos por posicionamiento topográfico. Hay que señalar que en el informe de NREL se utiliza la expresión en tangente (derivada de la **Ec. 7-10** del mencionado apartado), con acimut medido desde el norte. Vamos a utilizar dicha expresión, para después aplicar la conocida función *atan2* especialmente útil en cálculos programados.

$$\tan\gamma_N = \frac{\sin\omega'}{\sin\varphi\cos\omega' - \tan\delta'\cos\varphi}$$

O sea:

$$\gamma_N = \arctan 2\left(\sin\varphi\cos\omega' - \tan\delta'\cos\varphi \; ; \; \sin\omega'\right)$$

Finalmente, sustituyendo por los valores conocidos:

$$\gamma_N = 244°,591545$$

Resumiendo, los valores resultantes de acimut y elevación (corregida):

$$\hat{e}_{cor} = 11°,872537$$

$$\gamma_N = 244°,591545$$

21.1.4.1   Consideraciones sobre los resultados

Es interesante analizar estos resultados en comparación con otras hipótesis inmediatas y con el método NOAA desarrollado en capítulo anteriores. Si obviamos el valor de ΔT en el método seguido (SPA), tendremos (resultados y diferencia):

11°,8722648216	2°,722304·10^{-4}
244°,5922483036	-7°,03141·10^{-4}

Los mismos cálculos con el método NOAA (recordemos: polinomios reducidos, sin ΔT ni temperatura, cálculo de refracción sin considerar P ni T) eran, con menor truncamiento:

11°,87514487	0°,0028800491
244°,5974978	- 0°,0052494905

Como podemos ver, las diferencias son mínimas en cualquiera de los casos, y llama la atención mínima influencia de ΔT en los resultados, aunque en instantes muy alejados en el tiempo respecto al año 1900 puede aumentar la diferencia. En cualquier caso, esta es una comparación referida a un único cálculo, y no puede extrapolarse en modo alguno a instantes y posicionamientos geográficos muy diferentes.

21.2   Instantes de orto, culminación y ocaso (Meeus-NREL)

Desde el punto de vista operativo, la determinación de los instantes del orto, culminación y ocaso es excesivamente complicada, especialmente si la comparamos con las de la NOAA estudiadas en los capítulos anteriores. No obstante, desarrollamos a continuación el método mediante el mismo ejemplo práctico utilizado hasta ahora, tal y como lo enuncia Meeus en [22], y como lo interpreta la NREL en el SPA [23]. Este método resulta laborioso en exceso, toda vez que hay que repetir en gran parte el mismo proceso de cálculo que hemos realizado hasta ahora para otros tres instantes distintos, como veremos. La gran cantidad de datos que se manejan (incluyendo tablas de coeficientes y polinomios dependientes de las mismas), tienen como consecuencia que este procedimiento solo tenga sentido en cálculos programados mediante hojas de cálculo o aplicaciones similares, haciendo inviable en la práctica el cálculo puntual mediante calculadoras científicas.

Cálculo de *α'* y *T's* para la fecha dada a las 0:00 Greenwich

Seguimos los mismos procedimientos que en 21.1.2. aplicados a la misma fecha.

NOTA IMPORTANTE: dado que ahora estamos trabajando con datos correspondientes a instantes diferentes del enunciado, es decir, las 0:00 Greenwich de la fecha, de la fecha anterior y de la siguiente, si hasta el momento hemos realizado nuestras operaciones con hojas de cálculo, la única posibilidad de completar nuestros cálculos es crear otra hoja auxiliar en una pestaña nueva, imponiendo como origen de tiempos los instantes 0:00 Greenwich. Una vez obtenidos los datos en las hojas auxiliares, se trasladarán a la hoa principal.

Obtención de la fracción de día aproximada del mediodía para la fecha a 00:00 Greenwich

$$m_0 = \frac{\alpha_0 \text{-} T'_s - \lambda}{360}$$

Se calculan T'_s y α_0 por el mismo procedimiento anterior, para el nuevo instante 00:00 Greenwich.

NOTA: es importante tener en cuenta que aunque en el procedimiento NREL [23], al igual que su fuente, Meeus [22] se indica que T'_s se calcula en 0 TU (con $\Delta T = 0$) y las α_i y δ_i en 0TT, en estas últimas las aplicaciones on line de NREL obvian en los cálculos en valor ΔT, por lo que nuestros cálculos imponen igualmente $\Delta T = 0$ como punto de partida para la obtención de α_i y δ_i[68], utilizándose, por tanto, una única hoja de cálculo auxiliar si se trabaja en Excel.

T'_s = 27°,295006

α₀ = 203°,569535

---

[68] *Realizada la consulta a los autores, ratifican este extremo.*

Y, finalmente, introduciendo la longitud del observador, λ, obtenemos:

$m_0 = 0,500084$

La fracción de día se puede pasar a horas sin más que multiplicar por 24. Es decir, la hora correspondiente al m_0 anterior es:

$$0,500084 \cdot 24 = 12,002016 = 12{:}00{:}07$$

(en Excel, basta con imponer el formato hora a la celda de la fracción de día).

Obtención de la fracción de día de orto y ocaso aproximados para la fecha a 00:00 Greenwich

Igualmente calculamos las α_i correspondientes a las fechas anterior y posterior:

$\alpha_{-1} = 202°,632570 \qquad \alpha_{+1} = 204°,509057$

Y las declinaciones correspondientes a los mismos instantes:

$\delta_0 = - 9°,835560 \qquad \delta_{-1} = - 9°,472419 \qquad \delta_{+1} = - 10°,196298$

A continuación, calculamos el valor del ángulo horario ω_0 en el instante en que la corona solar es tangente al horizonte para la declinación δ_0 y la latitud dada:

$$\omega_0 = \arccos(\frac{- \sin 0,833 - \sin \delta_0 \sin \varphi}{\cos \delta_0 \cdot \cos \varphi}) = 82°,161922$$

Las fracciones de día correspondientes a los instantes de orto y ocaso serán, respectivamente:

$$m_1 = m_0 - \frac{\omega_0}{360} = 0,271857$$
$$m_2 = m_0 - \frac{\omega_0}{360} = 0,728312$$

NOTA: para todos los m_i, si $m_i > 1$, entonces tomaremos $m_i \Rightarrow m_i - 1$

Aumento de precisión en mediodía, orto y ocaso.

Comenzaremos calculando el tiempo sidéreo en Greenwich para mediodía, orto y ocaso, respectivamente:

Para el tránsito: $T'_{s0} = T'_s + 360°{,}985647 \; m_0 = 207°{,}818272$

Para el orto: $T'_{s1} = T'_s + 360°{,}985647 \; m_1 = 125°{,}431397$

Para el ocaso: $T'_{s2} = T'_s + 360°{,}985647 \; m_2 = 290°{,}205146$

Homogeneización de variables mediante ΔT: (de valor 64,4384 seg en nuestro ejemplo)

$$n_0 = m_0 + \frac{\Delta T}{86400} = 0{,}500830$$

$$n_1 = m_1 + \frac{\Delta T}{86400} = 0{,}272603$$

$$n_2 = m_2 + \frac{\Delta T}{86400} = 0{,}729058$$

Calculamos los valores auxiliares:

$a = \alpha_0 - \alpha_{-1} = 203°{,}574879 - 202°{,}637551 = 0°{,}936965$

$b = \alpha_{+1} - \alpha_0 = 202°{,}637551 - 203°{,}574879 = 0°{,}939522$

$c = b - a = 0{,}002557$

que introducimos en las siguientes expresiones:

tránsito:

$$\alpha'_0 = \alpha_0 + \frac{n_0(a + b + cn_0)}{2} = 204°{,}039756$$

orto:

$$\alpha'_1 = \alpha_1 + \frac{n_1(a + b + cn_1)}{2} = 203°{,}825398$$

ocaso:

$$\alpha'_2 = \alpha_2 + \frac{n_2(a + b + cn_2)}{2} = 204°{,}254248$$

Para las declinaciones, calculamos igualmente los valores auxiliares:

$a' = \delta_0 - \delta_{-1} = -9°,835560 + 9°,472419 = -0°,363141$

$b' = \delta_{+1} - \delta_0 = -10°,196298 + 9°,835560 = -0°,360738$

$c' = b' - a' = = -0°,360738 + 0°,363141 = 0°,002403$

Ángulos horarios

Cálculo de los ángulos horarios correspondientes a los tres instantes indicados:

tránsito: $\qquad \omega'_0 = T'_{S0} + \lambda - \alpha'_0 = 0,022685$

orto: $\qquad \omega'_1 = T'_{S1} + \lambda - \alpha'_1 = -82,149830$

ocaso: $\qquad \omega'_2 = T'_{S2} + \lambda - \alpha'_2 = 82,195068$

Observemos que, en esta segunda aproximación, el ángulo horario del tránsito no es exactamente nulo, pero se aproxima bastante.

Los valores así obtenidos, deben reducirse al intervalo (-360°, +360°) mediante en la forma ya utilizada en otras ocasiones:

$$\omega'_i \Rightarrow 360 \times FRAC (\omega'_i / 360)$$

Si el valor obtenido es ≤ 180°, se añadirán 360°.

Si el valor obtenido es ≥ 180°, se restarán 360°.

En nuestro caso, como vemos, no ha sido necesario realizar ninguna transformación.

Cálculo final de los instantes de mediodía, orto y ocaso.

Calculamos ahora las elevaciones correspondientes a los ángulos horarios anteriores. Habida cuenta del grado de aproximación actual (tengamos en cuenta lo indicado para la aproximación del mediodía), la elevación para dichos instantes, con este grado de aproximación, sería:

tránsito:

$\hat{e}_0 = arcsin(\sin\delta\,'_0 \sin\varphi + \cos\delta\,'_0 \cos\varphi\cos\omega\,'_0) = 37°\!,957637$

orto: $\hat{e}_1 = arcsin(\sin\delta\,'_1 \sin\varphi + \cos\delta\,'_1 \cos\varphi\cos\omega\,'_1) = -\,0°\!,891270$

ocaso: $\hat{e}_2 = arcsin(\sin\delta\,'_2 \sin\varphi + \cos\delta\,'_2 \cos\varphi\cos\omega\,'_2) = -1,035525$

Referidos a Greenwich UT (sin considerar DST en ningún caso), los instantes serán:

tránsito

$$m'_0 = m_0 - \frac{\omega'_0}{360} = 0,500021 \Rightarrow 12\!:\!00\!:\!02$$

orto

$$m'_1 = m_1 + \frac{\hat{e}_1 - 0°,833}{360\cos\delta\,'_1 \cos\varphi\sin\omega\,'_1} = 0,272079 \Rightarrow 6\!:\!31\!:\!48$$

ocaso

$$m'_2 = m_2 + \frac{\hat{e}_2 - 0°,833}{360\cos\delta\,'_2 \cos\varphi\sin\omega\,'_2} = 0,727537 \Rightarrow 17\!:\!27\!:\!39$$

La transformación a hora oficial local es muy sencilla. Como ya hemos pasado de fracción de día a hh:mm:ss , añadiremos TZ con su signo y DST si procede.

En nuestro caso, TZ = 1 y DST = 1 (horario de verano vigente en la fecha, ver Anexo 4). Las horas anteriores, en reloj oficial local serían:

8:31:48   14:00:02   19:27:39

Los valores obtenidos del MICA son:

```
                              Sun

                             LERMA
             Location:  W  3°45'21.0", N42°01'33.0",    867m
             (Longitude referred to Greenwich meridian)

     Date          Begin      Rise  Az.   Transit Alt.    Set  Az.      End
     (UT1)         Astron.                                             Astron.
                   Twilight                                           Twilight
                   h  m       h  m   °      h  m   °       h  m   °     h  m
2002 Oct 19 (Sat)  04:59      06:32 103     12:00  38S     17:28 257    19:01
```

Valores que corregidos en hora local con DST son:

08:32   14:00   19:28

Para la hora indicada, las hojas de NOAA nos darían, con cálculos para el instante dado: (sin DST)

8:32:14   13:59:58   19:27:42

Cálculo con algoritmo de M. Perea:

8:32:02   14:00:00   19:27:57

21.3   Comentarios finales sobre el método

Los valores obtenidos para el acimut y elevación solares pueden considerarse de máxima precisión, siendo en ese sentido el método difícil de superar. Sin embargo, la precisión para los instantes del mediodía, orto y ocaso, son más difíciles de estimar, toda vez que los anuarios, como queda dicho, presentan redondeados los datos al minuto. Sobre el mediodía, ya hemos visto la desviación en torno a las centésimas en el ángulo horario, teniendo en cuenta que las variables que estamos utilizando son geocéntricas. También hay un error en la elevación determinada por la fórmula final de tránsito, $\hat{e}_l$ con respecto a la que se obtendría introduciendo como fecha de cálculo el instante calculado para el mediodía mediante el desarrollo completo. Sin duda, el cálculo directo aproximado de $\hat{e}_l$ sin refracción es la causa de que su precisión disminuya a la centésima de grado.

No deja de ser interesante la escasa diferencia con los valores obtenidos mediante una aplicación más sencilla para la aproximación del instante del mediodía: la mejora de esta mediante el método iterativo que propusimos como novedad en el CAPÍTULO 19, podría considerarse suficientemente precisa para este propósito y sentar la base de una revisión parcial del complejo proceso para su cálculo enunciado por Meeus y adaptado por la NREL. Los instantes de orto y ocaso tienen mayor similitud con la realidad mediante el método de interpolación de Meeus adoptado por el NREL.

BIBLIOGRAFÍA

REFERENCIAS BIBLIOGRÁFICAS

1. Instituto Geográfico Nacional (Ministerio de Fomento. Gobierno de España). *Anuario del Observatorio Astronómico 2021.* Madrid: Instituto Geográfico Nacional, 2020.
2. P. Bretagnon y G. Francou. "Planetary theories in rectangular and spherical variables. VSOP87 solutions". *Astronomy & Astrophysics*, nº 202, p. 309–315, 1988.
3. F. Martín Asín. *Astronomía.* Madrid: Paraninfo, 1982.
4. J. J. de Orús Navarro, M. Catalá Poch y J. Núñez de Murga. *Astronomía esférica y mecánica celeste.* Barcelona: Publicacions i Edicions, Universitat de Barcelona, 2007.
5. U.S. Naval Observatory. *Multiyear Interactive Computer Almanac 1800-2050.* Richmond, Va, USA: Willmann-Bell Inc., 2005.
6. Real Observatorio de la Armada. Ministerio de Defensa. España. "Armada Española". [En línea]. Available: http://www2.roa.es/Efemerides/fenomfecha. html. [Último acceso: 30 01 2022].
7. P. Bretagnon. "Théorie du mouvement de l'ensemble des planètes. Solution VSOP82". *Astronomy & Astrophysics*, nº 114, p. 278–288, 1982.
8. S. Newcomb. "Tables of the four inner planets". *Astronomical papers prepared for the use of the American Ephemeris and Nautical Almanac*, vol. 6, nº S. Newcomb,, 1898.
9. W. M. Smart. *Textbook on Spherical Astronomy.* 6th edition. Cambridge, UK: Cambridge University Press, 1977.
10. U.S. Department of Commerce. National Oceanic & Atmospheric Administration. NOAA Research. Earth System Research Laboratory | Global Monitoring Division. "Solar Calculation Details". [En línea]. Available: https://www.esrl.noaa.gov/gmd/grad/solcalc/calcdetails.html. [Último acceso: 02 05 2016].
11. The National Renewable Energy Laboratory. "Solar and Lunar Position Calculators". NREL, [En línea]. Available: https://midcdmz.nrel.gov/solpos/ spa.html. [Último acceso: 30 12 2012].
12. C. Perrin de Brichambaut. *Cahiers A.F.E.D.E.S.* Paris: Editions Européennes Thermique et Industrie, 1975.
13. P. I. Cooper. "The absorption of radiation in solar stills". *Solar Energy*, vol. 12, pp. 339-346, 1969.

14. J. W. Spencer. "Fourier series representation of the position of the sun". *Search*, nº 2, p. 172, 1971.

15. Gobierno de España. Ministerio de Agricultura, Pesca, Alimentación y Medio Ambiente. "Sistema de Información Geográfica de Parcelas Agrícolas (SIGPAC)". [En línea]. Available: http://www.mapama.gob.es/es/agricultura/temas/sistema-de-informacion-geografica-de-parcelas-agricolas-sigpac-/. [Último acceso: 20 12 2016].

16. R. Soler Gayá. *Diseño y construcción de relojes de sol y de luna. Métodos gráficos y analíticos.* Segunda edición. Madrid: Colegio de Ingenieros de Caminos, Canales y Puertos, 1997.

17. United States Naval Observatory (USNO). "Day and night across the Earth". 24 August 2016. [Online]. Available: http://aa.usno.navy.mil/imagery/earth/map?year=2017&month=4&day=16&hour=06&minute=00. [Accessed 05 02 2018].

18. A. Sproul. "Derivation of the solar geometric relationships using vector analysis". *Renewable Energy (Ed. Elsevier)*, nº 32/2007, p. 1187–1205, 2007.

19. S. Szokolay. "Solar Geometry". *PLEA NOTES*, nº 1, 1996.

20. J. Braun y J. Mitchell. "Solar geometry for fixed and tracking surfaces". *Solar Energy*, vol. 31, nº 5, pp. 439-444, 1983.

21. G. Roth. *Handbook of Practical Astronomy.* Berlin: Springer-Verlag, 2009.

22. J. Meeus. *Astronomical Algorithms.* Richmond, Virginia (USA): Willmann-Bell Inc., 1998.

23. I. Reda y A. Andreas. "Solar Position Algorithm for Solar Radiation Applications". *Solar Energy*, vol. 76, nº 5, pp. 577-589, 2004.

24. P. Duffett-Smith. *Practical Astronomy with your Calculator.* Binghamton, N.Y. USA: Cambridge University Press, 1980.

25. M. Blanco-Muriel, D. C. Alarcón-Padilla, T. López-Moratalla y M. Lara Coira. "Computing the solar vector". *Solar Energy (Elsevier)*, vol. 70, nº 5, pp. 431-441, 2001.

26. Instituto Geográfico Nacional (Ministerio de Fomento. Gobierno de España). *Anuario del Observatorio Astronómico 2020.* Madrid: Instituto Geográfico Nacional, 2019.

27. U.S. Department of Commerce. National Oceanic & Atmospheric Administration. "Global Monitoring Laboratory". [En línea]. Available: https://gml.noaa.gov/grad/solcalc/solareqns.PDF. [Último acceso: 1 2 2022].

28. Sunearthtools. "Sunearthtools". [En línea]. Available: https://www.sunearthtools.com/index.php. [Último acceso: 15 10 2022].

29. University of Oregon. *Solar Radiation Monitoring Laboratory*, 2019. [En línea]. Available: solardat.uoregon.edu. [Último acceso: 05 03 2021].

30. Ministerio de Fomento. Instituto Geográfico Nacional. *Anuario del Observatorio Astronómico de Madrid para 2013.* Madrid: Instituto Geográfico Nacional, 2012.

31. Bureau International des Poids et Mesures. "SI Brochure: The International System of Units (SI)". [8th edition, 2006; updated in 2014]. [En línea].

Available: http://www.bipm.org/en/publications/si-brochure/second.html. [Último acceso: 15 06 2017].

32. National Aeronautics and Space Administration. "NASA ECLIPSE WEBSITE". 30 01 2009. [En línea]. Available: https://eclipse.gsfc.nasa.gov/LEcat5/time.html. [Último acceso: 21 06 2017].

33. T. van Flandern y K. Pulkkinen. "Low-precision formulae for planetary positions". *Astrophysical Journal Supplement Series*, vol. 41, pp. 391-411, 11 1979.

34. P. Duffett-Smith y J. Zwart. *Practical Astronomy with your Calculator or Spreadsheet*. Cambridge: Cambridge University Press, 2011.

35. United States Naval Observatory. "Julian Date Converter". 18 12 2016 (Last modified). [En línea]. Available: http://aa.usno.navy.mil/data/docs/JulianDate.php. [Último acceso: 06 04 2017].

36. J. D. Fernie. "A One-Line Algorithm for Julian Date". *International Amateur-Professional Photoelectric Photometry Communication*, nº 13, p. 16, 09 1983.

37. J. Meeus. *More Mathematical Astronomy Morsels*. Virginia, USA: Willmann-Bell, 2002.

38. P. Bretagnon. "Accuracy of long term planetary theory". *Milankovitch and Climate: Understanding the Response to Astronomical Forcing*, pp. Part 1, págs. 41-53, 1984.

39. J. Simon, J. Bretagnon, J. Chapront-Touzé y J. Laskar. "Numerical expressions for precession formulae and mean elements for the Moon and planets". *Astronomy and Astrophysics*, nº 282, pp. 663-683, 1994.

40. P. Duffett-Smith. *Practical Astronomy with your calculator*. 3ª edition. Oxford, UK: Oxford University Press, 1995.

41. Ministerio de Fomento. Instituto Geográfico Nacional. "Anuario del Observatorio Astronómico de Madrid para 1999". Madrid: Instituto Geográfico Nacional, 1998.

42. Ministerio de Fomento. Instituto Geográfico Nacional. *Anuario del Observatorio Astronómico de Madrid para 2012*. Madrid: Instituto Geográfico Nacional, 2011.

43. J. Lieske, T. Lederle, W. Fricke y B. Morando. "Expressions for the Precession Quantities Based upon the IAU (1976) System of Astronomical Constants". *Astronomy and Astrophysics*, nº 58, pp. 1-16, 1977.

44. P. Seidelmann. "1980 IAU Theory of nutation: the final report of the IAU. Working group on nutation". *Celestial Mechanics.*, vol. 27, nº 1, pp. 79-106, 1982.

45. International Union of Astronomers. "Resolution nº 1". de *XVIe Assemblée Générale*, Grenoble (France), 1976.

46. J. Laskar. "Secular terms of classical planetarytheories using the results of general theory". *Astronomy and Astrophysics*, nº 57, pp. 59-70, 1986.

47. Caliver. "Wikimedia Commons (File:Precession-nutation-ES.svg)". 9 6 2010. [En línea]. Available: https://commons.wikimedia.org/wiki/File:Precession-nutation-ES.svg. [Último acceso: 24 7 2017].

48. Gobierno de España. Ministerio de Educación, Cultura y Deporte. "Proyecto Biosfera". [En línea]. Available: http://recursos.cnice.mec.es/biosfera/alumno/1ESO/Astro/contenido14.htm. [Último acceso: 24 7 2017].

49. H. Karttunen, P. Króger, H. Oja, M. Poutanen y K. J. Donner. *Fundamental Astronomy*. Berlin: Springer, 2017.

50. C. Ron y J. Vondrak. "Expansion of Annual Aberration into Trigonometric Series". *Bulletin of the Astronomical Institutes of Czechoslovakia*, vol. 37, pp. 96-103, 1986.

51. G. Bennett. "The Calculation of Astronomical Refraction in Marine Navigation". *Journal of Navigation*, vol. 35, nº 2, pp. 255-259, 1982.

52. Þ. Saemundsson. "Astronomical Computing: Atmospheric Refraction". *Sky & Telescope*, vol. 72, nº 1/jul, 1986.

53. Agencia Estatal de Meteorología. "AEMET. Portada". Agencia Estatal de Meteorología. [En línea]. Available: https://www.aemet.es/es/portada. [Último acceso: 8 1 2025].

54. Agencia Estatal de Meteorología, «AEMET. Estadística de las variables meteorofenológicas,» [En línea]. Available: https://www.aemet.es/es/datos_abiertos/estadisticas/estadistica_meteorofenologicas. [Último acceso: 08 01 2025].

55. M. A. Perea Álvarez de Eulate. "The simplest method for the accurate determination of noon". *European Journal of Physics,* vol. 45, nº 5, 2024.

56. D. Mc Carthy y A. Babcock. "The length of day since 1656". *Physics of the Earth and Planetary Interiors*, vol. 44, pp. 281-292, 1986.

57. NASA. "NASA ECLIPSE WEBSITE. (Five Millennium Canon of Solar Eclipses.DELTA T)". NASA Goddard Space Flight Center, 2006. [En línea]. Available: https://eclipse.gsfc.nasa.gov/SEcat5/deltat.html#tab1. [Último acceso: 16 06 2017].

58. F. Espenak y J. Meeus. "Five Millennium Canon of Solar Eclipses". NASA Center for AeroSpace Information, Hanover, Maryland (USA), 2006.

59. F. Stephenson y L. Morrison. "Historical values of the Earth's clock error ΔT and the calculation of eclipses". *Journal for the History of Astronomy* (ISSN 0021-8286), Vol. 35, Part 3, No. 120, p. 327 - 336, Vols. %1 de %235, Part , nº 120, pp. 327-336, 2004.

60. J. Simon, G. Francou, A. Fienga y H. Manche. "New analytical planetary theories VSOP2013 and TOP2013". *Astronomy and Astrophysics*, vol. 557, nº A49, 2013.

61. International Earth's Rotation and Reference Systems Service. "International Earth's Rotation and Reference Systems Service". 2013 (Federal Agency for Cartography and Geodesy). [En línea]. Available: https://www.iers.org/IERS/EN/Science/Recommendations/resolutionB3.. [Último acceso: 04 18 2017].

62. International Astronomical Union. "Resolution 3 of Commissions 4, 19 and 31 on the expression for GMST at 0h UTI". *XVIII General Assembly IAU*. Patras, Grecia, 1982.

63. Parlamento Europeo. *Directiva 2000/84/CE del Parlamento Europeo y del Consejo de 19/01/2001 relativa a las disposiciones sobre la hora de verano.* Bruselas: Diario oficial de las Comunidades Europeas, 2001.

64. F. Espenak. "Astropixels.com". 2021. [En línea]. Available: http://www.astropixels.com/ephemeris/soleq2001.html. [Último acceso: 5 1 2022].

65. National Aeronautics and Space Administration. "NASA Visible Earth". 6 February 2018. [Online]. Available: https://visibleearth.nasa.gov./view.php?id=57752. [Accessed 06 02 2018].

66. O. Montenbruck. *Practical ephemeris calculations.* Heidelberg: Springer-Verlag Berlin, 1989.

67. M. Capderou. *Satellites, orbits and missions.* París: Springer-Verlag France, 2005.

68. U.S. Central Intelligence Agency (CIA). "The world factbook". [En línea]. Available: [https://www.cia.gov/the-world-factbook/static/31913c20666d022fa1315bd444553f8d/world_time.pdf map by the U.S. Central Intelligence Agency (CIA)].. [Último acceso: 21 12 2024].

69. IERS Rapid Service / Prediction Center. "Delta T". [En línea]. Available: https://maia.usno.navy.mil/products/deltaT. [Último acceso: 25 01 2025].

70. Nautical Almanac Office, United States Naval Observatory, HM Nautical Almanac Office, Rutherford Appleton Laboratory. *Astronomical Almanac for 2006.* London, U.K.: Stationery Office Books, 2005.

71. M. A. Perea Álvarez de Eulate, M. G. del Río Cidoncha y M.-T. Francisco. "Angle between terminator and meridian: flat geometry versus formulae of solar azimuth and an easy approach to the daylight map". *European Journal of Physics*, vol. 39, nº 4, 2018.

ANEXOS

ANEXO 1
Formulario básico de geometría y cálculo vectorial

Recogemos en este anexo un pequeño recordatorio de utilidad para el lector, enumerando en el mismo algunos principios básicos de trigonometría y geometría que se utilizan de forma recurrente en esta obra. Dejamos las demostraciones, elementales, al lector.

A1.1. Teoremas del seno y el coseno

Utilizaremos la *Fig. A1. 1* para enunciar ambos teoremas.

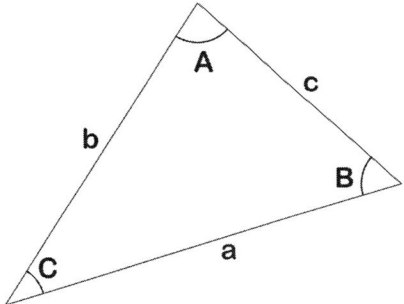

Fig. A1. 1. Teoremas de seno y coseno.

Teorema del seno

$$\frac{a}{\sin A}=\frac{b}{\sin B}=\frac{c}{\sin C}$$

Teorema del coseno

$$c^2=a^2+b^2-2ab\cos C$$

Producto escalar de dos vectores

$$\vec{a}\cdot\vec{b}=a_x b_x+a_y b_y+a_z b_z$$

Geométricamente, la expresión anterior es equivalente a:

$$\vec{a}\cdot\vec{b}=|\vec{a}||\vec{b}|\cos\alpha$$

Siendo α el ángulo formado por los dos vectores.

A1.2.　　　Producto vectorial de dos vectores

$$\vec{a}\wedge\vec{b}=\begin{vmatrix} \vec{i} & \vec{j} & \vec{k} \\ a_x & a_y & a_z \\ b_x & b_y & b_z \end{vmatrix}=$$

$$=(a_yb_z\text{-}a_zb_y)\vec{i}+(a_zb_x\text{-}a_xb_z)\vec{j}+(a_xb_y\text{-}a_yb_x)\vec{k}$$

El vector resultante es perpendicular al plano formado por los dos vectores $\hat{a}$ y $\hat{b}$. El valor de su módulo es:

$$\left|\vec{a}\wedge\vec{b}\right|=\left|\vec{a}\right|\cdot\left|\vec{b}\right| \sin\alpha$$

siendo α el ángulo formado por ambos vectores.

A1.3.　　　Descomposición de un vector en x, y, z

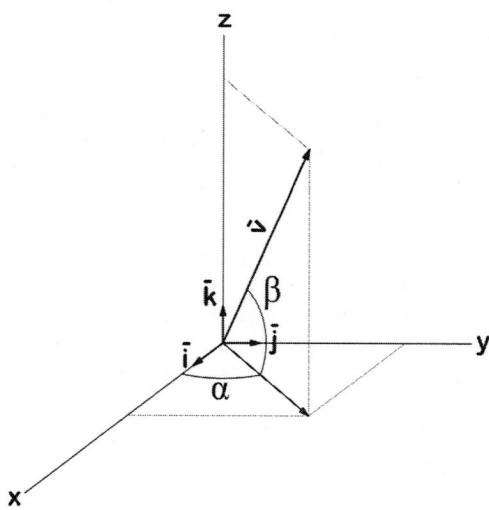

Fig. A1. 2. Descomposición de un vector en x, y, z.

De la **Fig. A1. 2** tenemos:

$$\vec{v}=v\cos\beta\cos\alpha\,\vec{i}+v\cos\beta\sin\alpha\,\vec{j}+v\sin\beta\,\vec{k}$$

ANEXO 2
Propiedades de la elipse

Se exponen a continuación las propiedades generales de la elipse, así como sus expresiones matemáticas en coordenadas cartesianas y polares particularizadas para nuestros cálculos posteriores.

A2.1.　　Elementos básicos

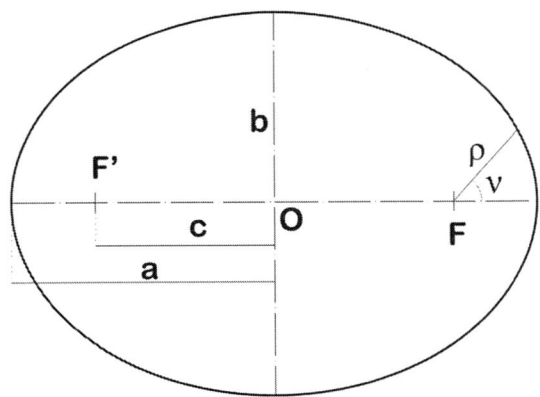

Fig. A2. 1. *Elementos de la elipse.*

Ejes: a (semieje mayor), b (semieje menor).

Semidistancia focal:　　　　　　$c = OF$

Relación entre semiejes y semidistancia focal:　$a^2 + b^2 = c^2$

Excentricidad:　　$e = \dfrac{c}{a}$

Ecuación cartesiana de la elipse (centro en O):　　$\dfrac{x^2}{a^2} + \dfrac{y^2}{b^2} = 1$

Ecuación en coordenadas polares de la elipse (origen de radios O F):

$$\rho = \frac{a\left(1\text{-}e^2\right)}{1 + e \cos v}$$

A2.2.   Círculo y elipse: proporcionalidad de áreas

Sea una elipse de centro O, de semieje mayor $= a$ y semieje menor $= b$. Supongamos dicha elipse circunscrita por una circunferencia. El radio de esta será $R = a$.

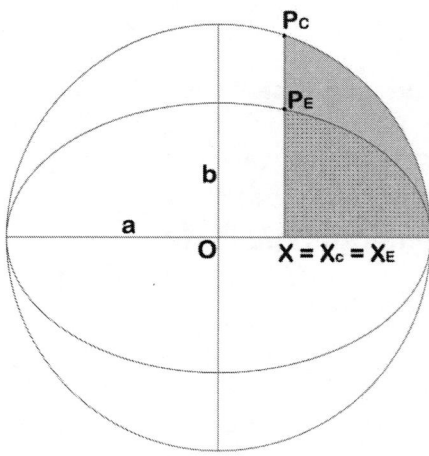

Fig. A2. 2. Elipse y circunferencia circunscrita: relación de áreas.

En coordenadas cartesianas, las ecuaciones de dichas curvas serán:

Elipse:
$$\frac{x_e^2}{a^2} + \frac{y_e^2}{b^2} = 1 \Rightarrow y_e = \frac{b}{a}\sqrt{a^2 - x_e^2}$$

Circunferencia:
$$x_c^2 + y_c^2 = a^2 \Rightarrow y_c = \sqrt{a^2 - x_c^2}$$

Ahora, para dos puntos P_c y P_e cuyas abscisas verifiquen $x_c = x_e$, tendremos (véase **Fig. A2. 2**), dividiendo las expresiones anteriores, que:

$$\frac{y_e}{y_c} = \frac{b}{a}$$

De aquí obtenemos la proporcionalidad de áreas entre elipse y circunferencia. Ello es aplicable a elementos de área como los indicados en la **Fig. A2. 2**, donde tendremos que si S_E es la superficie sombreada limitada por la elipse y S_C es la superficie punteada, limitada por la circunferencia, entonces:

$$S_E = \frac{b}{a} = S_C$$

Igualdad que, no obstante resultar evidente, puede ser demostrada sin más que aplicar una integral definida entre $X = X_C = X_E$ y $X = a$ a ambas curvas.

ANEXO 3
Tablas "1980 IAU Theory of Nutation"

Se reproducen a continuación las tablas completas de la *Theory of Nutation*, tal y como aparecen en [44], sin la reordenación de coeficientes de Reda *et al.* presentada en [23], y que ha sido recogida en capítulos anteriores.

Tabla A. 1. Tablas Theory of Nutation. *Autor: Seidelmann, P.K. Celestial Mechanics. © Springer Nature,1982 [44].*

Nutation in Longitude and Obliquity referred to mean ecliptic of date.

Epoch J2000.0 (JD 2451 545.0 TDB) T in Julian Centuries

	Argument					Period	Longitude		Obliquity	
	l	l'	F	D	Ω	(days)	(0.0001")		(0.0001")	
1	0	0	0	0	1	6798.4	− 171 996	− 174.2T	92025	8.9T
2	0	0	0	0	2	3399.2	2062	0.2T	− 895	0.5T
3	− 2	0	2	0	1	1305.5	46	0.0T	− 24	0.0T
4	2	0	− 2	0	0	1095.2	11	0.0T	0	0.0T
5	− 2	0	2	0	2	1615.7	− 3	0.0T	1	0.0T
6	1	− 1	0	− 1	0	3232.9	− 3	0.0T	0	0.0T
7	0	− 2	2	− 2	1	6786.3	− 2	0.0T	1	0.0T
8	2	0	− 2	0	1	943.2	1	0.0T	0	0.0T
9	0	0	2	− 2	2	182.6	− 13187	− 1.6T	5736	− 3.1T
10	0	1	0	0	0	365.3	1426	− 3.4T	54	− 0.1T
11	0	1	2	− 2	2	121.7	− 517	1.2T	224	− 0.6T
12	0	− 1	2	− 2	2	365.2	217	− 0.5T	− 95	0.3T
13	0	0	2	− 2	1	177.8	129	0.1T	− 70	0.0T
14	2	0	0	− 2	0	205.9	48	0.0T	1	0.0T
15	0	0	2	− 2	0	173.3	− 22	0.0T	0	0.0T
16	0	2	0	0	0	182.6	17	− 0.1T	0	0.0T
17	0	1	0	0	1	386.0	− 15	0.0T	9	0.0T
18	0	2	2	− 2	2	91.3	− 16	0.1T	7	0.0T
19	0	− 1	0	0	1	346.6	− 12	0.0T	6	0.0T
20	− 2	0	0	2	1	199.8	− 6	0.0T	3	0.0T
21	0	− 1	2	− 2	1	346.6	− 5	0.0T	3	0.0T
22	2	0	0	− 2	1	212.3	4	0.0T	− 2	0.0T
23	0	1	2	− 2	1	119.6	4	0.0T	− 2	0.0T
24	1	0	0	− 1	0	411.8	− 4	0.0T	0	0.0T
25	2	1	0	− 2	0	131.7	1	0.0T	0	0.0T
26	0	0	− 2	2	1	169.0	1	0.0T	0	0.0T
27	0	1	− 2	2	0	329.8	− 1	0.0T	0	0.0T
28	0	1	0	0	2	409.2	1	0.0T	0	0.0T

Table I (*continued*)

	Argument					Period	Longitude		Obliquity	
	l	l'	F	D	Ω	(days)	(0.0001")		(0.0001")	
29	-1	0	0	1	1	388.3	1	0.0T	0	0.0T
30	0	1	2	-2	0	117.5	-1	0.0T	0	0.0T
31	0	0	2	0	2	13.7	-2274	$-0.2T$	977	$-0.5T$
32	1	0	0	0	0	27.6	712	0.1T	-7	0.0T
33	0	0	2	0	1	13.6	-386	$-0.4T$	200	0.0T
34	1	0	2	0	2	9.1	-301	0.0T	129	$-0.1T$
35	1	0	0	-2	0	31.8	-158	0.0T	-1	0.0T
36	-1	0	2	0	2	27.1	123	0.0T	-53	0.0T
37	0	0	0	2	0	14.8	63	0.0T	-2	0.0T
38	1	0	0	0	1	27.7	63	0.1T	-33	0.0T
39	-1	0	0	0	1	27.4	-58	$-0.1T$	32	0.0T
40	-1	0	2	2	2	9.6	-59	0.0T	26	0.0T
41	1	0	2	0	1	9.1	-51	0.0T	27	0.0T
42	0	0	2	2	2	7.1	-38	0.0T	16	0.0T
43	2	0	0	0	0	13.8	29	0.0T	-1	0.0T
44	1	0	2	-2	2	23.9	29	0.0T	-12	0.0T
45	2	0	2	0	2	6.9	-31	0.0T	13	0.0T
46	0	0	2	0	0	13.6	26	0.0T	-1	0.0T
47	-1	0	2	0	1	27.0	21	0.0T	-10	0.0T
48	-1	0	0	2	1	32.0	16	0.0T	-8	0.0T
49	1	0	0	-2	1	31.7	-13	0.0T	7	0.0T
50	-1	0	2	2	1	9.5	-10	0.0T	5	0.0T
51	1	1	0	-2	0	34.8	-7	0.0T	0	0.0T
52	0	1	2	0	2	13.2	7	0.0T	-3	0.0T
53	0	-1	2	0	2	14.2	-7	0.0T	3	0.0T
54	1	0	2	2	2	5.6	-8	0.0T	3	0.0T
55	1	0	0	2	0	9.6	6	0.0T	0	0.0T
56	2	0	2	-2	2	12.8	6	0.0T	-3	0.0T
57	0	0	0	2	1	14.8	-6	0.0T	3	0.0T
58	0	0	2	2	1	7.1	-7	0.0T	3	0.0T
59	1	0	2	-2	1	23.9	6	0.0T	-3	0.0T
60	0	0	0	-2	1	14.7	-5	0.0T	3	0.0T
61	1	-1	0	0	0	29.8	5	0.0T	0	0.0T
62	2	0	2	0	1	6.9	-5	0.0T	3	0.0T
63	0	1	0	-2	0	15.4	-4	0.0T	0	0.0T
64	1	0	-2	0	0	26.9	4	0.0T	0	0.0T
65	0	0	0	1	0	29.5	-4	0.0T	0	0.0T
66	1	1	0	0	0	25.6	-3	0.0T	0	0.0T
67	1	0	2	0	0	9.1	3	0.0T	0	0.0T
68	1	-1	2	0	2	9.4	-3	0.0T	1	0.0T
69	-1	-1	2	2	2	9.8	-3	0.0T	1	0.0T
70	-2	0	0	0	1	13.7	-2	0.0T	1	0.0T
71	3	0	2	0	2	5.5	-3	0.0T	1	0.0T
72	0	-1	2	2	2	7.2	-3	0.0T	1	0.0T
73	1	1	2	0	2	8.9	2	0.0T	-1	0.0T
74	-1	0	2	-2	1	32.6	-2	0.0T	1	0.0T
75	2	0	0	0	1	13.8	2	0.0T	-1	0.0T
76	1	0	0	0	2	27.8	-2	0.0T	1	0.0T
77	3	0	0	0	0	9.2	2	0.0T	0	0.0T
78	0	0	2	1	2	9.3	2	0.0T	-1	0.0T
79	-1	0	0	0	2	27.3	1	0.0T	-1	0.0T

Table I (*continued*)

	Argument					Period	Longitude		Obliquity	
	l	l'	F	D	Ω	(days)	(0.0001″)		(0.0001″)	
80	1	0	0	− 4	0	10.1	− 1	$0.0T$	0	$0.0T$
81	− 2	0	2	2	2	14.6	1	$0.0T$	− 1	$0.0T$
82	− 1	0	2	4	2	5.8	− 2	$0.0T$	1	$0.0T$
83	2	0	0	− 4	0	15.9	− 1	$0.0T$	0	$0.0T$
84	1	1	2	− 2	2	22.5	1	$0.0T$	− 1	$0.0T$
85	1	0	2	2	1	5.6	− 1	$0.0T$	1	$0.0T$
86	− 2	0	2	4	2	7.3	− 1	$0.0T$	1	$0.0T$
87	− 1	0	4	0	2	9.1	1	$0.0T$	0	$0.0T$
88	1	− 1	0	− 2	0	29.3	1	$0.0T$	0	$0.0T$
89	2	0	2	− 2	1	12.8	1	$0.0T$	− 1	$0.0T$
90	2	0	2	2	2	4.7	− 1	$0.0T$	0	$0.0T$
91	1	0	0	2	1	9.6	− 1	$0.0T$	0	$0.0T$
92	0	0	4	− 2	2	12.7	1	$0.0T$	0	$0.0T$
93	3	0	2	− 2	2	8.7	1	$0.0T$	0	$0.0T$
94	1	0	2	− 2	0	23.8	− 1	$0.0T$	0	$0.0T$
95	0	1	2	0	1	13.1	1	$0.0T$	0	$0.0T$
96	− 1	− 1	0	2	1	35.0	1	$0.0T$	0	$0.0T$
97	0	0	− 2	0	1	13.6	− 1	$0.0T$	0	$0.0T$
98	0	0	2	− 1	2	25.4	− 1	$0.0T$	0	$0.0T$
99	0	1	0	2	0	14.2	− 1	$0.0T$	0	$0.0T$
100	1	0	− 2	− 2	0	9.5	− 1	$0.0T$	0	$0.0T$
101	0	− 1	2	0	1	14.2	− 1	$0.0T$	0	$0.0T$
102	1	1	0	− 2	1	34.7	− 1	$0.0T$	0	$0.0T$
103	1	0	− 2	2	0	32.8	− 1	$0.0T$	0	$0.0T$
104	2	0	0	2	0	7.1	1	$0.0T$	0	$0.0T$
105	0	0	2	4	2	4.8	− 1	$0.0T$	0	$0.0T$
106	0	1	0	1	0	27.3	1	$0.0T$	0	$0.0T$

$\varepsilon_{J2000} = 23°26'21''.448$

$\sin \varepsilon_{J2000} = 0.397\ 777\ 16$

ANEXO 4
Cambio hora oficial: directiva y fechas
(1974-2030)

Directiva UE

Se incluye a continuación la transcripción de la directiva 2000/84/CE del Parlamento Europeo y del Consejo de 19 de enero de 2001 [63] sobre la hora de verano, con el fin de completar el contenido del punto 8.1.4 relativo al DST (*Daylight saving time*). Solamente se presenta la normativa europea traspuesta al ordenamiento jurídico español, debido al sinnúmero de disposiciones oficiales para los diferentes Estados a nivel mundial.

Se recuadran los artículos más relevantes de la directiva: aquellos que indican las fechas (variables) de entrada en vigor del horario de verano (DST) y de vuelta al horario de invierno.

En España, en las Islas Canarias, como provincia de la UE, se aplica también el DST en las mismas fechas, a pesar de su baja latitud (en el entorno de los 28°). El horario insular canario es, así, siempre una hora menos que el horario peninsular, y coincide con el horario oficial portugués.

NOTA:

Actualmente la UE mantiene en *stand-by* la posible eliminación del cambio de hora oficial, tras haberse basado para la misma en una encuesta realizada a nivel general en la Unión, que movilizó a algo más de 4 millones de ciudadanos[69], que se decantaron mayoritariamente en contra de los cambios de horario. De la directiva adjunta, el lector puede deducir a largo plazo las fechas e instantes de cambio de hora, en el supuesto de que la misma se mantenga.

---

[69] *La población total de la UE es de 447 millones de habitantes.*

2.2.2001   ES   Diario Oficial de las Comunidades Europeas   L 31/21

DIRECTIVA 2000/84/CE DEL PARLAMENTO EUROPEO Y DEL CONSEJO
de 19 de enero de 2001
relativa a las disposiciones sobre la hora de verano

EL PARLAMENTO EUROPEO Y EL CONSEJO DE LA UNIÓN EUROPEA,

Visto el Tratado constitutivo de la Comunidad Europea y, en particular, su artículo 95,

Vista la propuesta de la Comisión (¹),

Visto el dictamen del Comité Económico y Social (²),

De conformidad con el procedimiento establecido en el artículo 251 del Tratado (³),

Considerando lo siguiente:

(1) La Octava Directiva 97/44/CE del Parlamento Europeo y del Consejo, de 22 de julio de 1997, relativa a las disposiciones sobre la hora de verano (⁴), fija una fecha y una hora comunes a todos los Estados miembros para el comienzo y el fin del período de la hora de verano durante los años 1998, 1999, 2000 y 2001.

(2) Habida cuenta de que los Estados miembros aplican disposiciones relativas a la hora de verano, resulta importante para el funcionamiento del mercado interior seguir fijando una fecha y una hora comunes para el comienzo y el fin del período de la hora de verano aplicables en toda la Comunidad.

(3) El período de la hora de verano considerado más apropiado por los Estados miembros es el comprendido entre el final de marzo y el final de octubre. Procede, por consiguiente, mantener ese período.

(4) El buen funcionamiento de algunos sectores, no sólo el de los transportes y las comunicaciones, sino también otros ramos de la industria, requiere una programación estable a largo plazo. Resulta por consiguiente apropiado establecer por un período indeterminado disposiciones relativas al período de la hora de verano. El artículo 4 de la Directiva 97/44/CE establece a este respecto que el régimen aplicable a partir de 2002 debe ser aprobado por el Parlamento Europeo y el Consejo antes del 1 de enero de 2001.

(5) En aras de la claridad y de la precisión de la información, es preciso publicar cada cinco años el calendario de aplicación del período de la hora de verano para los cinco años siguientes.

(6) Es preciso, además, supervisar la aplicación de la presente Directiva sobre la base de un informe que la Comisión deberá presentar al Parlamento Europeo, al Consejo y al Comité Económico y Social sobre las repercusiones de las presentes disposiciones en todos los sectores afectados. Dicho informe se deberá basar en la información comunicada por los Estados miembros a la Comisión con tiempo suficiente para permitir la presentación del informe en el plazo fijado.

(7) Dado que el objetivo de la armonización completa del calendario de la hora de verano con el fin de facilitar los transportes y las comunicaciones no puede ser alcanzado de manera suficiente por los Estados miembros, y por consiguiente puede lograrse mejor a nivel comunitario, la Comunidad puede tomar medidas con arreglo al principio de subsidiariedad establecido en el artículo 5 del Tratado. La presente Directiva no excederá de lo que sea necesario para alcanzar ese objetivo.

(8) Por motivos de carácter geográfico, es preciso que las disposiciones comunes relativas a la hora de verano no se apliquen a los territorios de ultramar de los Estados miembros.

HAN ADOPTADO LA PRESENTE DIRECTIVA:

Artículo 1

A efectos de la presente Directiva, se entenderá por «período de la hora de verano» el período del año durante el cual la hora se adelanta en sesenta minutos respecto a la hora del resto del año.

Artículo 2

A partir del año 2002, el período de la hora de verano comenzará en todos los Estados miembros a la 1 de la madrugada, hora universal, del último domingo de marzo.

Artículo 3

A partir del año 2002, el período de la hora de verano terminará en todos los Estados miembros a la 1 de la madrugada, hora universal, del último domingo de octubre.

Artículo 4

La Comisión publicará en el *Diario Oficial de las Comunidades Europeas* (⁵), por primera vez en el momento de la publicación de la presente Directiva y en lo sucesivo cada cinco años, una comunicación que incluirá el calendario de fechas de inicio y fin de la hora de verano para los cinco años siguientes.

Artículo 5

La Comisión presentará al Parlamento Europeo, al Consejo y al Comité Económico y Social, a más tardar el 31 de diciembre de 2007, un informe en el que dará cuenta de la incidencia de la aplicación de las disposiciones de la presente Directiva en los sectores afectados.

Dicho informe se elaborará sobre la base de la información comunicada por los Estados miembros a la Comisión a más tardar el 30 de abril de 2007.

La Comisión presentará, en su caso, las propuestas adecuadas, siguiendo las conclusiones del informe.

(¹) DO C 337 E de 28.11.2000, p. 136.
(²) Dictamen emitido el 29 de noviembre de 2000 (no publicado aún en el Diario Oficial).
(³) Dictamen del Parlamento Europeo de 12 de diciembre de 2000 (no publicado aún en el Diario Oficial) y Decisión del Consejo de 20 de diciembre de 2000.
(⁴) DO L 206 de 1.8.1997, p. 62.

(⁵) DO C 35 de 2.2.2001.

Artículo 6

La presente Directiva no se aplicará a los territorios de ultramar de los Estados miembros.

Artículo 7

Los Estados miembros pondrán en vigor las disposiciones legales, reglamentarias y administrativas necesarias para dar cumplimiento a lo establecido en la presente Directiva a más tardar el 31 de diciembre de 2001. Informarán de ello inmediatamente a la Comisión.

Cuando los Estados miembros adopten dichas disposiciones, éstas incluirán una referencia a la presente Directiva o irán acompañadas de dicha referencia en su publicación oficial. Los Estados miembros establecerán las modalidades de la mencionada referencia.

Artículo 8

La presente Directiva entrará en vigor el día de su publicación en el *Diario Oficial de las Comunidades Europeas.*

Artículo 9

Los destinatarios de la presente Directiva serán los Estados miembros.

Hecho en Bruselas, el 19 de enero de 2001.

Por el Parlamento Europeo	Por el Consejo
La Presidenta	*El Presidente*
N. FONTAINE	B. RINGHOLM

Fechas de cambio horario en España (1974-2030)

Se incluyen las fechas de cambio horario producidas en España entre 1974 (año en que se adoptó definitivamente tras varios períodos de implantaciones e interrupciones en el siglo XX) y 2021.

NOTA:

Se han añadido también los cambios esperados en el período 2022-2030, de acuerdo con la vigente normativa de la UE, en el caso de que finalmente no se produzca la derogación de esta.

Fechas e instantes de cambio de hora oficial en España de 1974 a 2030

Año	Adelanto 1h	retraso 1h	Año	Adelanto 1h	retraso 1h
			2001	25/03 - 02h.	28/10 - 03h.
			2002	31/03 - 02h.	27/10 - 03h.
			2003	30/03 - 02h.	26/10 - 03h.
1974	13/04 - 23h.	06/10 - 1h.	2004	28/03 - 02h.	31/10 - 03h.
1975	12/04 - 23h.	04/10 - 24h.	2005	27/03 - 02h.	30/10 - 03h.
1976	27/03 - 23h.	25/09 - 24h.	2006	26/03 - 02h.	29/10 - 03h.
1977	02/04 - 23h.	24/09 - 24h.	2007	25/03 - 02h.	28/10 - 03h.
1978	02/04 - 23h.	01/10 - 03h.	2008	30/03 - 02h.	26/10 - 03h.
1979	01/04 - 02h.	30/09 - 03h.	2009	29/03 - 02h.	25/10 - 03h.
1980	06/04 - 02h.	28/09 - 03h.	2010	28/03 - 02h.	31/10 - 03h.
1981	29/03 - 02h	27/09 - 03h	2011	27/03 - 02h.	30/10 - 03h.
1982	28/03 - 02h.	26/09 - 03h.	2012	25/03 - 02h.	28/10 - 03h.
1983	27/03 - 02h.	25/09 - 03h.	2013	31/03 - 02h.	27/10 - 03h.
1984	25/03 - 02h.	30/09 - 03h.	2014	30/03 - 02h.	26/10 - 03h.
1985	31/03 - 02h.	29/09 - 03h.	2015	29/03 - 02h	25/10 - 03h
1986	30/03 - 02h.	28/09 - 03h.	2016	27/03 - 02h	30/10 - 03h
1987	29/03 - 02h.	27/09 - 03h.	2017	26/03 - 02h.	29/10 - 03h.
1988	27/03 - 02h.	25/09 - 03h.	2018	25/03 - 02h.	28/10 - 03h.
1989	26/03 - 02h.	24/09 - 03h.	2019	31/03 - 02h.	27/10 - 03h.
1990	25/03 - 02h.	30/09 - 03h.	2020	29/03 - 02h	25/10 - 03h
1991	31/03 - 02h.	29/09 - 03h.	2021	28/03 - 02h.	31/10 - 03h.
1992	29/03 - 02h.	27/09 - 03h.	2022	27/03 - 02h.	30/10 - 03h.
1993	28/03 - 02h.	26/09 - 03h.	2023	26/03 - 02h.	29/10 - 03h
1994	27/03 - 02h.	25/09 - 03h.	2024	31/03 - 02h.	27/10 - 03h
1995	26/03 - 02h.	24/09 - 03h.	2025	30/03 - 02h.	26/10 - 03h
1996	31/03 - 02h.	27/10 - 03h	2026	29/03 - 02h.	25/10 - 03h
1997	30/03 - 02h.	26/10 - 03h.	2027	28/03 - 02h.	31/10 - 03h
1998	29/03 - 02h.	25/10 - 03h.	2028	26/03 - 02h.	29/10 - 03h
1999	28/03 - 02h.	31/10 - 03h..	2029	25/03 - 02h.	28/10 - 03h
2000	26/03 - 02h.	29/10 - 03h..	2030	31/03 - 02h.	27/10 - 03h

ANEXO 5
Solsticios y equinoccios para el siglo XXI

....

Tabla con fechas e instantes de los solsticios y equinoccios desde 2001 hasta 2100 [hora media Greenwich (GMT)].

Fuente consultada:

Astropixels (Fred Espenak)

http://www.astropixels.com/ephemeris/soleq2001.html [64]

(Cálculos basados en los algoritmos propuestos por Jean Meeus)

Año	Equinoccio Primavera	Solsticio Verano	Equinoccio Otoño	Solsticio Invierno
2001	Mar 20 13:31	Jun 21 07:38	Sep 22 23:05	Dec 21 19:22
2002	Mar 20 19:16	Jun 21 13:25	Sep 23 04:56	Dec 22 01:15
2003	Mar 21 01:00	Jun 21 19:11	Sep 23 10:47	Dec 22 07:04
2004	Mar 20 06:49	Jun 21 00:57	Sep 22 16:30	Dec 21 12:42
2005	Mar 20 12:34	Jun 21 06:46	Sep 22 22:23	Dec 21 18:35
2006	Mar 20 18:25	Jun 21 12:26	Sep 23 04:04	Dec 22 00:22
2007	Mar 21 00:07	Jun 21 18:06	Sep 23 09:51	Dec 22 06:08
2008	Mar 20 05:49	Jun 21 00:00	Sep 22 15:45	Dec 21 12:04
2009	Mar 20 11:44	Jun 21 05:45	Sep 22 21:18	Dec 21 17:47
2010	Mar 20 17:32	Jun 21 11:28	Sep 23 03:09	Dec 21 23:38
2011	Mar 20 23:21	Jun 21 17:16	Sep 23 09:05	Dec 22 05:30
2012	Mar 20 05:15	Jun 20 23:08	Sep 22 14:49	Dec 21 11:12
2013	Mar 20 11:02	Jun 21 05:04	Sep 22 20:44	Dec 21 17:11
2014	Mar 20 16:57	Jun 21 10:52	Sep 23 02:30	Dec 21 23:03
2015	Mar 20 22:45	Jun 21 16:38	Sep 23 08:20	Dec 22 04:48
2016	Mar 20 04:31	Jun 20 22:35	Sep 22 14:21	Dec 21 10:45
2017	Mar 20 10:29	Jun 21 04:25	Sep 22 20:02	Dec 21 16:29
2018	Mar 20 16:15	Jun 21 10:07	Sep 23 01:54	Dec 21 22:22
2019	Mar 20 21:58	Jun 21 15:54	Sep 23 07:50	Dec 22 04:19
2020	Mar 20 03:50	Jun 20 21:43	Sep 22 13:31	Dec 21 10:03

Año	Equinoccio Primavera	Solsticio Verano	Equinoccio Otoño	Solsticio Invierno
2021	Mar 20 09:37	Jun 21 03:32	Sep 22 19:21	Dec 21 15:59
2022	Mar 20 15:33	Jun 21 09:14	Sep 23 01:04	Dec 21 21:48
2023	Mar 20 21:25	Jun 21 14:58	Sep 23 06:50	Dec 22 03:28
2024	Mar 20 03:07	Jun 20 20:51	Sep 22 12:44	Dec 21 09:20
2025	Mar 20 09:02	Jun 21 02:42	Sep 22 18:20	Dec 21 15:03
2026	Mar 20 14:46	Jun 21 08:25	Sep 23 00:06	Dec 21 20:50
2027	Mar 20 20:25	Jun 21 14:11	Sep 23 06:02	Dec 22 02:43
2028	Mar 20 02:17	Jun 20 20:02	Sep 22 11:45	Dec 21 08:20
2029	Mar 20 08:01	Jun 21 01:48	Sep 22 17:37	Dec 21 14:14
2030	Mar 20 13:51	Jun 21 07:31	Sep 22 23:27	Dec 21 20:09
2031	Mar 20 19:41	Jun 21 13:17	Sep 23 05:15	Dec 22 01:56
2032	Mar 20 01:23	Jun 20 19:09	Sep 22 11:11	Dec 21 07:57
2033	Mar 20 07:23	Jun 21 01:01	Sep 22 16:52	Dec 21 13:45
2034	Mar 20 13:18	Jun 21 06:45	Sep 22 22:41	Dec 21 19:35
2035	Mar 20 19:03	Jun 21 12:33	Sep 23 04:39	Dec 22 01:31
2036	Mar 20 01:02	Jun 20 18:31	Sep 22 10:23	Dec 21 07:12
2037	Mar 20 06:50	Jun 21 00:22	Sep 22 16:13	Dec 21 13:08
2038	Mar 20 12:40	Jun 21 06:09	Sep 22 22:02	Dec 21 19:01
2039	Mar 20 18:32	Jun 21 11:58	Sep 23 03:50	Dec 22 00:41
2040	Mar 20 00:11	Jun 20 17:46	Sep 22 09:44	Dec 21 06:33
2041	Mar 20 06:07	Jun 20 23:37	Sep 22 15:27	Dec 21 12:19
2042	Mar 20 11:53	Jun 21 05:16	Sep 22 21:11	Dec 21 18:04
2043	Mar 20 17:29	Jun 21 10:59	Sep 23 03:07	Dec 22 00:02
2044	Mar 19 23:20	Jun 20 16:50	Sep 22 08:47	Dec 21 05:43
2045	Mar 20 05:08	Jun 20 22:34	Sep 22 14:33	Dec 21 11:36
2046	Mar 20 10:58	Jun 21 04:15	Sep 22 20:22	Dec 21 17:28
2047	Mar 20 16:52	Jun 21 10:02	Sep 23 02:07	Dec 21 23:07
2048	Mar 19 22:34	Jun 20 15:54	Sep 22 08:01	Dec 21 05:02
2049	Mar 20 04:28	Jun 20 21:47	Sep 22 13:42	Dec 21 10:51

Año	Equinoccio Primavera	Solsticio Verano	Equinoccio Otoño	Solsticio Invierno
2050	Mar 20 10:20	Jun 21 03:33	Sep 22 19:29	Dec 21 16:39
2051	Mar 20 15:58	Jun 21 09:17	Sep 23 01:26	Dec 21 22:33
2052	Mar 19 21:56	Jun 20 15:16	Sep 22 07:16	Dec 21 04:18
2053	Mar 20 03:46	Jun 20 21:03	Sep 22 13:05	Dec 21 10:09
2054	Mar 20 09:35	Jun 21 02:47	Sep 22 19:00	Dec 21 16:10
2055	Mar 20 15:28	Jun 21 08:39	Sep 23 00:48	Dec 21 21:56
2056	Mar 19 21:11	Jun 20 14:29	Sep 22 06:40	Dec 21 03:52
2057	Mar 20 03:08	Jun 20 20:19	Sep 22 12:23	Dec 21 09:42
2058	Mar 20 09:04	Jun 21 02:03	Sep 22 18:07	Dec 21 15:24
2059	Mar 20 14:44	Jun 21 07:47	Sep 23 00:03	Dec 21 21:18
2060	Mar 19 20:37	Jun 20 13:44	Sep 22 05:47	Dec 21 03:00
2061	Mar 20 02:26	Jun 20 19:33	Sep 22 11:31	Dec 21 08:49
2062	Mar 20 08:07	Jun 21 01:10	Sep 22 17:19	Dec 21 14:42
2063	Mar 20 13:59	Jun 21 07:02	Sep 22 23:08	Dec 21 20:22
2064	Mar 19 19:40	Jun 20 12:47	Sep 22 04:58	Dec 21 02:10
2065	Mar 20 01:27	Jun 20 18:31	Sep 22 10:41	Dec 21 07:59
2066	Mar 20 07:19	Jun 21 00:16	Sep 22 16:27	Dec 21 13:45
2067	Mar 20 12:55	Jun 21 05:56	Sep 22 22:20	Dec 21 19:44
2068	Mar 19 18:51	Jun 20 11:55	Sep 22 04:09	Dec 21 01:34
2069	Mar 20 00:44	Jun 20 17:40	Sep 22 09:51	Dec 21 07:21
2070	Mar 20 06:35	Jun 20 23:22	Sep 22 15:45	Dec 21 13:19
2071	Mar 20 12:36	Jun 21 05:21	Sep 22 21:39	Dec 21 19:05
2072	Mar 19 18:19	Jun 20 11:12	Sep 22 03:26	Dec 21 00:54
2073	Mar 20 00:12	Jun 20 17:06	Sep 22 09:14	Dec 21 06:50
2074	Mar 20 06:09	Jun 20 22:59	Sep 22 15:04	Dec 21 12:36
2075	Mar 20 11:48	Jun 21 04:41	Sep 22 21:00	Dec 21 18:28
2076	Mar 19 17:37	Jun 20 10:35	Sep 22 02:48	Dec 21 00:12
2077	Mar 19 23:30	Jun 20 16:23	Sep 22 08:35	Dec 21 06:00
2078	Mar 20 05:11	Jun 20 21:58	Sep 22 14:25	Dec 21 11:59
2079	Mar 20 11:03	Jun 21 03:51	Sep 22 20:15	Dec 21 17:46
2080	Mar 19 16:43	Jun 20 09:33	Sep 22 01:55	Dec 20 23:31

Año	Equinoccio Primavera	Solsticio Verano	Equinoccio Otoño	Solsticio Invierno
2081	Mar 19 22:34	Jun 20 15:16	Sep 22 07:38	Dec 21 05:22
2082	Mar 20 04:32	Jun 20 21:04	Sep 22 13:24	Dec 21 11:06
2083	Mar 20 10:08	Jun 21 02:41	Sep 22 19:10	Dec 21 16:51
2084	Mar 19 15:58	Jun 20 08:39	Sep 22 00:58	Dec 20 22:40
2085	Mar 19 21:53	Jun 20 14:33	Sep 22 06:43	Dec 21 04:29
2086	Mar 20 03:36	Jun 20 20:11	Sep 22 12:33	Dec 21 10:24
2087	Mar 20 09:27	Jun 21 02:05	Sep 22 18:27	Dec 21 16:07
2088	Mar 19 15:16	Jun 20 07:57	Sep 22 00:18	Dec 20 21:56
2089	Mar 19 21:07	Jun 20 13:43	Sep 22 06:07	Dec 21 03:53
2090	Mar 20 03:03	Jun 20 19:37	Sep 22 12:01	Dec 21 09:45
2091	Mar 20 08:40	Jun 21 01:17	Sep 22 17:49	Dec 21 15:37
2092	Mar 19 14:33	Jun 20 07:14	Sep 21 23:41	Dec 20 21:31
2093	Mar 19 20:35	Jun 20 13:08	Sep 22 05:30	Dec 21 03:21
2094	Mar 20 02:20	Jun 20 18:40	Sep 22 11:15	Dec 21 09:11
2095	Mar 20 08:14	Jun 21 00:38	Sep 22 17:10	Dec 21 15:00
2096	Mar 19 14:03	Jun 20 06:31	Sep 21 22:55	Dec 20 20:46
2097	Mar 19 19:49	Jun 20 12:14	Sep 22 04:37	Dec 21 02:38
2098	Mar 20 01:38	Jun 20 18:01	Sep 22 10:22	Dec 21 08:19
2099	Mar 20 07:17	Jun 20 23:41	Sep 22 16:10	Dec 21 14:04
2100	Mar 20 13:04	Jun 21 05:32	Sep 22 22:00	Dec 21 19:51